# 编委会名单

主　编：蓝木香　杨和生　廖富林　郭美慧

编　委：张鲁斌　杨期和　牟利辉　刘惠娜

　　　　曾宪录　常金梅

　　本书获 2018 年广东省高等教育"冲补强"提升计划重点建设学科（农业资源与环境）建设项目（粤教科函〔2018〕181 号）、2019 年医疗服务与保障能力提升补助资金（中医药事业传承与发展部分）"全国中药资源普查项目"（财社〔2019〕39 号）、广东省科技专项资金项目（2019A103009）资助出版。

# 粤东

# 农药植物资源

蓝木香 杨和生 廖富林 郭美慧 主编

暨南大学出版社
JINAN UNIVERSITY PRESS

中国·广州

图书在版编目（CIP）数据

粤东农药植物资源/蓝木香，杨和生，廖富林，郭美慧主编．—广州：暨南大学出版社，2022.6

ISBN 978 - 7 - 5668 - 3390 - 7

Ⅰ.①粤…　Ⅱ.①蓝…②杨…③廖…④郭…　Ⅲ.①药用植物—植物资源—广东　Ⅳ.①Q949.95

中国版本图书馆 CIP 数据核字（2022）第 053571 号

## 粤东农药植物资源
YUEDONG NONGYAO ZHIWU ZIYUAN
主　编：蓝木香　杨和生　廖富林　郭美慧

出　版　人：张晋升
责任编辑：王莎莎
责任校对：姚晓莉　王燕丽　黄亦秋
责任印制：周一丹　郑玉婷

出版发行：暨南大学出版社（511443）
电　　话：总编室（8620）37332601
　　　　　营销部（8620）37332680　37332681　37332682　37332683
传　　真：（8620）37332660（办公室）　37332684（营销部）
网　　址：http://www.jnupress.com
排　　版：广州良弓广告有限公司
印　　刷：广东广州日报传媒股份有限公司印务分公司
开　　本：787mm×1092mm　1/16
印　　张：11.5
彩　　插：17
字　　数：273 千
版　　次：2022 年 6 月第 1 版
印　　次：2022 年 6 月第 1 次
定　　价：59.80 元

图1 藤石松

图2 石松

图3 垂穗石松

图4 卷柏

图5 节节草

图6 芒萁

图7 海金沙

图8 乌蕨

图9 蕨

图10 蜈蚣凤尾蕨

图11 井栏边草

图12 扇叶铁线蕨

图13 华南毛蕨

图14 乌毛蕨

图15 肾蕨

图16 银杏

图17 南洋杉

图18 马尾松

图19 杉木

图20 落羽杉

图21 侧柏

图22 罗汉松

图23 满江红

图24 红豆杉

图25 小叶头麻藤

图26 红毒茴

图27 白兰

图28 含笑花

图29 深山含笑

图30 南五味子

图31 假鹰爪

图32 瓜馥木

图33 阴香

图34 樟

图35 肉桂

图36 黄樟

图37 乌药

图38 香叶树

图39 山鸡椒

图40 浙江润楠

图41 十大功劳

图42 野木瓜

图43 木防己

图44 粪箕笃

图45 草胡椒

图46 山蒟

图47 假蒟

图48 蕺菜

图49 草珊瑚

图50 广州山柑

图51 马齿苋

图52 何首乌

图53 火炭母

图54 水蓼

图55 红蓼

图56 杠板归

图57 虎杖

图58 商陆

图59 垂序商陆

图60 土牛膝

图61 青葙

图62 酢浆草

图63 红花酢浆草

图64 了哥王

图65 光叶子花

图66 紫茉莉

图67 绞股蓝

图68 紫背天葵

图69 油茶

图70 木荷

图71 厚皮香

图72 岗松

图73 桃金娘

图74 赤楠

图75 使君子

图76 杜英

图77 木棉

图78 白背黄花稔

图79 地桃花

图80 铁苋菜

图81 红背山麻杆

图82 飞扬草

图83 算盘子

图84 白背叶

图85 叶下珠

图86 蓖麻

图87 牛耳枫

图88 龙芽草

图89 蛇莓

图90 粗叶悬钩子

图91 猴耳环

图92 龙须藤

图93 粉叶羊蹄甲

图94 猪屎豆

图95 三点金

图96 厚果崖豆藤

图97

葛

图98

葫芦茶

图99

白车轴草

图100

草树

图101

枫香树

图102

檵木

图103

构树

图104

榕树

图105

柘

图106

苎麻

图107

楼梯草

图108

雷公藤

图109 檀香

图110 广东蛇葡萄

图111 显齿蛇葡萄

图112 牛叶崖爬藤

图113 三桠苦

图114 两面针

图115 米仔兰

图116 麻楝

图117 楝

图118 桃花心木

图119 倒地铃

图120 无患子

图121 野鸦椿

图122 南酸枣

图123 杧果

图124 盐肤木

图125 野漆

图126 枫杨

图127 积雪草

图128 朱砂根

图129 白花酸藤果

图130 光叶铁仔

图131 钩吻

图132 华马钱

图133 茉莉花

图134 女贞

图135 木犀

图136 长春花

图137 夹竹桃

图138 羊角拗

图139 黄花夹竹桃

图140 络石

图141 山石榴

图142 栀子

图143 玉叶金花

图144 鸡矢藤

图145 阔叶丰花草

图146 菰腺忍冬

图147 接骨木

图148 藿香蓟

图149 艾

图150 黄花蒿

图151 鬼针草

图152 野茼蒿

图153 野菊

图154 鱼眼草

图155 鳢肠

图156 卤红

图157 小蓬草

图158 羊耳菊

图159 银胶菊

图160 拟鼠麹草

图161 加拿大一枝黄花

图162 金腰箭

图163 苍耳

图164 白花丹

图165 车前

图166 倒提壶

图167 夜香树

图168 红丝线

图169 枸杞

图170 苦蘵

图171 喀西茄

图172 少花龙葵

图173 牛茄子

图174 假烟叶树

图175 水茄

图176 野茄

图177 毛蘝香

图178 野甘草

图179 穿心莲

图180 爵床

图181 板蓝

图182 大青

图183 臭茉莉

图184 黄荆

图185 广防风

图186 活血丹

图187 溪黄草

图188 益母草

图189 罗勒

图190 紫苏

图191 华山姜

图192 艳山姜

图93 姜花

图194 芦荟

图195 天门冬

图196 山菅

图197 萱草

图198 玉簪

图199 麦冬

图200 石蒜

图201 大叶仙茅

图202 金钱蒲

图203 海芋

图204 天南星

# 前　言

2021年2月，中共中央、国务院发布了《关于全面推进乡村振兴加快农业农村现代化的意见》。其中提到目标任务是到2025年农业农村现代化取得重要进展，农村生产生活方式绿色转型取得积极进展，化肥农药使用量持续减少，农村生态环境得到明显改善。同时还强调要加快推进农业现代化，推进农业绿色发展。持续推进化肥农药减量增效，推广农作物病虫害绿色防控产品和技术。

目前化学农药在现代农业中仍占据农药的主导地位，其见效快，用途广，但毒性高，污染大，在防治病虫害的同时也对环境造成不同程度的破坏。为了实现农业的可持续发展，众多科学家们已把探索开发低毒、低残留和对环境友好的生物农药作为农药研究的发展方向，植物源农药是其中的重要组成部分，开发具有农药效应的农药植物资源也成了当今农药领域研究的热点问题。

植物源农药指利用植物所含的稳定的有效成分，按一定的方法对受体植物进行使用后，使其免遭或减轻病、虫、杂草等有害生物危害的植物源制剂，包括从植物中提取的活性成分和按活性结构合成的化合物及衍生物。它有很多特性：其成分是在自然界的漫长进化过程中形成的，自然环境中存在完善的降解机制，使其不易累积，对环境较友好和安全，对作物不产生药害，同时病虫害对其不易产生耐受，因此有"绿色农药"之称。在我国，植物源农药的使用有着十分悠久的历史。早在西周时期，《周礼》中就有用莽草驱虫的记载；在公元前7—前5世纪，中国已开始用嘉草、藜芦作为杀虫药剂；在10世纪中叶，有用百部根煎汁进行杀虫的记载。在欧洲，1690年就有用烟草萃取液防治植物害虫的记载；18世纪开始在市场出售烟草水萃取液和烟草粉作为杀虫剂商品。后来又开发了一大批植物作为农药，诸如鱼藤、除虫菊等。我国从20世纪50年代起，对植物源农药进行了广泛的调查和研究，发掘出闹羊花、巴豆、百部、雷公藤、厚果鸡血藤等农药植物资源，仅《中国土农药志》一书就记载了220种植物源农药，分布在86个科中，其中以毛茛科、蓼科、蝶形花科、芸香科、大戟科、菊科、百部科、天南星科等种类较多。

本书的编写，以潮汕、梅州等粤东地区丰富的植物资源为基础，以为期三年的全国第四次中药资源普查为契机，以实地走访调查结果为依据，从上千种植物中筛选收集了部分具有杀虫、杀菌、除草等功能的农药植物（包含了木本、藤本和草本等植物类型，其中既有本土植物、外来入侵植物，又有野生植物、栽培植物，以及野生、栽培兼具植物)，对于了解和挖掘粤东山区丰富的农药植物资源，探索开发山区的植物源农药，倡导减少化学农药的使用和病虫害的绿色防控，保护绿水青山，推进农业绿色发展，实现农业经济的可持续发展等具有重要的意义。

全书收集常见的 84 科共 204 种具有农药活性的植物。各类农药植物按植物科属分类排序方式排列：如蕨类植物按秦仁昌系统，裸子植物按郑万钧系统，被子植物按哈钦松系统。每种农药植物的中文名及学名参照《中国植物志》，内容包括中文名、别名、拉丁学名、科名、活性部位、主要化学成分及衍生物、防治对象及植物类别等。本书的每种植物均配以原植物彩色图片。这些图片由本书编者在调查过程中实地拍摄，真实反映了植物的形态特征和生长环境，同时尽量拍摄植物的花、果等，以凸显植物的鉴别特征。

粤东山区气候宜人，土壤和地域类型多样，野生植物资源非常丰富，具有农药活性的植物资源种类繁多，需要继续努力去挖掘和探索。

感谢在野外调查、植物分类、资料核对、文稿校对等过程中提供大力支持和帮助的领导、同事、校友、朋友和学生们。

由于编者水平有限，本书难免存在错漏之处，敬请读者朋友们批评指正。

编　者

2021 年 12 月

# 目 录

# 第一部分　总　论

## 一、植物源农药概述

### （一）农药及植物源农药的定义

农药，是指农业上用于防治病虫害及调节植物生长的化学药剂。广泛用于农林牧业生产、环境和家庭卫生除害防疫、工业品防霉与防蛀等。农药品种很多，按用途主要可分为杀虫剂、杀螨剂、杀鼠剂、杀线虫剂、杀软体动物剂、杀菌剂、除草剂、植物生长调节剂等；按原料来源可分为矿物源农药（无机农药）、生物源农药（天然有机物、微生物、抗生素等）及化学合成农药；按化学结构主要可分为有机氯、有机磷、有机氮、有机硫、氨基甲酸酯、拟除虫菊酯、酰胺类化合物、脲类化合物、醚类化合物、酚类化合物、苯氧羧酸类、脒类、三唑类、杂环类、苯甲酸类、有机金属化合物类等，它们都是有机合成农药；按加工剂型可分为粉剂、可湿性粉剂、乳剂、乳油、乳膏、糊剂、胶体剂、熏蒸剂、熏烟剂、烟雾剂、颗粒剂、微粒剂及油剂等。

植物源农药，属生物源农药范畴内的一个分支。它指利用植物所含的稳定的有效成分，按一定的方法对受体植物进行使用后，使其免遭或减轻病、虫、杂草等有害生物危害的植物源制剂。各种植物源农药通常不是单一的一种化合物，而是植物有机体的全部或一部分有机物质，成分复杂多变，但一般都包含在生物碱、糖苷、有毒蛋白质、挥发性香精油、单宁、树脂、有机酸、酯、酮、萜等各类物质中。从广义上讲，富含这些高生理活性物质的植物均有可能被加工成农药制剂，其数量和物质类别丰富，是国内外备受人们重视的第三代农药的药源之一。

农药植物资源，是指植物体内含有毒杀、忌避、麻醉作用或抑制害虫、害鼠、线虫等生长发育，或杀死、抑制病菌、病毒等活性物质的一类植物。其有效成分主要是生物碱、苷类、鞣酸、类黄酮等物质。

### （二）植物源农药的分类

植物源农药根据不同的性质可分为若干种类型。如按防治对象分，可分为杀虫剂、杀菌剂、杀鼠剂等；按活性类型分，可分为植物毒素、昆虫激素、引诱剂、拒食剂、绝育剂等；按化学结构分，可分为生物碱类、萜烯类、黄酮类、挥发油类、糖苷类等。本书按其防治对象，主要分为六种类型：

**1. 植物源杀虫剂**

植物源杀虫剂是一类利用含有杀虫活性物质的植物的某些部分，提取其有效成分而制成的杀虫剂，是植物源农药中研究最多、使用最广的一类。据不完全统计，具有杀虫作用的植物有数百种，一般集中在楝科、柏科、卫矛科、豆科、菊科、唇形科和蓼科上。其作用方式有毒杀、忌避、拒食、麻醉及抑制生长发育等。

**2. 植物源杀菌剂**

植物源杀菌剂是利用植物中的抗毒素、类黄酮、特异蛋白、有机酸、皂角苷类、酚类化合物等抗菌物质或诱导产生的植物防御素，杀死或抑制某些病原菌生长发育的一类杀菌剂。

**3. 植物源除草剂**

植物源除草剂主要是利用植物产生的某些次生代谢物质，释放到环境中影响附近同种或异种植物的生长，包括刺激或抑制作用。其主要成分是肉桂酸衍生物、香豆素类、醌酚酸、鞣酸、类黄酮、萜烯类、甾类、脂肪酸及生物碱等。据调查研究，目前已在 30 多个科的植物中发现了上百种具有化感作用或除草活性的物质。

**4. 植物源杀鼠剂**

植物源杀鼠剂主要是利用植物本身产生的对害鼠有毒杀、驱避或抗生育的作用的某种具有特殊生物活性的次生物质，来抵御害鼠的侵袭。利用植物杀鼠在我国早有记载，《中国土农药志》记载的 403 种植物和《中国有毒植物》记载的 943 种植物均具有不同程度的杀鼠作用。

**5. 植物源抗病毒剂**

对植物源抗病毒剂的研究比较广泛，但尚未发现一例理想的抗病毒的植物源农药。目前植物源抗病毒剂的研究工作主要集中在花叶病毒方面，如番茄花叶病毒、烟草花叶病毒等。

**6. 植物源杀线虫剂**

除了以上几种植物源农药外，国外已开始用植物防治植物寄生线虫，如臭蒿、向日葵、孔雀草、印楝等用于防治线虫。研究发现，有 90 多种植物对线虫有抗性和毒杀作用。国内也陆续进行了杀线虫活性植物的筛选，如翁群芳等发现骆驼蓬等植物提取液对南方根结线虫和松材线虫具有较好的触杀活性。

**（三）农药植物资源的主要活性成分**

天然植物中的农药活性物质极其丰富，依其化学结构，可大体归纳如下：

### 1. 生物碱类

此类物质对昆虫的毒力最强，作用方式多种多样，如毒杀、忌避、拒食、麻醉和抑制生长发育等。目前人们发现的生物碱已有 6000 多种，已证明有农药活性的主要有烟碱、喜树碱、百部碱、藜芦碱、苦参碱、雷公藤碱、小檗碱、木防己碱、苦豆子碱等。如节节草中的烟碱对石榴蚜虫具有杀虫效果；十大功劳属植物所含小檗碱能抵抗引起植物根腐病的多种瘤梗孢的侵染。

### 2. 黄酮类

黄酮类化合物多以贰或贰元、双糖贰或三糖贰状态存在，具有防治害虫作用的主要有鱼藤酮、毛鱼藤酮、木犀草素、槲皮素等。作用方式为拒食和毒杀。如光叶铁仔所含鱼藤酮对家蝇亲代的幼虫期与蛹期有明显的影响；萱草所含槲皮素类化合物对麦长管蚜具有明显的抗性作用。据研究，大部分黄酮类化合物对麦二叉蚜和桃蚜具有明显的拒食作用。

### 3. 萜类

这类化合物包括蒎烯、单萜类、倍半萜、二萜类、三萜类。这类物质有拒食、内吸、麻醉、忌避、抑制生长发育、破坏害虫信息传递和交配作用，兼有触杀和胃毒作用；或者对植物病原菌具有抑制作用。这类化合物主要有印楝素、川楝素、异川楝素、茶皂素、苦皮藤素等。如木荷成分中的茶皂素属三萜类皂苷，对稻瘟病病原菌的菌丝生长和孢子萌发有明显的抑制作用。

### 4. 挥发油类

这是一类分子量较小的植物次生代谢物质，此类物质不仅具有毒杀、熏杀、忌避或引诱、拒食、抑制生长发育等作用，还具有昆虫性外激素的引诱作用，多用于防仓库害虫。这类化合物主要有薄荷酮、薄荷醇、芳樟醇、葎草烯、异雪松醇、柏木脑、香叶醇、月桂烯、罗勒烯、柠檬烯、1,8-桉叶素、肉桂精油、松节油、芸香精油、芫香精油等。如活血丹中的精油成分薄荷酮、薄荷醇等化合物对水稻象甲、豆象甲等有较好的杀虫活性；1,8-桉叶素成分可作为悬铃木方翅网蝽成虫的引诱剂。

### 5. 其他

木脂素类如五味子醇甲、五味子乙素。前者对桃蚜有杀虫效果和驱避效果，后者对小菜蛾有驱避效果。脂肪酸类化合物如棕榈酸、葵酸、丁香酚、2-甲氧基-4-乙烯基苯酚等，对多种农业害虫有较强的抑制作用。植物甾醇类化合物如豆甾醇、菜甾醇、β-谷甾醇等；蒽醌类则主要包括大黄素、大黄素甲醚等，对细链格孢菌等多种植物病原菌具有抑制作用；杠板归中的总单宁对烟草花叶病毒具有明显的抑制作用。

## （四） 植物源农药的发展机遇及面临的挑战

### 1. 植物源农药的发展机遇

（1）对环境友好、安全，对非靶标生物也比较安全。

植物源农药具有残留低、对环境友好、对非靶标生物安全的巨大优势，同时对哺乳动物的毒性较低，在使用过程中对人畜比较安全。

（2）延缓抗药性。

因植物源农药的活性成分、作用方式和作用机理等具有多样性而具有杀虫、杀菌以及促进植物生长等多种效用，同时不易产生抗药性。

（3）需求量增加。

2013 年以来，植物源农药的需求有迅速增长的趋势。植物源农药主要由 C、H、O等元素组成，有效成分多为天然物质，其具有降解速度快、环境相容性好、低残留等特点，符合当下环保发展潮流，市场需求量持续增长。

（4）国家重视力度加大。

党中央、国务院高度重视传统医学对人民健康的保障作用，药用植物栽培发展迅速，药用植物病虫害绿色防控迎来了新的发展机遇。利用对环境友好、生态和谐和有利于食品安全的植物源农药来防控农作物病虫害已经成为世界农业发展的新趋势。"绿色防控"既是农业可持续发展与农产品安全生产的保障，又符合保护生物多样性、保护生态安全的需求。

### 2. 植物源农药面临的挑战

（1）基础研究薄弱。

由于科研人才紧缺，且植物源农药产品在国内登记注册没有明确的标准，植物源农药的研究仅限于实验室研究，较少有产业化和商品化的植物源农药用于生产，传统化学农药仍占主导地位。

（2）安全性问题。

植物源农药虽然具有残留低、对环境友好等特点，但其并非完全无害。如研究表明，印楝叶提取物调控雌性生殖能力的分子机制时，也能导致哺乳动物卵母细胞质量低下，生殖能力减弱。安全性问题也是阻碍其进一步推广的因素之一。

（3）市场化推广问题。

大多数植物源农药发挥药效慢，在遇到有害生物大量发生或迅速蔓延时往往不能及时控制危害，导致有些使用者认为所使用的农药没有效果。喷药次数多，残效期短，不易为使用者接受。同时，大部分植物源农药的防治谱较窄，甚至具有一定的选择性。因此植物源农药在市场上的推广存在一定的难度。

（4）生产进度问题。

我国是农药生产与使用大国，植物的分布存在地域性特点，因此在加工场地的选择上受到的限制因素多。植物源农药的活性成分复杂，其含量和活性成分具有不稳定性。同时农药生产厂家数量多、分布分散，而相关监管机构人员严重不足，导致监管松散，大大减缓了植物源农药的生产进度。

### （五）讨论与总结

在人类的发展历史中，农业是首先被创造出来的生产活动形式，是人类和社会生产活动的重要基础和起点，在我国的整个经济系统中具有其他产业无法替代的重要作用。对于农业病虫害问题，虽然化学农药在农业生产中的使用仍占主体地位，但其有不可持续发展的劣势；植物源农药虽正面临着许多空前的挑战与难题，但因具备得天独厚的优势，其发展趋势依然是无可抵挡的。因此，在农业和农药发展的过程中抓住机遇、利用机遇，探索和挖掘农药植物资源，大力开发植物源农药，正是当下应该做的。

## 二、调查研究方法

本书主要采取野外调查、标本查阅统计和文献分析相结合的方法。植物的分类主要依据《中国植物志》《广东植物志》《南岭植物名录》《粤东植物多样性编目》等，并结合前人研究结果对部分种类进行鉴定。然后对可能具有农药活性的植物进行筛选，根据初步筛选的名单进行有目的性和针对性的野外调查和采集。在 2018—2020 年共100 多次的野外调查中，调查了 100 多个样地，涵盖梅州市、潮汕地区等粤东区域 150多个样方，共采集标本上万份，记录有农药活性的植物种类、生活型、生境，通过查阅文献等方法分析其主要化学成分及其衍生物、农药活性、应用现状等，旨在为植物源农药的开发、研究和应用提供理论参考和科学指导。

## 三、粤东农药植物资源现状

本调查组根据多年的野外调查和考察，参考相关文献资料，初步筛选出 204 种粤东地区常见的野生农药植物资源，如表 1 所示。

表1　204种粤东地区常见野生农药植物资源及其主要成分一览表

| 序号 | 中文名 | 学名 | 科名 | 活性部位 | 主要化学成分及衍生物 | 防治对象 | 类别 |
|---|---|---|---|---|---|---|---|
| 1 | 藤石松 | *Lycopodiastrum casuarinoides*（Spring）Holub ex Dixit | 石松科 | 全株 | 石蒜碱型石松生物碱等 | 杀虫 | 草本 |
| 2 | 石松 | *Lycopodium japonicum* Thunb. ex Murray | 石松科 | 全株 | 生物碱类、三萜类化合物等 | 杀虫 | 草本 |
| 3 | 垂穗石松 | *Palhinhaea cernua*（L.）Vasc. et Franco | 石松科 | 全株 | 生物碱类、三萜类、黄酮、酚酸等 | 杀菌 | 草本 |
| 4 | 卷柏 | *Selaginella tamariscina*（P. Beauv.）Spring | 卷柏科 | 地上部分 | 黄酮类、苯丙素类、炔酚类、甾体类化合物等 | 杀菌 | 草本 |
| 5 | 节节草 | *Equisetum ramosissimum* Desf. | 木贼科 | 全株 | 有机酸类、黄酮类等 | 杀虫 | 草本 |
| 6 | 芒萁 | *Dicranopteris dichotoma*（Thunb.）Berhn. | 里白科 | 全株 | 黄酮类、皂苷类等 | 杀菌 | 草本 |
| 7 | 海金沙 | *Lygodium japonicum*（Thunb.）Sw. | 海金沙科 | 全株 | 黄酮类、酚酸及糖类等 | 杀菌 | 草本 |
| 8 | 乌蕨 | *Odontosoria chinensis* J. Sm. | 陵齿蕨科 | 全株 | 黄酮类、酚类等 | 杀菌 | 草本 |
| 9 | 蕨 | *Pteridium aquilinum* var. *latiusculum*（Desv.）Underw. ex Heller | 蕨科 | 地上部分 | 蕨素、黄酮、甾酮等 | 杀菌 | 草本 |
| 10 | 蜈蚣凤尾蕨 | *Pteris vittata* L. | 凤尾蕨科 | 地上部分 | 黄酮、甾体等 | 杀菌、杀虫 | 草本 |
| 11 | 井栏边草 | *Pteris multifida* Poir. | 凤尾蕨科 | 全株 | 倍半萜、黄酮等 | 杀菌 | 草本 |
| 12 | 扇叶铁线蕨 | *Adiantum flabellulatum* L. Sp. | 铁线蕨科 | 地上部分 | 三萜类、酚酸类等 | 杀菌 | 草本 |
| 13 | 华南毛蕨 | *Cyclosorus parasiticus*（L.）Farwell. | 金星蕨科 | 全株 | 挥发油、多糖等 | 抑菌 | 草本 |
| 14 | 乌毛蕨 | *Blechnum orientale* L. | 乌毛蕨科 | 叶 | 凝集素、绿原酸等 | 杀菌 | 草本 |

（续上表）

| 序号 | 中文名 | 学名 | 科名 | 活性部位 | 主要化学成分及衍生物 | 防治对象 | 类别 |
|------|--------|------|------|----------|----------------------|----------|------|
| 15 | 肾蕨 | *Nephrolepis cordifolia* (L.) C. Presl | 肾蕨科 | 全株 | 黄酮类、多糖等 | 杀菌 | 草本 |
| 16 | 银杏 | *Ginkgo biloba* L. | 银杏科 | 外种皮、叶 | 黄酮、萜内酯、酚酸等 | 杀菌、杀虫 | 木本 |
| 17 | 南洋杉 | *Araucaria cunninghamii* Sweet | 南洋杉科 | 叶 | 挥发油类、双黄酮类等 | 杀菌、杀虫 | 木本 |
| 18 | 马尾松 | *Pinus massoniana* Lamb. | 松科 | 叶 | 挥发油类、黄酮类等 | 杀菌、杀虫 | 木本 |
| 19 | 杉木 | *Cunninghamia lanceolata* (Lamb.) Hook. | 杉科 | 心材 | 挥发油类、萜类等 | 杀虫 | 木本 |
| 20 | 落羽杉 | *Taxodium distichum* (L.) Rich. | 柏科 | 叶、果实 | D-柠檬烯、5-亚乙基-1-甲基-环庚烯和铁锈醇等 | 杀菌 | 木本 |
| 21 | 侧柏 | *Platycladus orientalis* (L.) Franco | 柏科 | 叶 | 黄酮类、挥发油类等 | 杀菌 | 木本 |
| 22 | 罗汉松 | *Podocarpus macrophyllus* (Thunb.) Sweet | 罗汉松科 | 叶 | 挥发油类、黄酮类等 | 杀菌、杀虫 | 木本 |
| 23 | 满江红 | *Azolla pinnata* subsp. *Asiatica* | 满江红科 | 全株 | 四羟基花色-5-葡萄糖甙等 | 杀虫、除草 | 草本 |
| 24 | 红豆杉 | *Taxus wallichiana* var. *chinensis* | 红豆杉科 | 种皮、胚乳和种胚 | 紫杉醇、黄酮类等 | 化感作用、除草 | 木本 |
| 25 | 小叶买麻藤 | *Gnetum parvifolium* (Warb.) C. Y. Cheng ex Chun | 买麻藤科 | 茎、叶 | 总芪类、黄酮类、生物碱类等 | 杀菌 | 藤本 |
| 26 | 红毒茴 | *Illicium lanceolatum* A. C. Smith | 木兰科 | 全株 | 木脂素、黄酮类等 | 杀菌、杀虫 | 木本 |
| 27 | 白兰 | *Michelia alba* DC. | 木兰科 | 花 | 芳樟醇、石竹烯氧化物、β-榄香烯、甲基丁香酸等 | 杀菌、杀虫 | 木本 |

（续上表）

| 序号 | 中文名 | 学名 | 科名 | 活性部位 | 主要化学成分及衍生物 | 防治对象 | 类别 |
|---|---|---|---|---|---|---|---|
| 28 | 含笑花 | *Michelia figo*（Lour.）Spreng. | 木兰科 | 花 | 挥发油、木脂素等 | 杀虫 | 木本 |
| 29 | 深山含笑 | *Michelia maudiae* Dunn | 木兰科 | 叶 | 萜类、木脂素类等 | 杀菌、除草 | 木本 |
| 30 | 南五味子 | *Kadsura longipedunculata* Finet et Gagnep. | 五味子科 | 果实 | 木脂素类、多糖类、三萜类等 | 杀虫 | 藤本 |
| 31 | 假鹰爪 | *Desmos chinensis* Lour. | 番荔枝科 | 花 | 黄酮类、苯甲酸酯类等 | 杀虫 | 木本 |
| 32 | 瓜馥木 | *Fissistigma oldhamii*（Hemsl.）Merr. | 番荔枝科 | 全株 | 饱和烃、烯烃等 | 杀菌、杀虫 | 木本 |
| 33 | 阴香 | *Cinnamomum burmannii*（C. G. et Th. Nees）Bl. | 樟科 | 叶 | 挥发油等 | 杀菌 | 木本 |
| 34 | 樟 | *Cinnamomum camphora*（L.）Presl | 樟科 | 叶 | 樟脑、芳香性挥发油等 | 杀菌、杀虫 | 木本 |
| 35 | 肉桂 | *Cinnamomum cassia* Presl | 樟科 | 叶 | 挥发油类、黄酮类等 | 杀菌 | 木本 |
| 36 | 黄樟 | *Cinnamomum parthenoxylon*（Jack）Meisner | 樟科 | 叶 | 挥发油、黄酮类等 | 杀菌、杀虫 | 木本 |
| 37 | 乌药 | *Lindera aggregata*（Sims）Kosterm. | 樟科 | 根、种子 | 挥发油类、生物碱等 | 杀虫、杀菌 | 木本 |
| 38 | 香叶树 | *Lindera communis* Hemsl. | 樟科 | 叶 | 挥发油类等 | 除草、杀菌、杀虫 | 木本 |
| 39 | 山鸡椒 | *Litsea cubeba*（Lour.）Pers. | 樟科 | 全株 | 萜类、黄酮类、木脂素类、脂肪酸等 | 杀菌、杀虫 | 木本 |
| 40 | 浙江润楠 | *Machilus chekiangensis* S. Lee | 樟科 | 叶 | 精油等 | 杀虫 | 木本 |
| 41 | 十大功劳 | *Mahonia fortunei*（Lindl.）Fedde | 小檗科 | 茎 | 小檗碱、药根碱等 | 杀菌、杀虫 | 木本 |
| 42 | 野木瓜 | *Stauntonia chinensis* DC. | 木通科 | 花、叶、果 | 黄酮苷类、酚类等 | 杀虫 | 藤本 |

（续上表）

| 序号 | 中文名 | 学名 | 科名 | 活性部位 | 主要化学成分及衍生物 | 防治对象 | 类别 |
|---|---|---|---|---|---|---|---|
| 43 | 木防己 | *Cocculus orbiculatus* （L.）DC. | 防己科 | 根、茎 | 木防己碱、异木防己碱、木兰花碱等 | 杀菌 | 藤本 |
| 44 | 粪箕笃 | *Stephania longa* Lour. | 防己科 | 根、茎 | 粪箕笃碱等 | 杀菌、杀虫 | 藤本 |
| 45 | 草胡椒 | *Peperomia pellucida* （L.）Kunth | 胡椒科 | 全株 | 木脂素类等 | 杀虫、杀菌 | 草本 |
| 46 | 山蒟 | *Piper hancei* Maxim. | 胡椒科 | 全株 | 新木脂素、巴豆环氧素等 | 杀虫 | 藤本 |
| 47 | 假蒟 | *Piper sarmentosum* Roxb. | 胡椒科 | 地上部分 | 挥发油类、生物碱类等 | 杀菌、杀虫 | 草本 |
| 48 | 蕺菜 | *Houttuynia cordata* Thunb. | 三白草科 | 全株 | 挥发油类、生物碱类、有机酸类等 | 杀线虫 | 草本 |
| 49 | 草珊瑚 | *Sarcandra glabra* （Thunb.）Nakai | 金粟兰科 | 全株 | 黄酮类、香豆素类等 | 杀菌 | 木本 |
| 50 | 广州山柑 | *Capparis cantoniensis* Lour. | 山柑科 | 叶 | 酯类、羧酸类、酚类、醇类等 | 杀虫、杀菌 | 木本 |
| 51 | 马齿苋 | *Portulaca oleracea* L. | 马齿苋科 | 全株 | 生物碱类、黄酮类等 | 杀虫、抗病毒 | 草本 |
| 52 | 何首乌 | *Fallopia multiflora* （Thunb.）Harald. | 蓼科 | 叶 | 二苯乙烯苷类、蒽醌类等 | 杀线虫、杀菌 | 草本 |
| 53 | 火炭母 | *Polygonum chinense* L. | 蓼科 | 全株 | 黄酮类、酚酸类、甾体类、挥发油等 | 杀菌 | 草本 |
| 54 | 水蓼 | *Polygonum hydropiper* L. | 蓼科 | 全株 | 黄酮类、萜类等 | 杀虫 | 草本 |
| 55 | 红蓼 | *Polygonum orientale* L. | 蓼科 | 花、种子 | 黄酮类、鞣质、木脂素类、柠檬苦素类等 | 杀虫、杀菌 | 草本 |
| 56 | 杠板归 | *Polygonum perfoliatum* L. | 蓼科 | 全株 | 黄酮、生物碱等 | 抗病毒、杀虫、杀菌 | 草本 |

| 序号 | 中文名 | 学名 | 科名 | 活性部位 | 主要化学成分及衍生物 | 防治对象 | 类别 |
|---|---|---|---|---|---|---|---|
| 57 | 虎杖 | *Reynoutria japonica* Houtt. | 蓼科 | 茎、叶 | 醌类、二苯乙烯类、黄酮类等 | 抗病毒 | 草本 |
| 58 | 商陆 | *Phytolacca acinosa* Roxb. | 商陆科 | 根、茎、叶 | 三萜皂苷类、多糖类等 | 杀虫、抗病毒 | 草本 |
| 59 | 垂序商陆 | *Phytolacca americana* L. | 商陆科 | 全株 | 商陆皂苷元、美商陆酸等 | 杀虫、抗病毒 | 草本 |
| 60 | 土牛膝 | *Achyranthes aspera* L. | 苋科 | 全株 | 蜕皮甾酮类、三萜皂苷类、生物碱、脂肪酸等 | 杀虫 | 草本 |
| 61 | 青葙 | *Celosia argentea* L. | 苋科 | 根 | 皂苷、环肽、生物碱等 | 杀菌 | 草本 |
| 62 | 酢浆草 | *Oxalis corniculata* L. | 酢浆草科 | 花 | 黄酮、酚酸等 | 抗菌 | 草本 |
| 63 | 红花酢浆草 | *Oxalis corymbosa* DC. | 酢浆草科 | 叶 | β-谷甾醇、胡萝卜苷、草酸等 | 除草 | 草本 |
| 64 | 了哥王 | *Wikstroemia indica* (L.) C. A. Mey. | 瑞香科 | 根、茎、叶 | 香豆素、黄酮、挥发油等 | 杀虫、杀菌 | 木本 |
| 65 | 光叶子花 | *Bougainvillea glabra* Choisy | 紫茉莉科 | 叶 | 黄酮类、萜类等 | 抗病毒、杀菌 | 木本 |
| 66 | 紫茉莉 | *Mirabilis jalapa* L. | 紫茉莉科 | 全株 | 甜菜素、豆甾醇等 | 抗病毒、杀虫、杀菌 | 草本 |
| 67 | 绞股蓝 | *Gynostemma pentaphyllum* (Thunb.) Makino | 葫芦科 | 全株 | 皂苷类、黄酮类等 | 抗病毒 | 草本 |
| 68 | 紫背天葵 | *Begonia fimbristipula* Hance | 秋海棠科 | 全株 | 黄酮类、花青素、生物碱等 | 抗病毒、杀虫、 | 草本 |
| 69 | 油茶 | *Camellia oleifera* Abel. | 山茶科 | 全株 | 三萜、三萜皂苷、黄酮等 | 杀菌、杀虫 | 木本 |

| 序号 | 中文名 | 学名 | 科名 | 活性部位 | 主要化学成分及衍生物 | 防治对象 | 类别 |
|---|---|---|---|---|---|---|---|
| 70 | 木荷 | *Schima superba* Gardn. et Champ. | 山茶科 | 叶 | 三萜、皂苷类、木脂素类等 | 杀菌、杀虫 | 木本 |
| 71 | 厚皮香 | *Ternstroemia gymnanthera* (Wight et Arn.) Beddome | 山茶科 | 地上部分 | 白桦酸等 | 杀虫 | 木本 |
| 72 | 岗松 | *Baeckea frutescens* L. | 桃金娘科 | 全株 | 挥发油类、萜类、甾醇类等 | 杀菌、杀虫 | 木本 |
| 73 | 桃金娘 | *Rhodomyrtus tomentosa* (Ait.) Hassk. | 桃金娘科 | 叶 | 间苯三酚类、萜类、黄酮类等 | 杀虫 | 木本 |
| 74 | 赤楠 | *Syzygium buxifolium* Hook. et Arn. | 桃金娘科 | 叶 | 木栓酮、β-谷甾醇等 | 杀菌 | 木本 |
| 75 | 使君子 | *Quisqualis indica* L. | 使君子科 | 全株 | 脂肪油、生物碱、单宁、甾体类等 | 杀虫 | 木本 |
| 76 | 杜英 | *Elaeocarpus decipiens* Hemsl. | 杜英科 | 叶 | 萜类化合物、甾体化合物、烯醇及烯醇酸酯化合物等 | 除草 | 木本 |
| 77 | 木棉 | *Bombax ceiba* L. | 木棉科 | 叶、花 | 黄酮类化合物、有机酸等 | 杀虫 | 木本 |
| 78 | 白背黄花稔 | *Sida rhombifolia* L. | 锦葵科 | 全株 | 黄酮类、酚酸类等 | 杀虫 | 草本 |
| 79 | 地桃花 | *Urena lobata* L. | 锦葵科 | 全株 | 黄酮类、甾醇、鞣质等 | 除草 | 草本 |
| 80 | 铁苋菜 | *Acalypha australis* L. | 大戟科 | 全株 | 萜类、酚酸、黄酮、生物碱类、有机酸等 | 杀菌 | 草本 |
| 81 | 红背山麻杆 | *Alchornea trewioides* (Benth.) Muell. Arg. | 大戟科 | 叶 | 黄酮、生物碱等 | 杀菌 | 木本 |
| 82 | 飞扬草 | *Euphorbia hirta* L. | 大戟科 | 全株 | 萜类、甾体、香豆素等 | 杀虫 | 草本 |
| 83 | 算盘子 | *Glochidion puberum* (L.) Hutch. | 大戟科 | 全株 | 黄酮类、萜类、挥发油等 | 杀菌 | 木本 |

（续上表）

| 序号 | 中文名 | 学名 | 科名 | 活性部位 | 主要化学成分及衍生物 | 防治对象 | 类别 |
|---|---|---|---|---|---|---|---|
| 84 | 白背叶 | *Mallotus apelta* （Lour.）Muell. Arg. | 大戟科 | 叶 | 黄酮类、挥发油等 | 杀菌、杀虫 | 木本 |
| 85 | 叶下珠 | *Phyllanthus urinaria* L. | 大戟科 | 全株 | 黄酮类、鞣质类、有机酸类等 | 抗病毒 | 草本 |
| 86 | 蓖麻 | *Ricinus communis* L. | 大戟科 | 全株 | 生物碱类、脂肪酸类等 | 杀虫、杀老鼠 | 木本 |
| 87 | 牛耳枫 | *Daphniphyllum calycinum* Benth. | 虎皮楠科 | 茎、叶、果实 | 生物碱类、黄酮类等 | 杀虫、杀菌 | 木本 |
| 88 | 龙芽草 | *Agrimonia pilosa* Ldb. | 蔷薇科 | 全株 | 仙鹤草素、仙鹤草内酯、鞣质等 | 杀菌 | 草本 |
| 89 | 蛇莓 | *Duchesnea indica* （Andr.）Focke | 蔷薇科 | 全株 | 甾醇类、萜类、酚酸类等 | 杀虫 | 草本 |
| 90 | 粗叶悬钩子 | *Rubus alceaefolius* Poir. | 蔷薇科 | 全株 | 黄酮、萜类、酚酸、甾体等 | 杀菌 | 木本 |
| 91 | 猴耳环 | *Archidendron clypearia* （Jack）I. C. Nielsen | 豆科 | 叶 | 黄酮类、黄烷类、儿茶酚类、鞣质等 | 杀菌、杀虫 | 木本 |
| 92 | 龙须藤 | *Bauhinia championii* （Benth.）Benth. | 豆科 | 全株 | 黄酮类、多糖、挥发油、萜类、芳香酸类等 | 杀菌 | 藤本 |
| 93 | 粉叶羊蹄甲 | *Bauhinia glauca* （Wall. ex Benth.）Benth. | 豆科 | 叶 | 黄酮类、色原酮类等 | 杀虫 | 藤本 |
| 94 | 猪屎豆 | *Crotalaria pallida* Ait. | 豆科 | 根 | 醛类、酯类、生物碱类 | 杀菌、杀线虫 | 草本 |
| 95 | 三点金 | *Desmodium triflorum* （L.）DC. | 豆科 | 全株 | 牡荆素、荭草苷、异牡荆素、异荭草苷等 | 除草 | 草本 |
| 96 | 厚果崖豆藤 | *Millettia pachycarpa* Benth. | 豆科 | 果实、种子 | 异黄酮类化合物 | 杀虫 | 藤本 |
| 97 | 葛 | *Pueraria montana* （Loureiro）Merrill | 豆科 | 根、叶 | 黄酮类、葛根苷类等 | 杀虫、除草 | 藤本 |

| 序号 | 中文名 | 学名 | 科名 | 活性部位 | 主要化学成分及衍生物 | 防治对象 | 类别 |
|------|--------|------|------|----------|----------------------|----------|------|
| 98 | 葫芦茶 | *Tadehagi triquetrum* (L.) Ohashi | 豆科 | 全株 | 黄酮、酚类等 | 杀虫 | 木本 |
| 99 | 白车轴草 | *Trifolium repens* L. | 豆科 | 全株 | 黄酮类、香豆素类等 | 杀虫 | 木本 |
| 100 | 蕈树 | *Altingia chinensis* (Champ.) Oliver ex Hance | 金缕梅科 | 叶 | 倍半萜烯等 | 杀虫 | 木本 |
| 101 | 枫香树 | *Liquidambar formosana* Hance | 金缕梅科 | 叶 | 黄酮类、萜类、酚酸等 | 杀菌 | 木本 |
| 102 | 檵木 | *Loropetalum chinense* (R. Br.) Oliver | 金缕梅科 | 全株 | 椴树苷、木脂素类、黄酮类等 | 杀菌 | 木本 |
| 103 | 构树 | *Broussonetia papyrifera* (L.) L'Heritier ex Ventenat | 桑科 | 全株 | 黄酮类、辅酶Q10、生物碱、脂肪酸、三萜类等 | 杀虫 | 木本 |
| 104 | 榕树 | *Ficus microcarpa* L. f. | 桑科 | 叶片 | 萜类、黄酮类、挥发油等 | 抗病毒 | 木本 |
| 105 | 柘 | *Maclura tricuspidata* Carriere | 桑科 | 树皮 | 异戊烯基氧杂蒽酮类、黄酮类等 | 杀虫 | 木本 |
| 106 | 苎麻 | *Boehmeria nivea* (L.) Gaudich. | 荨麻科 | 根、叶 | 绿原酸、原儿茶酸等 | 杀菌 | 木本 |
| 107 | 楼梯草 | *Elatostema involucratum* Franch. et Sav. | 荨麻科 | 全株 | 槲皮素等 | 杀虫 | 草本 |
| 108 | 雷公藤 | *Tripterygium wilfordii* Hook. f. | 卫矛科 | 全株 | 糖类、生物碱类等 | 杀菌、杀虫 | 藤木 |
| 109 | 檀香 | *Santalum album* L. | 檀香科 | 全株 | 黄酮类、苯丙素类等 | 杀菌 | 木本 |
| 110 | 广东蛇葡萄 | *Ampelopsis cantoniensis* (Hook. et Arn.) Planch. | 葡萄科 | 全株 | 黄酮类、低聚芪类等 | 杀菌 | 藤本 |
| 111 | 显齿蛇葡萄 | *Ampelopsis grossedentata* (Hand. - Mazz.) W. T. Wang | 葡萄科 | 茎、叶 | 黄酮类等 | 杀菌 | 藤本 |

（续上表）

| 序号 | 中文名 | 学名 | 科名 | 活性部位 | 主要化学成分及衍生物 | 防治对象 | 类别 |
|------|--------|------|------|---------|------------------|---------|------|
| 112 | 三叶崖爬藤 | *Tetrastigma hemsleyanum* Diels et Gilg | 葡萄科 | 根 | 黄酮类、三萜类等 | 杀菌 | 藤本 |
| 113 | 三桠苦 | *Melicope pteleifolia* (Champion ex Bentham) T. G. Hartley | 芸香科 | 叶 | 甾体类、蒽醌类等 | 杀菌 | 木本 |
| 114 | 两面针 | *Zanthoxylum nitidum* (Roxb.) DC. | 芸香科 | 全株 | 生物碱、香豆素、木脂素、萜烯、芳香酸类等 | 杀菌、杀虫 | 木本 |
| 115 | 米仔兰 | *Aglaia odorata* Lour. | 楝科 | 茎、叶 | 木脂素类、二酰胺类、黄酮类、四环三萜类等 | 杀虫、除草 | 木本 |
| 116 | 麻楝 | *Chukrasia tabularis* A. Juss. | 楝科 | 全株 | 柠檬苦素、香豆素等 | 杀虫 | 木本 |
| 117 | 楝 | *Melia azedarach* L. | 楝科 | 皮、果实 | 川楝素、异川楝素等 | 杀虫 | 木本 |
| 118 | 桃花心木 | *Swietenia mahagoni* (L.) Jacq. | 楝科 | 叶 | 挥发油类等 | 杀虫 | 木本 |
| 119 | 倒地铃 | *Cardiospermum halicacabum* L. | 无患子科 | 地上部分 | 苷类、有机酸等 | 杀虫 | 藤本 |
| 120 | 无患子 | *Sapindus saponaria* L. | 无患子科 | 瘿瘤、果皮、根 | 皂苷等 | 杀虫、杀菌 | 木本 |
| 121 | 野鸦椿 | *Euscaphis japonica* (Thunb.) Dippel | 省沽油科 | 果皮 | 酯类、三萜类等 | 杀菌 | 木本 |
| 122 | 南酸枣 | *Choerospondias axillaris* (Roxb.) B. L. Burtt et A. W. Hill | 漆树科 | 叶 | 黄酮、维生素、酚酸类及其衍生物等 | 杀菌、杀虫 | 木本 |
| 123 | 杧果 | *Mangifera indica* L. | 漆树科 | 叶、果实、树皮 | 酚类、黄酮类、有机酸等 | 杀菌、杀虫 | 木本 |

| 序号 | 中文名 | 学名 | 科名 | 活性部位 | 主要化学成分及衍生物 | 防治对象 | 类别 |
|------|--------|------|------|----------|----------------------|----------|------|
| 124 | 盐肤木 | *Rhus chinensis* Mill. | 漆树科 | 根 | 黄酮类、多酚类、酚酸类、油脂类、多糖类、三萜类等 | 杀菌、杀虫 | 木本 |
| 125 | 野漆 | *Toxicodendron succedaneum*（L.）O. Kuntze | 漆树科 | 全株 | 野漆树苷、没食子酸、并没食子酸等 | 杀菌 | 木本 |
| 126 | 枫杨 | *Pterocarya stenoptera* C. DC. | 胡桃科 | 叶 | 醌类、萜类等 | 杀菌、杀虫 | 木本 |
| 127 | 积雪草 | *Centella asiatica*（L.）Urban | 伞形科 | 茎、根 | 三萜类、多炔类等 | 杀虫 | 草本 |
| 128 | 朱砂根 | *Ardisia crenata* Sims | 紫金牛科 | 根 | 三萜皂苷、香豆素类、挥发油、酚类、醌类等 | 杀虫 | 木本 |
| 129 | 白花酸藤果 | *Embelia ribes* Burm. F. | 紫金牛科 | 果实 | β - 谷甾醇、豆甾醇等 | 杀菌 | 藤本 |
| 130 | 光叶铁仔 | *Myrsine stolonifera*（Koidz.）E. Walker | 紫金牛科 | 根、茎、叶 | 山奈酚、二氢山奈酚 | 杀菌、杀虫 | 木本 |
| 131 | 钩吻 | *Gelsemium elegans*（Gardn. et Champ.）Benth. | 马钱科 | 全株 | 生物碱、环烯醚萜类等 | 杀虫 | 藤本 |
| 132 | 华马钱 | *Strychnos cathayensis* Merr. | 马钱科 | 全株 | 番木鳖碱、马钱子碱、异番木鳖碱、异马钱子碱等 | 杀虫 | 藤本 |
| 133 | 茉莉花 | *Jasminum sambac*（L.）Aiton | 木犀科 | 全株 | 黄酮类、挥发油类等 | 杀菌 | 木本 |
| 134 | 女贞 | *Ligustrum lucidum* Ait. | 木犀科 | 叶 | 三萜类、黄酮类、苯乙醇苷类、多糖类、挥发油等 | 杀菌 | 木本 |
| 135 | 木犀 | *Osmanthus fragrans*（Thunb.）Loureiro | 木犀科 | 果实 | 蒽醌类、有机酸、黄酮类等 | 杀菌 | 木本 |
| 136 | 长春花 | *Catharanthus roseus*（L.）G. Don | 夹竹桃科 | 叶 | 生物碱、黄酮类等 | 杀虫 | 木本 |

（续上表）

| 序号 | 中文名 | 学名 | 科名 | 活性部位 | 主要化学成分及衍生物 | 防治对象 | 类别 |
|---|---|---|---|---|---|---|---|
| 137 | 夹竹桃 | *Nerium oleander* L. | 夹竹桃科 | 地上部分 | 夹竹桃苷、洋地黄苷等 | 杀虫 | 木本 |
| 138 | 羊角拗 | *Strophanthus divaricatus* (Lour.) Hook. et Arn. | 夹竹桃科 | 全株 | 强心苷 | 杀虫 | 藤本 |
| 139 | 黄花夹竹桃 | *Thevetia peruviana* (Pers.) K. Schum. | 夹竹桃科 | 叶、果实、种子 | 强心苷 | 杀虫 | 木本 |
| 140 | 络石 | *Trachelospermum jasminoides* (Lindl.) Lem. | 夹竹桃科 | 叶 | 黄酮类、木脂素类、三萜类等 | 杀虫 | 藤本 |
| 141 | 山石榴 | *Catunaregam spinosa* (Thunb.) Tirveng. | 茜草科 | 果实、根、叶 | 多酚类、脂肪酸、黄酮类、生物碱等 | 杀虫 | 木本 |
| 142 | 栀子 | *Gardenia jasminoides* Ellis | 茜草科 | 全株 | 环烯醚萜类、黄酮类、有机酸酯、挥发油等 | 杀菌 | 木本 |
| 143 | 玉叶金花 | *Mussaenda pubescens* W. T. Aiton | 茜草科 | 全株 | 三萜类、单萜、环烯醚萜等 | 除草 | 木本 |
| 144 | 鸡矢藤 | *Paederia foetida* L. | 茜草科 | 全株 | 环烯醚萜苷类、黄酮类等 | 杀菌、杀虫、除草 | 藤本 |
| 145 | 阔叶丰花草 | *Spermacoce alata* Aublet | 茜草科 | 全株 | 多酚类、类黄酮等 | 杀虫、除草 | 草本 |
| 146 | 菰腺忍冬 | *Lonicera hypoglauca* Miq. | 忍冬科 | 茎、叶 | 酚酸类、黄酮类等 | 杀菌 | 藤本 |
| 147 | 接骨木 | *Sambucus williamsii* Hance | 忍冬科 | 叶 | 生物碱、黄酮类、酚酸类、三萜类、环烯醚萜类等 | 杀虫 | 木本 |
| 148 | 藿香蓟 | *Ageratum conyzoides* L. | 菊科 | 茎、叶 | 挥发油、黄酮类等 | 杀虫 | 草本 |
| 149 | 艾 | *Artemisia argyi* Lévl. et Van. | 菊科 | 茎、叶 | 挥发油、黄酮类等 | 杀虫、杀菌 | 草本 |

（续上表）

| 序号 | 中文名 | 学名 | 科名 | 活性部位 | 主要化学成分及衍生物 | 防治对象 | 类别 |
|------|--------|------|------|----------|----------------------|----------|------|
| 150 | 黄花蒿 | *Artemisia annua* L. | 菊科 | 全株 | 青蒿酸、亚油酸等 | 杀菌、杀虫、除草 | 草本 |
| 151 | 鬼针草 | *Bidens pilosa* L. | 菊科 | 全株 | 黄酮类、有机酸类、甾醇类、香豆素类、苯丙素类等 | 除草 | 草本 |
| 152 | 野茼蒿 | *Crassocephalum crepidioides*（Benth.）S. Moore | 菊科 | 全株 | 烯烃类等 | 杀虫 | 草本 |
| 153 | 野菊 | *Chrysanthemum indicum* L. | 菊科 | 全株 | 萜类、黄酮类等 | 杀菌 | 草本 |
| 154 | 鱼眼草 | *Dichrocephala integrifolia*（Linnaeus f.）Kuntze | 菊科 | 花、茎、叶 | 萜类、脂肪酸等 | 杀菌 | 草本 |
| 155 | 鳢肠 | *Eclipta prostrata*（L.）L. | 菊科 | 全株 | 三萜皂苷、黄酮类化合物、多种噻吩化合物等 | 杀虫 | 草本 |
| 156 | 一点红 | *Emilia sonchifolia*（L.）DC. | 菊科 | 全株 | 黄酮、生物碱类、挥发油类等 | 杀菌 | 草本 |
| 157 | 小蓬草 | *Conyza canadensis* L. | 菊科 | 茎、叶 | 柠檬烯、芳樟醇、乙酸亚油醇酯及醛类等 | 杀菌、杀虫 | 草本 |
| 158 | 羊耳菊 | *Inula cappa*（Buch. – Ham. ex D. Don）DC. | 菊科 | 茎 | 倍半萜类、肌醇类等 | 杀菌 | 木本 |
| 159 | 银胶菊 | *Parthenium hysterophorus* L. | 菊科 | 叶、花 | $\beta$-谷甾醇、银胶菊碱等 | 杀菌、杀虫 | 草本 |
| 160 | 拟鼠麹草 | *Pseudognaphalium affine*（D. Don）Anderberg | 菊科 | 全株 | 黄酮类、三萜类等 | 杀菌、杀虫 | 草本 |
| 161 | 加拿大一枝黄花 | *Solidago canadensis* L. | 菊科 | 地上部分 | 黄酮类、皂苷类、萜类、挥发油等 | 除草、化感作用 | 草本 |

（续上表）

| 序号 | 中文名 | 学名 | 科名 | 活性部位 | 主要化学成分及衍生物 | 防治对象 | 类别 |
|---|---|---|---|---|---|---|---|
| 162 | 金腰箭 | Synedrella nodiflora (L.) Gaertn. | 菊科 | 全株 | 甾族、三萜类、还原性糖、生物碱、苯酚衍生物、皂苷、单宁、芳香酸等 | 杀虫 | 草本 |
| 163 | 苍耳 | Xanthium sibiricum L. | 菊科 | 茎、叶 | 萜类、噻嗪类 | 杀菌、杀虫 | 草本 |
| 164 | 白花丹 | Plumbago zeylanica L. | 白花丹科 | 全株 | 萘醌类、香豆素类、黄酮类、有机酸类、生物碱类等 | 杀虫 | 木本 |
| 165 | 车前 | Plantago asiatica L. | 车前科 | 叶 | 苯乙醇糖苷类、生物碱类、黄酮及其苷类等 | 杀菌 | 草本 |
| 166 | 倒提壶 | Cynoglossum amabile Stapf et Drumm. | 紫草科 | 地上部分 | 生物碱、鞣质等 | 杀菌 | 草本 |
| 167 | 夜香树 | Cestrum nocturnum L. | 茄科 | 花 | 挥发油类、皂苷类 | 杀虫 | 木本 |
| 168 | 红丝线 | Lycianthes biflora (Loureiro) Bitter | 茄科 | 地上部分 | 生物碱、萜类等 | 杀菌 | 木本 |
| 169 | 枸杞 | Lycium chinense Miller | 茄科 | 茎、叶 | 色苷类、酚酰胺等 | 杀虫 | 木本 |
| 170 | 苦蘵 | Physalis angulata L. | 茄科 | 果实 | 甾体类、甾醇类等 | 杀菌、杀虫 | 草本 |
| 171 | 喀西茄 | Solanum khasianum C. B. Clarke | 茄科 | 全株 | 澳洲茄铵、谷甾醇、薯蓣皂苷元、澳洲茄边碱等 | 杀菌、杀线虫 | 草本 |
| 172 | 少花龙葵 | Solanum americanum Miller | 茄科 | 全株 | 甾体、三萜类、黄酮类等 | 杀菌 | 草本 |
| 173 | 牛茄子 | Solanum capsicoides Allioni | 茄科 | 全株 | 脂类生物碱等 | 杀菌、杀虫 | 草本 |
| 174 | 假烟叶树 | Solanum erianthum D. Don | 茄科 | 叶 | 甾体类、萜类等 | 杀菌、杀虫 | 木本 |

（续上表）

| 序号 | 中文名 | 学名 | 科名 | 活性部位 | 主要化学成分及衍生物 | 防治对象 | 类别 |
|------|--------|------|------|----------|----------------------|----------|------|
| 175 | 水茄 | *Solanum torvum* Swartz | 茄科 | 根、茎、叶 | 酮类、生物碱类、甾体类及有机酸、澳洲茄碱等 | 杀菌 | 木本 |
| 176 | 野茄 | *Solanum undatum* Lamarck | 茄科 | 全株 | 挥发油、生物碱等 | 杀菌 | 草本 |
| 177 | 毛麝香 | *Adenosma glutinosum* （L.）Druce | 玄参科 | 叶 | 挥发油、萜类等 | 杀虫 | 草本 |
| 178 | 野甘草 | *Scoparia dulcis* L. | 玄参科 | 全株 | 生物碱、黄酮、二萜、三萜等 | 杀菌 | 草本 |
| 179 | 穿心莲 | *Andrographis paniculata* （Burm. F.）Nees | 爵床科 | 全株 | 二萜类、黄酮类等 | 杀菌、杀线虫、抗病毒 | 草本 |
| 180 | 爵床 | *Justicia procumbens* L. | 爵床科 | 全株 | 木脂素及其苷类等 | 杀菌、杀虫 | 草本 |
| 181 | 板蓝 | *Strobilanthes cusia* （Nees）Kuntze | 爵床科 | 根 | 生物碱类、甾醇类、有机酸类等 | 抗病毒 | 草本 |
| 182 | 大青 | *Clerodendrum cyrtophyllum* Trucz. | 马鞭草科 | 全株 | 异戊烯聚合物、半乳糖醇、鞣质、豆甾醇等 | 杀虫 | 木本 |
| 183 | 臭茉莉 | *Clerodendrum chinense* var. *simplex* （Moldenke）S. L. Chen | 马鞭草科 | 全株 | 脂肪族、萜烯等 | 杀菌 | 草本 |
| 184 | 黄荆 | *Vitex negundo* L. | 马鞭草科 | 叶片、种子 | 萜烯类、黄酮类、植物甾醇、木脂素及其衍生物等 | 杀菌、杀虫 | 木本 |
| 185 | 广防风 | *Anisomeles indica* （Linnaeus）Kuntze | 唇形科 | 全株 | 苯丙素苷、黄酮苷类化合物等 | 杀菌 | 草本 |
| 186 | 活血丹 | *Glechoma longituba* （Nakai）Kuprian. | 唇形科 | 全株 | 黄酮类、萜类等 | 杀虫 | 草本 |
| 187 | 溪黄草 | *Isodon serra* （Maximowicz）Kudo | 唇形科 | 全株 | 萜类、黄酮类等 | 杀虫 | 草本 |

| 序号 | 中文名 | 学名 | 科名 | 活性部位 | 主要化学成分及衍生物 | 防治对象 | 类别 |
|---|---|---|---|---|---|---|---|
| 188 | 益母草 | *Leonurus japonicus* Houttuyn | 唇形科 | 全株 | 二萜类、黄酮类等 | 杀虫 | 草本 |
| 189 | 罗勒 | *Ocimum basilicum* L. | 唇形科 | 全株 | 挥发油类、总黄酮苷、黄酮类等 | 杀虫 | 草本 |
| 190 | 紫苏 | *Perilla frutescens* （L.）Britt. | 唇形科 | 叶片 | 挥发油、黄酮类、花色苷类等 | 杀菌、杀虫 | 草本 |
| 191 | 华山姜 | *Alpinia oblongifolia* Hayata | 姜科 | 全株 | 多糖、苷类、皂苷、有机酸、鞣质、黄酮、生物碱、酚类、甾体、三萜、挥发油等 | 杀菌 | 草本 |
| 192 | 艳山姜 | *Alpinia zerumbet* （Pers.）Burtt. et Smith | 姜科 | 叶 | 挥发油类、黄酮类等 | 杀虫 | 草本 |
| 193 | 姜花 | *Hedychium coronarium* Koen. | 姜科 | 叶片 | 挥发油类、皂苷类等 | 杀菌 | 草本 |
| 194 | 芦荟 | *Aloe vera* （L.）Burm. f. | 百合科 | 地上部分 | 生物碱、黄酮类等 | 杀菌、杀虫 | 草本 |
| 195 | 天门冬 | *Asparagus cochinchinensis* （Lour.）Merr. | 百合科 | 全株 | 天门冬素、β-谷甾醇、甾体皂苷、糠醛衍生物等 | 杀菌 | 草本 |
| 196 | 山菅 | *Dianella ensifolia* （L.）Redouté | 百合科 | 全株 | 糖类、酚类等 | 杀菌 | 草本 |
| 197 | 萱草 | *Hemerocallis fulva* （L.）L. | 百合科 | 根 | 类黄酮、多酚、生物碱等 | 杀虫 | 草本 |
| 198 | 玉簪 | *Hosta plantaginea* （Lam.）Aschers. | 百合科 | 叶 | 4-羟基苯甲醛、4-羟基-苯乙酮等 | 抗病毒、杀虫 | 草本 |
| 199 | 麦冬 | *Ophiopogon japonicus* （L. F.）Ker-Gawl. | 百合科 | 根 | 皂苷、黄酮类等 | 杀菌 | 草本 |

（续上表）

| 序号 | 中文名 | 学名 | 科名 | 活性部位 | 主要化学成分及衍生物 | 防治对象 | 类别 |
|---|---|---|---|---|---|---|---|
| 200 | 石蒜 | *Lycoris radiata* （L'Her.）Herb. | 石蒜科 | 茎 | 生物碱、淀粉、多糖 | 杀虫 | 草本 |
| 201 | 大百部 | *Stemona tuberosa* Lour. | 百部科 | 根 | 百部碱、对叶百部碱、异对叶百部碱、斯替宁碱等 | 杀虫 | 草本 |
| 202 | 金钱蒲 | *Acorus gramineus* Soland. | 天南星科 | 全株 | 醚类、烯类、酚类等 | 杀菌、杀虫 | 草本 |
| 203 | 海芋 | *Alocasia odora* （Roxburgh）K. Koch | 天南星科 | 茎、叶 | 海芋素、生物碱等 | 杀菌、杀虫 | 草本 |
| 204 | 天南星 | *Arisaema heterophyllum* Blume | 天南星科 | 全株 | 生物碱类、凝集素类等 | 杀菌、杀虫 | 草本 |

# 第二部分　分　论

## 一、石松科

### 1. 藤石松（图1）

**学名**：藤石松（*Lycopodiastrum casuarinoides*（Spring）Holub ex Dixit），别名石子藤、石子藤石松、木贼叶石松、舒筋草。

**分类地位**：石松科（Lycopodiaceae），藤石松属（*Lycopodiastrum*）。

**形态特征与生物学特性**：大型土生植物。地下茎长而匍匐。地上主茎木质藤状，伸长攀缘达数米，圆柱形，具疏叶。叶螺旋状排列，贴生，卵状披针形至钻形。能育枝柔软，红棕色，小枝扁平，多回二叉分枝。孢子囊穗每6～26个一组生于多回二叉分枝的孢子枝顶端，排列成圆锥形，具直立的总柄和小柄，弯曲，红棕色；孢子叶阔卵形，覆瓦状排列，具膜质长芒，边缘具不规则钝齿，厚膜质；孢子囊生于孢子叶腋，内藏，圆肾形，黄色。产于华东、华南、华中及西南大部分地区。生于海拔100～3100米的林下、林缘、灌丛下或沟边。

**主要化学成分及衍生物**：藤石松中主要含有石蒜碱型石松生物碱。

**农药活性**：较高浓度的lycodine型石松生物碱对东乡伊蚊幼虫体内的乙酰胆碱酯酶（AChE）有显著的抑制作用，可杀灭东乡伊蚊幼虫。

### 2. 石松（图2）

**学名**：石松（*Lycopodium japonicum* Thunb. ex Murray），别名伸筋草、石松子。

**分类地位**：石松科（Lycopodiaceae），石松属（*Lycopodium*）。

**形态特征与生物学特性**：多年生土生植物。匍匐茎地上生，细长横走，2～3回分叉，绿色，被稀疏的叶；侧枝直立，高达40厘米，多回二叉分枝，稀疏，压扁状（幼枝圆柱状），枝连叶直径5～10毫米。叶螺旋状排列，密集，上斜，披针形或线状披针形，长4～8毫米，宽0.3～0.6毫米，基部楔形，下延，无柄，先端渐尖，具透明发丝，边缘全缘，草质，中脉不明显。我国除东北、华北以外的其他各省区均有分布。生于海拔100～3300米的林下、灌丛下、草坡、路边或岩石上。

**主要化学成分及衍生物**：石松中主要含有生物碱类、三萜类化合物，另含有少量蒽醌类、黄酮类及挥发油类成分；可从中分离出几十种化合物，主要是 N – methyl lyco-poserramine T、lycovatine A、complanadines C、complanadines D、N – 甲基石松嵩碱、石杉碱甲、α – 异玉柏碱、α – 玉柏碱、去 – N – 甲基 – α – 玉柏碱、石松灵碱、lycoposer-ramine M、玉柏宁碱、lyconadin D、石松佛利星碱等生物碱；三萜类化合物如石松三醇、α – 芒柄花萜醇；酚苷类化合物如 4 – glucosyloxy – 3 – methoxyphenltrans – propenoic-ethylester。

**农药活性**：石松生物碱 lycovatine A、complanadines C、complanadines D 对黑曲霉有一定程度的抑制作用；较高浓度的石松生物碱对昆虫体内的 AChE 有显著的抑制作用。

### 3. 垂穗石松（图 3）

**学名**：垂穗石松（*Palhinhaea cernua*（L.）Vasc. et Franco），别名铺地蜈蚣、过山龙、灯笼草、小伸筋。

**分类地位**：石松科（Lycopodiaceae），垂穗石松属（*Palhinhaea*）。

**形态特征与生物学特性**：多年生草本植物，且为中型至大型土生蕨类植物。茎直立，圆柱形，基部有次生匍匐茎。主茎上的叶螺旋状排列，稀疏，钻形或线形，纸质，通常向下弯弓，侧枝上斜，多回不等位二叉分枝，有毛；分枝上的叶密生，线状钻形，通常向上弯曲。孢子叶覆瓦状排列，具不规则锯齿。孢子囊圆肾形，生于叶腋。华东中南部、西南东部、华南及湖南均有分布。

**主要化学成分及衍生物**：垂穗石松主要含有生物碱类、三萜类、黄酮、酚酸等活性成分。经分离鉴定可得到 cerniznes A – D、羟基垂石松碱、石松生物碱 A、Isopalhin-ine A 和一系列生物碱。

**农药活性**：垂穗石松提取物对甘蓝黑斑病菌、甘蔗凤梨病菌、烟草黑胫病菌具有抑制作用。

## 二、卷柏科

### 4. 卷柏（图 4）

**学名**：卷柏（*Selaginella tamariscina*（P. Beauv.）Spring），别名九死还魂草、还魂草、见水还。

**分类地位**：卷柏科（Selaginellaceae），卷柏属（*Selaginella*）。

**形态特征与生物学特性**：土生或石生，复苏植物，呈垫状。叶全部交互排列，二形，叶质厚，表面光滑，边缘不为全缘，具白边。孢子叶穗紧密，四棱柱形，单生于小枝末端；孢子叶一形，卵状三角形，边缘有细齿，具白边（膜质透明），先端有尖头或具芒；大孢子叶在孢子叶穗上下两面不规则排列。大孢子浅黄色；小孢子橘黄色。北至吉林，南至海南均有分布。常见于石灰岩上，海拔 60～2100 米。

**主要化学成分及衍生物**：卷柏化学成分主要包括黄酮类、苯丙素类、炔酚类、甾体类化合物，以及糖苷、酚、蒽醌、萜、生物碱类化合物等。黄酮类有芹菜素、穗花杉双黄酮、扁柏双黄酮、异柳杉双黄酮、黄酮、黄酮苷、双黄酮等化合物；苯丙素类有香豆素、7－羟基香豆素、（4－羟基苯基）－6，7－羟基香豆素、3－（4－羟苯基）－6，7－二羟基香豆素；炔酚类有卷柏素、selaginellin 系列化合物；甾体类有β－谷甾醇、胡萝卜苷、3β，16α－二羟基－5α－胆甾－21－酸、3β－乙酰氧基－16α－羟基－5α－胆甾－21－酸、7α－羟基谷甾醇、7β－羟基谷甾醇、7β－羟基胆固醇、麦角甾－4，6，8，22－四烯－3－酮、（4α，5α）－4，14－二甲基胆甾－8－烯－3－酮等。

**农药活性**：卷柏多糖对甘薯薯瘟病菌、玉米大斑病菌、稻瘟病病原菌、甘蔗黑穗病菌、烂尾病菌有抑制效应；卷柏乙醇提取物对柑橘溃疡病菌、姜瘟病菌、水稻白叶枯病菌和大白菜软腐病菌具有较好的抑制作用，对香蕉酸腐病菌、苹果轮纹病菌、油菜菌核病菌、小麦赤霉病菌、苹果腐烂病菌、玉米小斑病菌、葡萄黑痘病菌、苹果斑点落叶病菌、棉花枯萎病菌和番茄棉腐病菌也具有一定的抑制作用。

## 三、木贼科

### 5. 节节草（图5）

**学名**：节节草（*Equisetum ramosissimum* Desf.），别名木贼草、节节木贼、驳节草、笔筒草、锉草、节节菜、接骨草。

**分类地位**：木贼科（Equisetaceae），木贼属（*Equisetum*）。

**形态特征与生物学特性**：多年生草本植物。根茎黑棕色，直立、横走或斜升。茎绿色，基部多分枝，粗糙具条棱，侧枝较硬，圆柱状，有脊5～8，脊平滑或有1行小瘤或有浅色小横纹，鞘齿5～8，披针形，革质，边缘膜质。叶鳞片状，轮生，基部联合成鞘状。孢子囊穗短棒状或椭圆形，顶端有小尖突，无柄。孢子叶六角形，中央凹入。分布于我国各地。

**主要化学成分及衍生物**：全草主要含有机酸类、黄酮类、生物碱及有机硅酸盐等化学成分，如烟碱、犬问荆碱、山奈酚－3－槐糖苷－7－葡萄糖苷、山奈酚－3－槐糖苷、谷甾醇、豆甾醇、3，4－二羟基肉桂酸、芹菜素－7－O－β－D－吡喃葡萄糖苷、α－香树脂醇、β－谷甾醇、β－胡萝卜苷、无羁萜－3β－醇、3，4′，5，7－四羟基黄酮、芹菜素、3，5，7，3′，4′－五羟基黄酮、木犀草素、3－甲氧基－4－羟基肉桂酸等多种成分。

**农药活性**：节节草成分中的烟碱对石榴蚜虫具有杀虫效果。

## 四、里白科

### 6. 芒萁（图6）

**学名**：芒萁（*Dicranopteris dichotoma*（Thunb.）Berhn.），别名铁芒萁、路萁、铁狼萁。

**分类地位**：里白科（Gleicheniaceae），芒萁属（*Dicranopteris*）。

**形态特征与生物学特性**：根茎长而横走，密被暗锈色长毛。叶疏生，叶柄长24～56厘米，棕禾秆色，基部以上无毛。叶轴一至二回二叉分枝，一回羽轴长约9厘米，被暗锈色毛，后渐光滑，二回羽轴长3～5厘米，各回分叉处托叶状羽片平展，宽披针形。腋芽卵形，被锈黄色毛，芽苞卵形，边缘具不规则裂片或粗齿牙，稀全缘。孢子囊群圆形，1列，着生基部上侧或上下两侧小脉弯弓处，通常具5～8个孢子囊。分布于我国江南、华南、西南等多个省区。

**主要化学成分及衍生物**：芒萁主要含黄酮类、皂苷类及多糖类等成分以及酚酸、甾醇等化合物，统称为其他化合物，有槲皮苷、山柰酚 - 3 - O - α - L - 鼠李糖苷、芦丁、金丝桃苷、山柰酚、豆甾醇、环黄芪醇、原儿茶酸、没食子酸、β - 谷甾醇、胡萝卜苷、（6S，13S） - 克罗烷二萜 - 3，14 - 二烯 - 6，13 - 二醇、豆甾 5 - 烯 - 3β - 醇 - 7 - 酮、2，3 - 二甲基 - 5，7 - 二羟基 - 4 - 甲氧基二氢黄酮等。

**农药活性**：芒萁水提液对稗草等多种杂草根和幼苗生长有较强的抑制作用；对甘薯薯瘟病菌和稻瘟病病原菌具有一定的抑制作用。

## 五、海金沙科

### 7. 海金沙（图7）

**学名**：海金沙（*Lygodium japonicum*（Thunb.）Sw.），别名罗网藤、叮咚藤、海金沙藤、狭叶海金沙。

**分类地位**：海金沙科（Lygodiaceae），海金沙属（*Lygodium*）。

**形态特征与生物学特性**：多年生攀缘草本。根茎细而匍匐，被细柔毛。茎细弱、呈干草色，有白色微毛。叶羽片多数，为1～2回羽状复叶，对生于叶轴短距两侧，两面均被细柔毛。叶不育羽片尖三角形，两侧有窄边，叶干后褐色，纸质。孢子囊穗长2～4毫米，远远超过小羽片中央不育部分，排列稀疏，孢子囊盖鳞片状，卵形，暗褐色，每盖下生一横卵形的孢子囊，环带侧生，聚集一处。产于华东、华南、西南东部、湖南及陕西南部。

**主要化学成分及衍生物**：海金沙主要含有黄酮类、酚酸及糖类、甾体类、挥发油类等化合物。黄酮类化合物主要有田蓟、山柰酚 - 7 - O - α - L - 吡喃鼠李糖苷、山柰酚、香豆酸、1-正十六烷酸甘油酯、胡萝卜苷、β-谷甾醇、正三十一烷醇、蒙花苷等；酚酸及糖类化合物主要有苯甲酸、香草酸、咖啡酸、原儿茶酸、3-甲基-1-戊醇、2-（甲基乙酰基）-3-蒈烯、环辛酮、（E）-己烯酸、十一炔；甾体类化合物主要有罗汉松甾酮C、松甾酮苷A、2α-羟基乌苏酸、22-羟基何柏烷、木栓酮；挥发油类化合物有油酸甲酯、α-油酸单甘油酯、正二十四烷、反角鲨烯、油酸二羟基乙酯。

**农药活性**：海金沙多糖对变形杆菌、稻瘟病病原菌均有抑制作用。海金沙乙酸乙酯萃取分离得到的抑菌物质对番茄灰霉病菌和小麦纹枯病菌等多种植物病原真菌具有抑制活性的作用。

## 六、陵齿蕨科

### 8. 乌蕨（图8）

**学名**：乌蕨（*Odontosoria chinensis* J. Sm.），别名乌韭、大叶金花草、小叶野鸡尾、蜢蚱参、细叶凤凰尾。

**分类地位**：陵齿蕨科（Lindsaeaceae），乌蕨属（*Odontosoria*）。

**形态特征与生物学特性**：根状茎短而横走，粗壮，密被赤褐色的钻状鳞片。叶近生，有光泽，禾秆色至褐禾秆色，坚草质，干后棕褐色，通体光滑。叶片披针形，先端渐尖，基部不变狭，四回羽状；羽片15～20对，互生，密接，一回羽状或基部二回羽状。叶脉上面不显，下面明显，在小裂片上为二叉分枝。孢子囊群边缘着生，每裂片上一枚或二枚，顶生1～2条细脉上；囊群盖灰棕色，革质，半杯形，宽与叶缘等长，近全缘或多少啮蚀，宿存。分布于浙江、福建、台湾、安徽、江西、广东等地区。

**主要化学成分及衍生物**：乌蕨主要含有黄酮类、酚类、挥发油类、甾体和多糖类等化合物，包含原儿茶酸、原儿茶醛、咖啡酸、丹酚酸A、绿原酸、阿魏酸、芳樟醇、松油醇、香叶醇、牡荆素、山奈酚、芹菜素、牡荆素鼠李糖苷、牡荆素吡喃葡萄糖苷、芹菜素7-O-β-D-吡喃葡萄糖苷、山奈酚-3-O-β-葡萄糖苷、荭草苷、龙胆酸-2-O-β-D-（6-O-龙胆酰基）-吡喃葡萄糖苷、6-氯-芹菜素-7-O-β-D-吡喃葡萄糖苷、3,4-二羟基苯甲酸、2,5-二羟基苯甲酸甲酯、秦皮乙素、6,7-二羟基香豆素、脂肪酸、脂肪醇等化学成分。

**农药活性**：乌蕨多糖提取物具有较强的抗动植物病原菌活性，如玉米大斑病菌、甘蔗黑穗病菌、甘薯薯瘟病菌和稻瘟病病原菌等。乌蕨甲醇提取物对烟草黑胫病菌具有抑制作用。

## 七、蕨科

### 9. 蕨（图9）

**学名**：蕨（*Pteridium aquilinum* var. *latiusculum*（Desv.）Underw. ex Heller），别名猴腿。

**分类地位**：蕨科（Pteridiaceae），蕨属（*Pteridium*）。

**形态特征与生物学特性**：植株高达1米；根茎长而横走，密被锈黄色柔毛；叶疏生，叶柄褐棕或棕禾秆色，叶片宽三角形或长圆状三角形，渐尖头，基部圆楔形，三回羽状，叶干后纸质或近革质，上面光滑。产于全国各地，但主要产于长江流域及以北地区，亚热带地区也有分布。生于山地阳坡及森林边缘阳光充足的地方，海拔200～830米。

**主要化学成分及衍生物**：蕨中含有蕨素、黄酮、甾酮等化学成分。可从蕨中分离出（2R）–蕨素B、（2S，3S）–蕨素C、反式乌毛蕨酸、苏铁蕨酸、槲皮素、异槲皮苷、芦丁、异鼠李素–3–O–（6″–O–E–ρ–香豆酰基）–β–D–葡萄糖苷、紫云英苷、山奈酚–3–O–芸香糖苷、椴树苷、原儿茶酸、莽草酸、苯甲酸、胡萝卜苷、β–谷甾醇等多种化合物。

**农药活性**：蕨的提取物对甘薯薯瘟病菌和稻瘟病病原菌具有一定的抑制作用。

## 八、凤尾蕨科

### 10. 蜈蚣凤尾蕨（图10）

**学名**：蜈蚣凤尾蕨（*Pteris vittata* L.），别名蜈蚣草、鸡冠凤尾蕨、蜈蚣蕨。

**分类地位**：凤尾蕨科（Pteridaceae），凤尾蕨属（*Pteris*）。

**形态特征与生物学特性**：多年生草本。秆密丛生，纤细直立，高40～60厘米。叶鞘压扁，互相跨生，鞘口具纤毛；叶片常直立，先端渐尖。总状花序单生，常弓曲，花序总梗及其轴节间被微柔毛。花药较大；柱头黄褐色。颖果长圆形。花果期夏秋季。产于云南、贵州、广西、广东、海南及福建等省区；生于山坡、路旁草丛中。

**主要化学成分及衍生物**：蜈蚣凤尾蕨中含有黄酮、甾体、三萜类、香豆素、鞣质等有效成分。从蜈蚣草植株中可分离得到10余种化合物，如芦丁、山奈酚–3–O–β–D–葡萄糖苷、山奈酚–3–O–芸香糖苷、山奈酚–3–O–β–D–葡萄糖醛酸苷、淫羊藿次苷B6、甲基–β–D–吡喃木糖苷、苯乙烯–4–O–β–D–吡喃葡萄糖苷、苯丙氨酸等。

**农药活性**：蜈蚣凤尾蕨提取物对香蕉炭疽病菌具有抑制作用；对莴苣指管蚜和4龄斜纹夜蛾幼虫有较好的杀虫活性；其多糖提取物对甘薯薯瘟病菌和稻瘟病病原菌具

有一定的抑制作用；其正丁醇相萃取物对香蕉炭疽病菌、芒果炭疽病菌和芒果蒂腐病菌的毒力较高，对香蕉炭疽病菌的抑制活性最高。

### 11. 井栏边草（图11）

**学名**：井栏边草（*Pteris multifida* Poir.），别名凤尾草、井口边草、山鸡尾、井茜、玉龙草、鸡爪凤尾草。

**分类地位**：凤尾蕨科（Pteridaceae），凤尾蕨属（*Pteris*）。

**形态特征与生物学特性**：根状茎短而直立，被黑褐色鳞片。叶密而簇生，不育叶柄较短，禾秆色或暗褐色，具禾秆色窄边。叶片卵状长圆形，一回羽状，羽片狭线形，通常对生，无柄，线状披针形，先端渐尖，有时近羽状，能育叶有较长的柄。叶轴禾秆色，稍有光泽。叶干后草质，暗绿色，无毛。分布于华北、华中、华南、西南等多个地区。

**主要化学成分及衍生物**：井栏边草含有倍半萜、黄酮等成分，如木犀草素、芹菜素、槲皮素 – 3 – O – β – D – 吡喃葡萄糖苷、Pteroside P′、芹菜素 – 7 – O – β – 葡萄糖苷、扶桑甾醇、β – 谷甾醇、齐墩果酸、贝壳杉烷二萜等。

**农药活性**：井栏边草粗提物对水稻纹枯病菌菌丝有较强的抑制效果，其多糖物质对稻瘟病病原菌有较强的抑制作用。

## 九、铁线蕨科

### 12. 扇叶铁线蕨（图12）

**学名**：扇叶铁线蕨（*Adiantum flabellulatum* L. Sp.），别名铁丝草、少女的发丝、铁线草、过坛龙、乌脚枪、黑骨芒萁、大猪毛七。

**分类地位**：铁线蕨科（Adiantaceae），铁线蕨属（*Adiantum*）。

**形态特征与生物学特性**：根茎短而直立，密被棕色披针形鳞片。叶簇生，叶片扇形，二至三回不对称的二叉分枝，中央羽片线状披针形，奇数一回羽状；小羽片8~15对，具短柄，对开式半圆形（能育的）或斜方形（不育的），能育部分具浅缺刻，裂片全缘，不育部分具细锯齿；顶生小羽片倒卵形或扇形。叶柄紫黑色。孢子囊群每羽片2~5枚；囊群盖半圆形或圆形，革质，黑褐色，全缘，宿存。孢子具不明显颗粒状纹饰。常分布于台湾、福建、江西、广东、海南、湖南、广西、贵州、四川、云南等地。

**主要化学成分及衍生物**：扇叶铁线蕨中含有三萜类、酚酸类、甾体类、黄酮类、挥发油等化合物。如 D – α – 托可醌、豆甾 – 4 – 烯 – 6β – 醇 – 3 – 酮、4，4 – 二甲基 – 1，7 – 庚二酸、β – 谷甾醇、原儿茶醛、isoadiantol B、adiantobischrysene、带糖苷的黄烷酮化合物、豆甾醇、铁线蕨凝集素等成分。

**农药活性**：扇叶铁线蕨对甘薯薯瘟病菌和稻瘟病病原菌具有一定的抑制作用。

## 十、金星蕨科

### 13. 华南毛蕨（图13）

**学名**：华南毛蕨（*Cyclosorus parasiticus*（L.）Farwell.），别名东方毛蕨、寻乌毛蕨、石生毛蕨、高大毛蕨、海南毛蕨、金星草、密毛小毛蕨、冷蕨棵、大风寒。

**分类地位**：金星蕨科（Thelypteridaceae），毛蕨属（*Cyclosorus*）。

**形态特征与生物学特性**：植株高达70厘米。叶近生，叶草质，干后褐绿色，上面沿叶脉有1~2伏生针状毛。叶片长尾披针形，先端羽裂，二回羽裂；羽片12~16对，无柄，顶部略上弯或斜展，中部羽片披针形，羽裂达1/2或稍深；羽片20~25对，长圆形，全缘；叶脉明显，侧脉单一，每裂片6~8对。叶柄长达40厘米，深禾秆色，基部有1~2柔毛。孢子囊群生于侧脉中部以上，囊群盖密生柔毛，棕色，膜质，宿存。分布于浙江南部及东南部、福建、台湾、广东、海南、湖南、江西、重庆、广西等地。

**主要化学成分及衍生物**：华南毛蕨含挥发油、多糖、黄酮类等化合物，可从中分离得到槲皮素、芹菜素、山奈酚、阿福豆苷、芹菜素－7－O－β－D－吡喃葡萄糖苷、山奈酚－7－O－β－D－吡喃葡萄糖苷、β－胡萝卜苷、β－谷甾醇、糠醛、香豆素、丁二酸二异丁酯、瘤节毛蕨素B、植醇、叶黄素、5－羟基－3，7－二甲氧基黄酮、黑麦草内酯、扭马尾藻酚、δ－生育酚、9Z，12Z－十八碳二烯酸、大黄素甲醚、齐墩果酸等多种化合物。

**农药活性**：华南毛蕨挥发油中的糠醛、香豆素和丁二酸二异丁酯成分对美洲斑潜蝇有产卵驱避和拒食作用，随施用量的增加而增大。华南毛蕨多糖对甘薯薯瘟病菌和稻瘟病病原菌具有一定的抑制作用。

## 十一、乌毛蕨科

### 14. 乌毛蕨（图14）

**学名**：乌毛蕨（*Blechnum orientale* L.），别名龙船蕨、冠羽乌毛蕨、贯众、黑狗脊、东方乌毛蕨、赤蕨头、管仲。

**分类地位**：乌毛蕨科（Blechnaceae），乌毛蕨属（*Blechnum*）。

**形态特征与生物学特性**：根茎粗短，直立，木质，黑褐色。叶簇生，叶片卵状披针形，一回羽状，羽片多数、互生，下部的圆耳状且不育，向上的羽片长，中上部的能育。叶干后棕色，近革质，光滑。孢子囊群线形，羽片上部不育；囊群盖线形，开向主脉，宿存。分布于广东、广西、海南、台湾、福建、西藏等地。

**主要化学成分及衍生物**：乌毛蕨中主要化学成分有凝集素、绿原酸、类脂、甾醇

类化合物、异橙皮甙、麦甾醇、胆碱及多种茚满衍生物，如 5 - 胆甾烯醇、24 - 甲基 -
5 - 胆甾烯醇、24 - α - 乙基 - 5，22 - 胆甾二烯醇、24 - 甲基 - 5，22 - 胆甾二烯醇等。

**农药活性**：乌毛蕨叶片中的凝集素对玉米大斑病菌有一定的抑制效果。乌毛蕨提取物对梨褐斑病菌具有较强的抑制作用。

## 十二、肾蕨科

### 15. 肾蕨（图15）

**学名**：肾蕨（*Nephrolepis cordifolia*（L.）C. Presl），别名波士顿蕨、石黄皮。

**分类地位**：肾蕨科（Nephrolepidaceae），肾蕨属（*Nephrolepis*）。

**形态特征与生物学特性**：附生或土生。根状茎直立，被蓬松的淡棕色长钻形鳞片，下部有粗铁丝状的匍匐茎向四方横展；叶片线状披针形或狭披针形；叶坚草质或草质，干后棕绿色或褐棕色，光滑。孢子囊群成 1 行位于主脉两侧，肾形，少有圆肾形或近圆形，生于每组侧脉的上侧小脉顶端，位于从叶边至主脉的1/3 处；囊群盖肾形，褐棕色，边缘色较淡，无毛。产于浙江、福建、台湾、湖南、广东、海南、广西、贵州、云南和西藏。生于海拔 30 ~ 1500 米的溪边林下。

**主要化学成分及衍生物**：肾蕨主要含有黄酮类、多糖、生物碱、谷甾醇、萜烯、甾体、甾体皂苷、D - 谷甾醇等多种化学成分。从肾蕨中可分离出 β - 谷甾醇、胡萝卜苷、山奈酚 - 3 - O - β - 葡萄糖苷、槲皮素 3 - O - β - 鼠李糖苷、软脂酸单甘油酯、羊齿 - 9（11）- 烯、齐墩果酸、肉豆蔻酸十八烷基酯、正三十一烷酸和正三十烷醇等多种化合物。

**农药活性**：肾蕨多糖能够抑制稻瘟病病原菌的活性。

## 十三、银杏科

### 16. 银杏（图16）

**学名**：银杏（*Ginkgo biloba* L.），别名鸭掌树、鸭脚子、公孙树、白果。

**分类地位**：银杏科（Ginkgoaceae），银杏属（*Ginkgo*）。

**形态特征与生物学特性**：乔木；树皮灰褐色，纵裂；叶扇形，上缘有浅或深的波状缺刻；在短枝上 3 ~ 8 叶簇生；雄球花 4 ~ 6 生于短枝顶端叶腋或苞腋，长圆形，下垂，淡黄色；种子椭圆形、倒卵圆形或近球形。花期 3—4 月，种子 9—10 月成熟。仅浙江天目山有野生状态的树木，银杏的栽培区甚广：北自沈阳，南达广州，东起华东海拔 40 ~ 1000 米地带，西南至贵州、云南西部海拔 2000 米以下地带。

**主要化学成分及衍生物**：银杏主要的化学成分有黄酮、萜内酯、酚酸、聚异戊烯醇等，其中黄酮、萜内酯和聚异戊烯醇是银杏叶发挥独特药理活性的有效成分。

**农药活性**：银杏精油对梨木虱若虫有一定的触杀作用，与阿维菌素、吡虫啉和高效氯氟氰菊酯三种药剂混配有显著的增效作用。银杏叶水提液对钉螺具有一定的杀灭作用。银杏的外种皮提取物对黄瓜霜霉病菌、玉米大斑病菌、小麦赤霉病菌、苹果炭疽病菌、梨褐斑病菌等植物病菌具有明显的抑制作用。银杏提取物对烟草花叶病毒具有较好的钝化作用、保护作用和治疗作用。

## 十四、南洋杉科

### 17. 南洋杉（图17）

**学名**：南洋杉（*Araucaria cunninghamii* Sweet），别名猴子杉、肯氏南洋杉、细叶南洋杉。

**分类地位**：南洋杉科（Araucariaceae），南洋杉属（*Araucaria*）。

**形态特征与生物学特性**：树皮灰褐色或暗灰色，粗糙横裂。大枝平展或斜伸，幼树冠尖塔形，老则成平顶状，侧身小枝密生，下垂，近羽状排列。幼树和侧枝的叶排列疏松，开展，锥状、针状、镰状或三角状，微具四棱。大树及花枝之叶排列紧密，前伸，上下扁，卵形、三角状卵形或三角形。球果卵形或椭圆形，苞鳞楔状倒卵形，两侧具薄翅，先端宽厚，具锐脊；舌状种鳞的先端薄，不肥厚；种子椭圆形，两侧具结合而生的膜质翅。种子椭圆形，两侧具结合而生的薄翅。分布于我国广东、福建、海南、云南、广西等地。

**主要化学成分及衍生物**：南洋杉主要含有挥发油类、双黄酮类、黄酮类、苯丙素、二萜类、木脂素、甾体、异黄酮、紫罗兰酮和其他类型化合物，如α-蒎烯、柠檬烯、α-石竹烯、γ-依兰二烯、β-荜澄茄烯、杜松烯、匙叶桉油烯醇、α-杜松醇和6，10，14-三甲基-2-十五烷酮等成分。

**农药活性**：南洋杉的总浸膏对白菜软腐根病菌具有明显的抑菌活性。其挥发油类成分对仓储害虫有触杀作用。

## 十五、松科

### 18. 马尾松（图18）

**学名**：马尾松（*Pinus massoniana* Lamb.），别名枞松、山松、青松。

**分类地位**：松科（Pinaceae），松属（*Pinus*）。

**形态特征与生物学特性**：乔木；高达40米，胸径1米；树皮红褐色，下部灰褐色，裂成不规则的鳞状块片；针叶2针一束，极稀3针一束，细柔，下垂或微下垂，两面有气孔线，边缘有细齿，树脂道4~7，边生；球果卵圆形或圆锥状卵圆形，有短柄，熟时栗褐色，种鳞张开；种子卵圆形。花期4—5月，球果翌年10—12月成熟。产于陕西汉水流域以南至长江流域、西南、华南等地。在长江下游其垂直分布于海拔700米以下，在长江中游分布于海拔1100~1200米，在西部分布于海拔1500米以下。

**主要化学成分及衍生物**：马尾松松针主要含挥发油类、黄酮类、木脂素类等。挥发油类主要有α-蒎烯、β-石竹烯、葎草烯、β-蒎烯4-亚甲基-1-（1-甲基乙基）-环己烯、4-α-异丙烯基-2-茚烯等；黄酮类主要有槲皮素、双氢槲皮素、花旗松素、花旗松素-3′-O-β-D-葡萄糖苷、儿茶素、柚皮素-7-O-β-D-葡萄糖苷、3′，5-二羟基-4′-甲氧基二氢黄酮-7-O-α-L-鼠李糖基（1→6）-β-D-葡萄糖苷、3′，5-二羟基-4′-甲氧基二氢黄酮-7-O-β-D-葡萄糖基（1→2）-α-L-鼠李糖苷等；木脂素类有莽草酸、（7S，8R）-3′，4，9，9′-四羟基-3-甲氧基-7，8-二氢苯并呋喃-1′-丙醇基新木脂素、（7S，8R）-3′，4，9′-三羟基-4-甲氧基-9-O-莽草酰基-7，8-二氢苯并呋喃-1′-丙基新木脂素等。

**农药活性**：马尾松提取物与银杏等植物的提取物可作青枯病病原菌的杀菌剂，马尾松提取物浓度较高时，随着乳化剂浓度的增加抑菌效果明显增加。马尾松化学成分中的葎草烯对松材线虫具有一定的触杀活性。马尾松粗提物对棉花枯萎病菌、串珠镰刀菌和黄瓜灰霉菌有一定的抑制作用；其枝叶提取液对葡萄霜霉病菌游动孢子囊萌发具有较强的抑制作用。

# 十六、杉科

## 19. 杉木（图19）

**学名**：杉木（*Cunninghamia lanceolata* (Lamb.) Hook.），别名杉、刺杉、木头树、正木、正杉、沙树、沙木、本地极杉、香杉。

**分类地位**：杉科（Taxodiaceae），杉木属（*Cunninghamia*）。

**形态特征与生物学特性**：树皮灰褐色，裂成长条片，内皮淡红色。大枝平展，小枝对生或轮生，常成二列状，幼枝绿色，光滑无毛。叶披针形或窄，常呈镰状，革质且坚硬。雄球花圆锥状，通常多个簇生枝顶，而雌球花单生或数个集生，为绿色。球果卵圆形，熟时苞鳞革质，棕黄色，先端有坚硬的刺状尖头；种子扁平，具种鳞，长卵形或矩圆形，暗褐色，两侧边缘有窄翅。花期4月，球果10月下旬成熟。栽培区北起秦岭南坡，河南桐柏山，安徽大别山，江苏句容、宜兴，南至广东信宜，广西玉林、龙津，云南广南、麻栗坡、屏边、昆明、会泽、大理，东自江苏南部、浙江、福建西部山区，西至四川大渡河流域（泸定磨西面以东地区）及西南部安宁河流域。

**主要化学成分及衍生物**：杉木中主要含有挥发油类、萜类、双黄酮类等化合物。挥发油类主要有α-蒎烯、α-松油醇、α-柏木烯、β-柏木烯、柠檬烯、对伞花烯等；双黄酮类主要有穗花杉双黄酮、红杉双黄酮、扁柏双黄酮、南方贝壳杉双黄酮等；杉木木沥油中含有愈创木酚、2-苯氧基乙醇、2，5-二甲基苯酚、4，5-二甲基-1，

3 - 间苯二酚、4 - 乙基苯酚、雷琐苯乙酮、2 - 乙基 - 5 - 甲基苯酚、2，4，5 - 三甲基苯酚、2 - 甲氧基 - 4 - 丙基苯酚，以及杉木宁、杉木酸、杉木醇等。

**农药活性**：杉木心材精油对黑胸散白蚁具有较强的触杀毒性和驱避性，其在 160 毫克/升的浓度下，72 小时白蚁死亡率为 100％，驱避性随精油浓度的增加而增强。

## 十七、柏科

### 20. 落羽杉（图 20）

**学名**：落羽杉（*Taxodium distichum*（L.）Rich.），别名落羽松。

**分类地位**：柏科（Cupressaceae），落羽杉属（*Taxodium*）。

**形态特征与生物学特性**：落叶乔木；树干尖削度大，干基通常膨大，常有屈膝状的呼吸根；树皮棕色，裂成长条片脱落；枝条水平开展，幼树树冠圆锥形，老则呈宽圆锥状；新生幼枝绿色，到冬季则变为棕色；生叶的侧生小枝排成二列。叶条形，扁平，基部扭转在小枝上列成二列，羽状。雄球花卵圆形，有短梗，在小枝顶端排列成总状花序状或圆锥花序状。球果球形或卵圆形，有短梗，向下斜垂，熟时淡褐黄色，有白粉；种鳞木质，盾形，顶部有明显或微明显的纵槽；种子不规则三角形，有锐棱，褐色。球果 10 月成熟。我国广州、杭州、上海、南京、武汉、庐山及河南鸡公山等地引种栽培，生长良好。

**主要化学成分及衍生物**：落羽杉球果挥发油中主要成分是 D - 柠檬烯、5 - 亚乙基 - 1 - 甲基 - 环庚烯和铁锈醇；叶片挥发油中主要成分是 D - 柠檬烯、1，8 - 间孟二烯、氧化石竹烯和异香橙烯环氧化物。

**农药活性**：落羽杉叶片和球果挥发油成分对桉树青枯病菌具有较好的抑制活性。

### 21. 侧柏（图 21）

**学名**：侧柏（*Platycladus orientalis*（L.）Franco），别名香柯树、香树、扁桧、香柏、黄柏。

**分类地位**：柏科（Cupressaceae），侧柏属（*Platycladus*）。

**形态特征与生物学特性**：乔木；树皮薄，浅灰褐色，纵裂成条片；叶鳞形，先端微钝，小枝中央的叶露出部分呈倒卵状菱形或斜方形；雄球花黄色，卵圆形；雌球花近球形，蓝绿色，被白粉。球果近卵圆形，成熟前近肉质，蓝绿色，被白粉，成熟后木质，开裂，红褐色；种子卵圆形或近椭圆形，无翅或有极窄之翅。花期 3—4 月，球果 10 月成熟。产于我国南北方大部分省区。

**主要化学成分及衍生物**：侧柏叶中含有黄酮类、挥发油类、萜类、树脂、鞣质等类型的化学成分，其中黄酮类和萜类成分的数量较多。黄酮类主要有槲皮素、杨梅素、芦丁、阿曼托黄素等；挥发油类主要有 α - 蒎烯、石竹烯、α - 石竹烯、异雪松醇、柏木脑等。从侧柏叶乙醇提取物中可分离得到 10 余种化合物，如 4 - O - （1′，3′ - 二羟基丙基 - 2′ -） - 二氢松柏醇 9 - O - β - D - 葡萄糖苷、杨梅苷、5，8，3′，4′ - 四羟基黄酮 7 - O - β - D - 木糖苷、异麦芽糖苷 B、（-） - 异落叶松脂素 9′ - O - β - D - 葡萄糖苷、柳杉酚、桃柁酚等。

**农药活性**：侧柏叶乙醇提取物对苹果腐烂病菌和葡萄黑痘病菌有微弱的抑制作用。从侧柏内生真菌球毛壳菌 C. globosum ZH - 32 的次生代谢物中分离出的球毛壳菌素 A 对植物病原真菌菌丝生长有不同程度的抑制作用，其中对番茄灰霉病菌和油菜菌核病菌菌丝生长抑制作用尤为突出。

## 十八、罗汉松科

### 22. 罗汉松（图 22）

**学名**：罗汉松（*Podocarpus macrophyllus* (Thunb.) Sweet），别名罗汉杉、长青罗汉杉、土杉、金钱松、仙柏、罗汉柏、江南柏。

**分类地位**：罗汉松科（Podocarpaceae），罗汉松属（*Podocarpus*）。

**形态特征与生物学特性**：树皮灰色或灰褐色，浅纵裂，成薄片状脱落。枝开展或斜展，较密。叶螺旋状着生，革质，条状披针形，微弯。叶上面深绿色，中脉显著隆起，下面灰绿色且被白粉。雄球花穗状、腋生，基部有数枚三角状苞片；雌球花单生叶腋，有梗，基部有少数苞片。种子卵圆形，先端圆，熟时肉质假种皮紫黑色，有白粉，种托肉质柱状椭圆形，红色或紫红色。分布于江苏、浙江、福建、安徽、江西、湖南、四川、云南、贵州、广西、广东等省区。

**主要化学成分及衍生物**：罗汉松中含有挥发油类、黄酮类、二萜与降二萜双内酯类、酚类、三萜类、多糖类、木脂素和甾体类化合物，如罗汉松内酯 A - D、竹柏内酯 C、松甾酮 A、马鞭草烯酮、匙叶桉油烯醇、海松酸、石竹烯氧化物、古巴烯、贝壳杉烯、α - 蒎烯、β - 蒎烯、莰烯、荜澄茄烯、罗汉松烯、川芎嗪、旋覆花内酯 A 等。

**农药活性**：罗汉松中旋覆花内酯 A、竹柏内酯 C 化合物可杀死叉角厉蟥的幼虫。罗汉松的二萜双内酯和去甲基二萜双内酯成分对多种昆虫有一定的毒性，其中 α - 蒎烯对蚊虫有毒杀作用。罗汉松内生真菌菌株 ZJDH255 对灰葡萄孢、终极腐霉、瓜类炭疽菌和尖孢镰刀菌黄瓜专化型等植物病原菌均具有拮抗活性以及某种程度上在提高寄主的抗病能力中发挥着一定的作用。

## 十九、满江红科

### 23. 满江红（图 23）

**学名**：满江红（*Azolla pinnata* subsp. *Asiatica*），别名紫藻、三角藻、红浮萍。

**分类地位**：满江红科（Azollaceae），满江红属（*Azolla*）。

**形态特征及生物学特性**：小型漂浮植物。植物体呈卵形或三角状，根状茎细长横走，侧枝腋生，假二歧分枝，向下生须根。叶小，互生，无柄，覆瓦状排列成两行，叶片深裂分为背裂片和腹裂片两部分，背裂片长圆形或卵形，肉质，绿色，但在秋后常变为紫红色，边缘无色透明，上表面密被乳状瘤突，下表面中部略凹陷，基部肥厚形成共生腔；腹裂片贝壳状，无色透明，饰有淡紫红色，斜沉水中。孢子果双生于分枝处，大孢子果体积小，长卵形。分布于南北各省区，生于水田和静水沟塘中。

**主要化学成分及衍生物**：满江红主要含有四羟基花色 – 5 – 葡萄糖甙、绿原酸、马栗树皮素、咖啡酸 – 3，4 – 双葡萄糖苷、6 –（3 – 葡萄糖基咖啡酰）马栗树皮素等。从其全草中可分离得到绿原酸甲酯、4 – O – 咖啡酰基奎宁酸、3，4 – O – 双咖啡酰基奎宁酸甲酯、3，4，5 – O – 三咖啡酰基奎宁酸甲酯、山奈酚 – 3 – O –（6″ – O – 咖啡酰基）– β – D – 葡萄糖苷、咖啡酸、反式阿魏酸 – β – D – 葡萄糖苷、植醇和反式 – 12 – 氧 –（10Z，15Z）– 植物二烯酸等约 20 种化合物。

**农药活性**：满江红能够熏杀蚊虫，覆盖水面后抑制蚊虫产卵滋生。满江红与泥鳅结合还可以研制为生物过滤器、生物除草剂。

## 二十、红豆杉科

### 24. 红豆杉（图 24）

**学名**：红豆杉（*Taxus wallichiana* var. *chinensis*），别名紫杉、卷柏、扁柏、红豆树、观音杉。

**分类地位**：红豆杉科（Taxaceae），红豆杉属（*Taxus*）。

**形态特征及生物学特性**：乔木，高达 30 米；树皮灰褐色、红褐色或暗褐色，裂成条片脱落；大枝开展，一年生枝绿色或淡黄绿色，秋季变成绿黄色或淡红褐色，二、三年生枝黄褐色、淡红褐色或灰褐色；冬芽黄褐色、淡褐色或红褐色，有光泽，芽鳞三角状卵形，背部无脊或有纵脊，脱落或少数宿存于小枝的基部。叶排列成两列，条形，上部微渐窄，先端常微急尖、稀急尖或渐尖，上面深绿色，有光泽，下面淡黄绿色，有两条气孔带，中脉带上有密生均匀而微小的圆形角质乳头状凸起点，常与气孔带同色，稀色较浅。雄球花淡黄色，雄蕊 8 ~ 14 枚，花药 4 ~ 8。种子生于杯状红色肉质的假种皮中，间或生于近膜质盘状的种托之上，常呈卵圆形，上部渐窄，稀倒卵状，长 5 ~ 7 毫米，径 3.5 ~ 5 毫米，微扁或圆，上部常具二钝棱脊，稀上部三角状具三条钝脊，先端有凸起的短钝尖头，种脐近圆形或宽椭圆形，稀三角状圆形。为我国特有树种，产于甘肃、陕西、西南、中南及华南各省区。常生于海拔 1000 ~ 1200 米的高山上部。

**主要化学成分及衍生物**：含有紫杉醇、黄酮类、多糖等非紫杉烷类成分。

**农药活性**：红豆杉种皮、胚乳和种胚中均含有化感物质，种皮浸提液对白菜生长发育具有低浓度促进高浓度抑制的作用，可开发为生物除草剂资源。

## 二十一、买麻藤科

### 25．小叶买麻藤（图25）

**学名**：小叶买麻藤（*Gnetum parvifolium*（Warb.）C. Y. Cheng ex Chun），别名拦地青、细样买麻藤、狗裸藤、接骨草、竹节藤、脱节藤、大节藤、木花生、古歪藤。

**分类地位**：买麻藤科（Gnetaceae），买麻藤属（*Gnetum*）。

**形态特征与生物学特性**：茎枝圆形，皮灰褐色或暗褐色，节部膨大呈关节状，皮孔明显。叶椭圆形、窄长椭圆形或长倒卵形，边全缘。雌雄同株或异株，穗状花序腋生或顶生。雌球花序一次三出分枝。种子长椭圆形或窄长圆状倒卵形，假种皮红色，干后表面常有细纵皱纹，无种子柄或近无柄。分布于江西南部、福建、湖南、广西、广东等省区。

**主要化学成分及衍生物**：小叶买麻藤化学成分中包含总芪类、黄酮类、生物碱类、挥发油类及其他类化合物。总芪类化合物有白藜芦醇、异鼠李素、异鼠李素 – 3 – O – β – D – 葡萄糖苷、（ – ）£ – 葡萄素、买麻藤素 C 等；黄酮类较少，如 5，7，4′ – 三羟基黄酮 – 8 – 葡萄糖（2→1）鼠李糖苷、高圣草酚、买麻藤素 B 等；生物碱类有 Gnetum Alkaloid G1、消旋去甲基乌药碱盐酸盐、去甲乌药碱、葫芦巴碱、买麻藤甲素等；挥发油类有 β – 桉叶油醇、α – 蒎烯、石竹烯氧化物等以及其他如苯乙酮类、甾醇类、银松素等化合物。

**农药活性**：小叶买麻藤加虎杖或小叶买麻藤加黄檀，其提取液对葡萄霜霉病游动孢子囊具有抑制作用。

## 二十二、市兰科

### 26．红毒茴（图26）

**学名**：红毒茴（*Illicium lanceolatum* A. C. Smith），别名红茴香、披针叶茴香、莽草、窄叶红茴香、披针叶八角。

**分类地位**：木兰科（Magnoliaceae），八角属（*Illicium*）。

**形态特征与生物学特性**：树皮浅灰色至灰褐色，枝条纤细。叶互生或稀疏地簇生于小枝近顶端或排成假轮生，革质，披针形、倒披针形或倒卵状椭圆形。中脉在叶面微凹陷，叶下面稍隆起，网脉不明显。花腋生或近顶生，单生或 2 ~ 3 朵，红色、深红色。花被片 10 ~ 15，肉质。花柱钻形。蓇葖 10 ~ 14 枚轮状排列。分布于江南、中南和华南多省区。根、根皮及果均有毒。

**主要化学成分及衍生物**：红毒茴化学成分中包含木脂素、黄酮类、萜类、有机酸类、挥发油等化合物，如槲皮素 – 4′ – O – β – D – 葡萄糖苷、槲皮苷、芹菜素 – 6 – O – β – D – 芦丁糖苷、花旗松素 – 3′ – O – β – 吡喃葡萄糖苷、木犀草素 – 7 – O – β – D – 半乳糖苷苯丙素、α – 细辛脑、甲基异丁香酚、异长叶醇、洋芹醚、肉豆蔻醚、黄樟脑、反甲基异丁香酚、反式细辛脑、莽草毒素、淫羊藿次苷 E3、（7S，8R）– 尿苷、莽草酸、β – 谷甾醇等。

**农药活性**：红毒茴乙醇提取物对油菜菌核病菌有明显的抑菌活性。其所含 α – 细辛脑对黏虫有较好的熏蒸、触杀作用；对桃蚜、菜青虫有较强的触杀作用；对玉米象有一定的熏蒸、忌避和种群抑制作用。

## 27. 白兰（图 27）

**学名**：白兰（*Michelia alba* DC.），别名黄桷兰、白玉兰、缅栀、把儿兰、缅桂、白缅花、白缅桂。

**分类地位**：木兰科（Magnoliaceae），含笑属（*Michelia*）。

**形态特征与生物学特性**：乔木，高达 17 米；枝广展，树冠宽伞形；叶薄革质，长椭圆形或披针状椭圆形；花白色，极香，花被片 10，披针形；雄蕊药隔长尖；雌蕊群被微柔毛，柄长约 4 毫米；心皮多数，常部分不发育；聚合果蓇葖疏散，蓇葖革质，鲜红色。花期 4—9 月，夏季盛开，常不结实。分布于江西、浙江、湖南、贵州等地。

**主要化学成分及衍生物**：白兰花挥发油成分中主要为单萜和倍半萜，其中主要有芳樟醇、石竹烯氧化物、β – 榄香烯、甲基丁香酸、β – 石竹烯、β – 红没药烯、芳樟醇氧化物（Ⅰ）、δ – 杜松烯、β – 芹子烯、tau – 木罗醇、α – 胡椒烯和大香叶烯 D 等。白兰叶和茎与花化学成分略有差异，但是其主要成分芳樟醇、石竹烯、大香叶烯 D 等基本相同。

**农药活性**：白兰花挥发油对水稻黄单胞菌、斜卧青霉菌、小麦赤霉病菌、大豆根腐致病菌、玉米弯孢霉病菌、水稻纹枯病菌有抑制作用，其中对水稻纹枯病菌抑制效果最好。白兰中的芳樟醇精油对德国小蠊雄性成虫具有驱避性，对多种昆虫具有驱避活性。此外，白兰花挥发油对黏虫有较强的拒食活性。

## 28. 含笑花（图 28）

**学名**：含笑花（*Michelia figo*（Lour.）Spreng.），别名香蕉花、含笑美、含笑梅、山节子、唐黄心树、香蕉灌木。

**分类地位**：木兰科（Magnoliaceae），含笑属（*Michelia*）。

**形态特征与生物学特性**：树皮灰褐色，分枝繁密。芽、嫩枝、叶柄、花梗均密被黄褐色茸毛。叶革质，狭椭圆形或倒卵状椭圆形。花直立，淡黄色而边缘有时红色或紫色，具甜浓的芳香。果为聚合果，蓇葖卵圆形或球形，顶端有短尖的喙。常分布于我国华南南部各省区。

**主要化学成分及衍生物**：含笑花中含有挥发油、木脂素、萜类等化学成分，其中挥发油化合物较多，主要有月桂烯、罗勒烯、月桂烯醇、芳樟醇、香茅醇、香叶醇、香叶醛、乙酸香叶酯、橙花醇、橙花醛、薄荷烯、柠檬烯、水芹烯、松油烯、对聚伞花素、薄荷醇、薄荷酮、松油醇、蒎烯、香桧烯、崖柏烯、樟脑、龙脑、茴香烯、桃金娘烯醇、桃金娘烯醛、马鞭草烯、金合欢烯、桉叶醇、2－甲基乙酸丙酯、2－甲基丙酸乙酯、马兜铃烯、石竹烯、γ－榄香烯等。

**农药活性**：含笑花中的香叶醇精油对德国小蠊雄性成虫有驱避活性。其挥发油中的多种成分对仓储害虫、蚊虫等均有较好的触杀活性。

### 29. 深山含笑（图29）

**学名**：深山含笑（*Michelia maudiae* Dunn），别名莫夫人含笑花、光叶白兰花。

**分类地位**：木兰科（Magnoliaceae），含笑属（*Michelia*）。

**形态特征与生物学特性**：乔木，高达20米；叶革质，宽椭圆形，稀卵状椭圆形；花单生枝梢叶腋，芳香，径10~12厘米；雄蕊多数，药室内向开裂，药隔短尖，花丝淡紫色；心皮多数，窄卵圆形；聚合果长7~15厘米；蓇葖长圆形、倒卵圆形或卵圆形，顶端钝圆或具短骤尖，背缝开裂；种子红色，斜卵圆形，稍扁。花期2—3月，果期9—10月。产于浙江南部、福建、湖南、广东、广西、贵州。生于海拔600~1500米的密林中。

**主要化学成分及衍生物**：深山含笑含有多种有活性的化学成分，包括萜类、木脂素类、生物碱类等。在深山含笑中可分离得到多种次级代谢物，有2，8－二羟基二氢小白菊内酯、小白菊内酯、二氯小白菊内酯、aromadendrane－4，10α，15－trial、桉油烯醇、氧化石竹烯、橙花叔醇、望春玉兰脂素C、咖啡酸龙脑酯、乙酸龙脑酯、2－exo－3exo－camphane－2，3－diol、龙脑、松油醇、香草酸、对羟基苯甲醛、β－谷甾醇、7α－羟基甾醇等。

**农药活性**：深山含笑甲醇提取物对番茄早疫病菌、番茄芽枝病菌、甘蔗凤梨病菌有一定的抑制作用。深山含笑中的二氯小白菊内酯对苏丹草、望春玉兰脂素C对黑麦草和苏丹草、香草酸对苏丹草、7α－羟基甾醇对黑麦草种子的萌发有较强的抑制作用。可作为植物源除草剂做进一步的研究、开发和利用。

## 二十三、五味子科

### 30. 南五味子（图30）

**学名**：南五味子（*Kadsura longipedunculata* Finet et Gagnep.），别名红木香、紫金藤、紫荆皮、盘柱香、内红消、风沙藤、小血藤。

**分类地位**：五味子科（Schisandraceae），南五味子属（*Kadsura*）。

**形态特征与生物学特性**：藤本，各部无毛。叶长圆状披针形、倒卵状披针形或卵状长圆形。花单生于叶腋，雌雄异株；雄花：花被片白色或淡黄色；雌花：花被片与雄花相似，雌蕊群椭圆形或球形。聚合果球形，小浆果倒卵圆形，外果皮薄革质，干时显出种子。种子 2~3，稀 4~5，肾形或肾状椭圆形。花期 6—9 月，果期 9—12 月。产于江苏、安徽、浙江、江西、福建、湖北、湖南、广东、广西、四川、云南。生于海拔 1000 米以下的山坡、林中。

**主要化学成分及衍生物**：南五味子含有木脂素类、多糖类、三萜类、黄酮类、多糖类、酚类、有机酸、生物碱、挥发油等成分。鲜果中含有木脂素活性成分，如五味子甲素、五味子乙素、五味子酯甲－丁、五味子醇甲、五味子醇乙等；多糖中含有甘露糖、半乳糖、果糖、木糖、葡萄糖等。

**农药活性**：南五味子中的五味子醇甲成分对桃蚜有杀虫效果和驱避效果；五味子乙素对小菜蛾具有驱避效果。

## 二十四、番荔枝科

### 31. 假鹰爪（图 31）

**学名**：假鹰爪（*Desmos chinensis* Lour.），别名半夜兰、朴蛇、波蔗、复轮藤、碎骨藤、黑节竹、双柱木、五爪龙、灯笼草、鸡香草、鸡肘风、鸡爪珠、鸡爪香、鸡爪根、鸡爪枝、鸡爪风、鸡爪木、鸡爪笼、鸡爪叶、爪芋根、鸡脚趾、酒饼藤、酒饼叶、狗牙花、山指甲。

**分类地位**：番荔枝科（Annonaceae），假鹰爪属（*Desmos*）。

**形态特征与生物学特性**：直立或攀缘灌木，有时上枝蔓延，除花外，全株无毛。枝皮粗糙，有纵条纹，有灰白色凸起的皮孔。叶薄纸质或膜质，长圆形或椭圆形，少数为阔卵形。花黄白色，单朵与叶对生或互生。果有柄，念珠状，内有种子 1~7 粒。种子球状。花期夏至冬季，果期 6 月至翌年春季。产于广东、广西、云南和贵州。生于丘陵山坡、林缘灌木丛中或低海拔旷地、荒野及山谷等地。

**主要化学成分及衍生物**：假鹰爪根中含有黄酮类、苯甲酸酯类和苯甲酸等挥发性成分；茎、叶含有挥发油，主要是烯、萘、醇以及苯类化合物；鲜花所含挥发油主要为芳樟醇、香茅醇、反式香叶醇、香叶酸甲酯等小分子醇类和酯类化合物；果实中主要含有蒎烯、芋烯、松油烯、石竹烯、吉马烯等萜烯、倍半萜烯以及倍半萜烯醇类化合物，其中倍半萜烯为假鹰爪果实挥发油中的主要成分。

**农药活性**：假鹰爪中的挥发物可驱赶蚊蝇，其所含芳樟醇和香叶醇精油对德国小蠊雄性成虫具有驱避作用。芳樟醇具有驱避蚊子、苍蝇的作用，与其他中药成分配合，可以作为蟑螂、蚂蚁、虱子的驱避剂；芳樟醇还可以显著减少家蝇的觅食和产卵，具有杀螨的作用。

## 32. 瓜馥木（图32）

**学名**：瓜馥木（*Fissistigma oldhamii* (Hemsl.) Merr.），别名毛瓜馥木、藤龙胆、狐狸桃、笼藤、火索藤、降香藤、古风子、香藤风、小香藤、铁钻、钻山风、飞杨藤、狗夏种茶、山龙眼藤、长柄瓜馥木。

**分类地位**：番荔枝科（Annonaceae），瓜馥木属（*Fissistigma*）。

**形态特征与生物学特性**：攀缘灌木；小枝被黄褐色茸毛。叶革质，倒卵状椭圆形或长圆形。花1~3朵集成密伞花序。果圆球状，密被黄棕色茸毛。种子圆形。花期4—9月，果期7月至翌年2月。产于浙江、江西、福建、台湾、湖南、广东、广西、云南。生于低海拔山谷水旁灌木丛中。

**主要化学成分及衍生物**：瓜馥木的化学成分主要包含饱和烃、烯烃、脂肪烃衍生物、生物碱、黄酮和芳香族化合物。总挥发油以生物碱、黄酮类和脂肪烃衍生物为主，其中相对含量最高的单体化合物是4，5，6，7-四甲氧基黄酮，其次是1-（9-硼双环［3.3.1］壬基）-4-乙基-3，5-二叔丁基吡唑，再次是油酸甲酯。挥发油中主要成分为芳樟醇、松节油和桉油素。

**农药活性**：瓜馥木总生物碱部分、氯仿萃取部分和乙酸乙酯萃取部分对香蕉炭疽病菌、西瓜枯萎病菌、梨褐斑病菌、芒果叶枯病菌和柑橘疮痂病菌的抑菌效果很好。精油成分中的芳樟醇具有驱避蚊子、苍蝇的作用，与其他中药成分配合，可以作为蟑螂、蚂蚁、虱子的驱避剂；芳樟醇还可以显著减少家蝇的觅食和产卵，具有杀螨的作用。

# 二十五、樟科

## 33. 阴香（图33）

**学名**：阴香（*Cinnamomum burmannii* (C. G. et Th. Nees) Bl.），别名小桂皮、阿尼茶、桂秧、炳继树、大叶樟、八角、香柴、香桂、山桂、野樟树、野桂树、假桂树、野玉桂树、山玉桂、香胶叶、山肉桂、桂树。

**分类地位**：樟科（Lauraceae），樟属（*Cinnamomum*）。

**形态特征与生物学特性**：乔木，高达14米。叶卵形、长圆形或披针形；叶柄长0.5~1.2厘米，无毛。花序长3~6厘米，末端为3花聚伞花序，花序梗与序轴均密被灰白微柔毛。花被片长圆状卵形，两面密被灰白柔毛；能育雄蕊长2.5~2.7毫米，花丝及花药背面被柔毛，退化雄蕊长约1毫米，柄长约0.7毫米，被柔毛。果卵圆形，具6齿。花期10月至翌年2月，果期12月至翌年4月。分布于浙江、安徽、福建、江西、湖北、湖南、广东等地。

**主要化学成分及衍生物**：阴香的主要化学成分是挥发油，如叶中含丁香油酚和芳

粤东农药植物资源

樟醇；树皮中含桂皮醛、丁香油酚、黄樟醚等。挥发油主要化合物为醇酮类、烯烃类、酯类、氧化物、烷烃等，其中含量较高的成分有龙脑、α－松油醇、乙酸龙脑酯、香豆素、匙叶桉油烯醇、石竹烯氧化物、6，10，14－三甲基－2－十五烷酮等。

**农药活性：**阴香叶挥发油具有抗氧化、防蛀、抑菌等生理活性，而叶的氯仿提取物对西瓜枯萎病菌、芒果炭疽病菌、香蕉枯萎病菌和香蕉炭疽病菌均具有抑制作用。精油成分中的芳樟醇还可以显著减少家蝇的觅食和产卵，具有杀螨的作用。

### 34. 樟（图34）

**学名：**樟（*Cinnamomum camphora*（L.）Presl），别名小叶樟、樟木子、香蕊、番樟、木樟、乌樟、臭樟、栳樟、瑶人柴、油樟、芳樟、香樟、樟树。

**分类地位：**樟科（Lauraceae），樟属（*Cinnamomum*）。

**形态特征与生物学特性：**树皮黄褐色，不规则纵裂。小枝无毛。叶卵状椭圆形，两面无毛或下面初稍被微柔毛，边缘有时微波状，离基三出脉，侧脉及支脉脉腋具腺窝。叶柄无毛。花为圆锥花序，具多花，与序轴均无毛或被灰白或黄褐色微柔毛，节上毛较密。果卵圆形或近球形，紫黑色。分布于我国南方和西南各省区。常生于山坡或沟谷中，但也有栽培的。

**主要化学成分及衍生物：**樟木含樟脑及芳香性挥发油，白油含1，8－桉叶素、α－蒎烯、莰烯、柠檬烯；黄油含黄樟醚、α－松油醇、香荆芥酚、丁香油酚等；蓝油含荜澄茄烯、甜没药烯、α－樟脑烯、薁。根中含新木姜子碱和牛心果碱。木材中含C16～25正烷烃、C17～33异烷烃、C16，20，22，24，26，28烷醇、β－谷甾醇、多元醇、酮醇等。树皮中含丙酸、丁酸、戊酸、己酸、辛酸、癸酸、肉豆蔻酸、月桂酸、硬脂酸、油酸等。叶中含C16～33正烷烃、芳樟醇、1，8－桉叶油素、樟脑、异－橙花叔醇和龙脑等。种子中含脂肪油等。

**农药活性：**樟叶的乙醇提取物对苹果腐烂病菌、葡萄白腐病菌、茄子绵疫病菌、小麦纹枯病菌的抑制作用较好。樟树枝叶的提取液对玉米大斑病菌、禾谷镰刀菌、灰霉病菌、黄瓜枯萎病菌等均有较好的抑制作用，对菜青虫的幼虫具有一定的拒食和触杀作用，对多种植物害虫有一定的杀灭作用。樟中的芳樟醇精油对德国小蠊雄性成虫具有驱避作用；樟脑可以用来防霉、驱虫。

### 35. 肉桂（图35）

**学名：**肉桂（*Cinnamomum cassia* Presl），别名筒桂、桂皮、桂枝、肉桂、玉桂、桂。

**分类地位：**樟科（Lauraceae），樟属（*Cinnamomum*）。

**形态特征与生物学特性：**中等大乔木；树皮灰褐色，老树皮厚达13毫米。一年生枝条圆柱形，黑褐色，有纵向细条纹，略被短柔毛，当年生枝条稍四棱，黄褐色，具纵向细条纹，密被灰黄色短茸毛。叶互生或近对生，长椭圆形或近披针形，革质，边缘软骨质，内卷。圆锥花序腋生或近顶生；花白色，花被内外两面密被黄褐色短茸毛，花被筒倒锥形，花被裂片卵状长圆形。果椭圆形，成熟时黑紫色，无毛；果托浅杯状，边缘截平或略具齿裂。花期6—8月，果期10—12月。原产于我国，现于广东、广西、福建、台湾、云南等省区的热带及亚热带地区广为栽培。

**主要化学成分及衍生物：**肉桂中含挥发油类、酚酸类、苯丙素类、倍半萜类、木脂素类、黄酮类、香豆素类及甾体类等化合物。其叶中挥发油含量很丰富，可分析鉴定出130多种化学成分，包括醛酮类29种、醇类28种、烯类41种、酸和酯类22种、烷烃类8种、其他类11种，如肉桂醛、苯丙醛、邻甲氧基肉桂醛、乙酸肉桂酯、香豆素等。树皮中主要含桂皮醛、桂皮酸、肉桂醇、肉桂醇醋酸酯、桂皮醇、桂皮醇葡萄糖苷、锡兰肉桂宁、锡兰肉桂醇、（−）－表儿茶精等。

**农药活性：**肉桂乙醇提取物对黑曲霉、青霉菌有较强的抑制作用；肉桂精油中的肉桂醛对黄曲霉、黑曲霉、橘青霉、串珠镰刀菌、交链孢霉等有较强的抑制效果，对接骨木镰刀菌也具有抑制作用。

### 36. 黄樟（图36）

**学名：**黄樟（*Cinnamomum parthenoxylon*（Jack）Meisner），别名中民、中俄、中广、中火光、中亥、中折旺、梅崇、冰片树、臭樟、香樟、蒲香树、樟脑树、大叶樟、油樟、假樟、山椒、黄槁、香喉、香湖、南安、樟木。

**分类地位：**樟科（Lauraceae），樟属（*Cinnamomum*）。

**形态特征与生物学特性：**常绿乔木，树干通直，高10~20米，胸径达40厘米以上。树皮暗灰褐色，上部为灰黄色，深纵裂，小片剥落，内皮带红色，具有樟脑气味。叶互生，通常为椭圆状卵形或长椭圆状卵形，革质，上面深绿色，下面色稍浅，两面无毛或仅下面腺窝具毛簇。花小，绿带黄色。果球形，黑色。花期3—5月，果期4—10月。产于广东、广西、福建、江西、湖南、贵州、四川、云南。生于海拔1500米以下的常绿阔叶林或灌木丛中，后一生境中多呈矮生灌木型，云南南部有利用野生乔木辟为栽培的樟茶混交林。

**主要化学成分及衍生物：**黄樟含挥发油类、黄酮类、甾体类、苯并吡喃类化合物，如5－羟基水杨酸乙酯、丁香醛、对羟基苯甲酸、δ－芳樟醇、柠檬醛、松油醇、1，8－桉叶油素、樟脑、丁香酚甲醚、橙花叔醇等。

**农药活性：**黄樟粗提物对香蕉炭疽病菌、芒果炭疽病菌、西瓜枯萎病菌、香蕉枯萎病菌、芒果蒂腐病菌和水稻纹枯病菌的抑制率都较高。其樟油成分对稻瘟病病原菌、松赤枯病菌、玉米纹枯病菌、玉米弯孢病菌、小麦赤霉病菌、胶孢炭疽杆菌等有强烈的抑菌作用。其中的芳樟醇、柠檬醛等精油对德国小蠊雄性成虫具有驱避作用。

### 37. 乌药（图37）

**学名：**乌药（*Lindera aggregata*（Sims）Kosterm.），别名香叶子、白叶子树、土木

香、细叶樟、鲫鱼姜、白背树、斑皮柴、天台乌药、铜钱树、鳔鮧树。

**分类地位**：樟科（Lauraceae），山胡椒属（*Lindera*）。

**形态特征与生物学特性**：常绿灌木或小乔木，高可达5米，胸径4厘米。树皮灰褐色；根有纺锤状或结节状膨胀。叶互生，卵形、椭圆形或近圆形，先端长渐尖或尾尖，基部圆形，革质或有时近革质。伞形花序腋生，无总梗。果卵形或有时近圆形。花期3—4月，果期5—11月。产于浙江、江西、福建、安徽、湖南、广东、广西、台湾等省区。生于海拔200～1000米向阳坡地、山谷或疏林灌丛中。

**主要化学成分及衍生物**：乌药中化学成分主要有挥发油类、生物碱、呋喃倍半萜及其内脂等，此外还有皂苷、蒽醌、甾体、鞣质等。乌药根中的挥发油成分主要有龙脑、ρ－异黄樟脑、蒎烯、苧烯、ρ－蒎烯、柠檬烯、月桂烯、莰烯、莰佛精、α－松油醇、S－3－蒈烯、2，4－二甲基－2，6－辛二烯、ρ－草烯、α－莰酮、花姜酮、冰片、乙酸香叶酯、1，3－二甲基－1－环己烯、乌药醇、乌药烯等。乌药中所含的生物碱以异喹啉型生物碱为主，如牛心果碱、波尔定碱和新木姜子碱等。此外，乌药中还含有酸类化合物如棕榈酸、癸酸等；植物甾醇类化合物如豆甾醇、菜甾醇、ρ－谷甾醇等。乌药根中还含有β－谷甾醇亚油酸酯、香草酸、对羟基苯甲醛、胡萝卜苷、α－荜澄茄醇和不饱和脂肪酸等成分。

**农药活性**：乌药中的不同提取物和挥发油对驱蚊杀虫有很好的效果，其根和种子磨粉亦可杀虫。乌药种子粉10倍水浸液对菜蚜具有较强的杀灭效果；对小麦叶锈病菌夏孢子发芽具有很强的抑制效果；乌药种子粉30倍水浸液对马铃薯晚疫病菌孢子发芽具有很强的抑制效果；乌药根磨粉，加10倍水煎煮，对蚜虫具有极强的杀灭效果。

### 38. 香叶树（图38）

**学名**：香叶树（*Lindera communis* Hemsl.），别名大香叶、香叶子、野木姜子、千金树、千斤香、细叶假樟、香果树、香油果。

**分类地位**：樟科（Lauraceae），山胡椒属（*Lindera*）。

**形态特征与生物学特性**：常绿乔木或灌木状，高达25米。叶披针形、卵形或椭圆形。伞形花序具5～8花，单生或2个并生叶腋。果卵圆形，红色；种仁含油，可供食用及工业原料，油粕可作肥料，果皮可提芳香油，枝叶入药。花期3—4月，果期9—10月。产于陕西、甘肃、湖南、湖北、江西、浙江、福建、台湾、广东、广西、云南、贵州、四川等省区。常见生于干燥砂质土壤，散生或混生于常绿阔叶林中。

**主要化学成分及衍生物**：香叶树树枝、叶片、果实和种子都含挥发油类成分。香叶树的主要挥发性化学成分为月桂烯、β－蒎烯、α－蒎烯及石竹烯等。其中（E）－β－罗勒烯、雪松烯、α－愈创木烯、乙酸冰片酯、山胡椒酸等是果实、果皮和种仁的共有成分。α－愈创木烯、δ－愈创木烯、愈创醇、cis－β－愈创木烯等是粗枝、细枝和叶片的共有成分。果实中还含有月桂酸、癸酸、油酸、11－十八烯酸、棕榈酸、β－谷甾醇等化合物。还可从其中分离得到桉树脑、4－甲基－1－（1－甲基乙基）3－环己烯-1-醇、1-甲基-4-（1-甲基亚乙基）-环己烯、β-水芹烯、3，7-二甲基-1，6-辛二烯-3-醇、（+）-松油醇（P-甲基-1-烯-8-醇）、丁子香酚、氧化石竹烯等20多种成分。

**农药活性**：香叶树的成分中桉树脑具有除草、杀菌、杀虫、驱赶蚊蝇等功能；β-蒎烯对昆虫具有引诱和毒杀作用；月桂烯对昆虫有较强的驱杀作用；α-蒎烯对昆虫具有引诱、忌避和毒杀作用。

### 39. 山鸡椒（图39）

**学名**：山鸡椒（*Litsea cubeba*（Lour.）Pers.），别名山胡椒、臭油果树、赛梓树、臭樟子、山姜子、豆豉姜、澄茄子、荜澄茄、木姜子、山苍树、山苍子。

**分类地位**：樟科（Lauraceae），木姜子属（*Litsea*）。

**形态特征与生物学特性**：落叶灌木或小乔木，高达8~10米。幼树树皮黄绿色，光滑，老树树皮灰褐色。小枝细长，绿色，无毛，枝、叶具芳香味。叶互生，披针形或长圆形。伞形花序单生或簇生，子房卵形，花柱短，柱头头状。果近球形，无毛，幼时绿色，成熟时黑色，先端稍增粗。花期2—3月，果期7—8月。产于广东、广西、福建、台湾、浙江、江苏、安徽、湖南、湖北、江西、贵州、四川、云南、西藏。生于海拔500~3200米的向阳山地、灌丛、疏林或林中路旁、水边。

**主要化学成分及衍生物**：山鸡椒中含有萜类、黄酮类、木脂素类、甾体类及脂肪酸等化合物。其乙醇提取物可分离得到近60种化合物，分别为芳香苷、倍半萜苷、单萜苷、木脂素等。黄酮类成分主要有木犀草素、槲皮素以及少量的灰叶素。在山鸡椒果实、根和枝条中也检测到木脂素、甾体类及脂肪酸的存在，如来自根部的阿魏酸、6，7-二羟基-3，7-二甲基-2-辛烯酸、棕榈酸、β-胡萝卜苷、正十四碳酸，果实中的香草酸，以及枝中的4，4-二甲基-1，7-庚二酸、β-谷甾醇等。

**农药活性**：山鸡椒根、茎、叶、花、果实、树皮中的挥发油具有抗菌和驱虫的功效。山鸡椒对小麦赤霉病菌、番茄灰霉病菌、棉花黄萎病菌、棉花枯萎病菌、杨树溃疡病菌、稻瘟病病原菌、苹果霉心病菌和水稻纹枯病菌等菌丝的生长具有明显的抑制作用。

### 40. 浙江润楠（图40）

**学名**：浙江润楠（*Machilus chekiangensis* S. Lee），别名长序润楠。

**分类地位**：樟科（Lauraceae），润楠属（*Machilus*）。

**形态特征与生物学特性**：乔木。叶常聚生小枝枝梢，倒披针形，长6.5~13厘米，宽2~3.6厘米，先端尾状渐尖，尖头常呈镰状，基部渐狭，革质或薄革质。花未见。果序生当年生枝基部，纤细，有灰白色小柔毛，自中部或上部分枝；嫩果球形，绿色，干时带黑色；宿存花被裂片近等长，两面都有灰白色绢状小柔毛，内面的毛较疏，果梗稍纤细。果期6月。产于浙江。

**主要化学成分及衍生物**：浙江润楠鲜叶中含有丰富的精油成分，主要包括香橙烯、δ-杜松烯、蓝桉醇、α-古芸烯、α-葎草烯、芳樟醇、匙叶桉油烯醇、反式石竹烯、α-紫穗槐烯、杜松烯、右旋大根香叶烯、杜松脑、α-依兰油烯、榧烯醇、依兰烯、α-榄香烯、异香树烯、橙花叔醇等。

**农药活性**：浙江润楠中的芳樟醇成分对南方根结线虫具有一定的抑制作用，其精油成分对德国小蠊雄性成虫具有驱避作用，其提取液有较强的抗菌作用。

## 二十六、小檗科

### 41. 十大功劳（图41）

**学名**：十大功劳（*Mahonia fortunei*（Lindl.）Fedde），别名细叶十大功劳。

**分类地位**：小檗科（Berberidaceae），十大功劳属（*Mahonia*）。

**形态特征与生物学特性**：灌木，高0.5~2米。叶倒卵形至倒卵状披针形，最下一对小叶外形与往上小叶相似。总状花序4~10个簇生，花黄色。浆果球形，直径4~6毫米，紫黑色，被白粉。花期7—9月，果期9—11月。产于广西、四川、贵州、湖北、江西、浙江。生于山坡沟谷林中、灌丛中、路边或河边。

**主要化学成分及衍生物**：十大功劳的主要化学成分为生物碱类，如小檗碱、掌叶防己碱、药根碱、木兰碱等。还可从中分离得到多种化合物，如巴马汀、麦芽酚、3-羟基-4-甲氧基苯乙醇、紫丁香基乙酮、α-羟基丁香丙酮、紫堇定、浙贝素、香草酸、丁香酸、降氧化北美黄连次碱、（+）-丁香脂素、表丁香脂素、五味子醇甲、新海胆灵A、8-氧化药根碱、8-氧化小檗碱、5-羟基麦芽酚、5-羟基吡啶-2-甲酸甲酯、马齿苋酰胺E、石菖蒲碱A、5-（甲氧基甲基）-1H-吡咯-2-甲醛、（+）-南烛木树脂酚、（-）-开环异落叶松脂素、刺五加酮、原儿茶酸等。

**农药活性**：十大功劳植物组织提取物对柑橘溃疡病菌、玉米小斑病菌、香蕉弯孢霉叶斑病菌、水稻白叶枯病菌和水稻细菌性条斑病菌有较好的抑菌活性；其生物碱成分小檗碱能抵抗引起植物根腐病的多种瘤梗孢的侵染；其根茎提取物对梨褐斑病具有较好的抑制作用；其甲醇提取物对家蝇有较好的毒杀作用，对柑橘红蜘蛛也有一定的杀螨活性。

## 二十七、木通科

### 42. 野木瓜（图42）

**学名**：野木瓜（*Stauntonia chinensis* DC.），别名牛芽标、山芭蕉、沙引藤、七叶莲、海南野木瓜。

**分类地位**：木通科（Lardizabalaceae），野木瓜属（*Stauntonia*）。

**形态特征与生物学特性**：常绿木质藤本。小叶 5~7 片，革质，长圆形、长圆状披针形或倒卵状椭圆形，长 7~13 厘米，宽 2.5~5 厘米，先端长渐尖，基部宽楔形或近圆，老叶下面斑点明显。伞房花序具 3~5 花，总花梗纤细，基部具大苞片，花序长 4~9 厘米，数个腋生；花淡黄或乳白色，内面有紫斑。果椭圆形，橙黄色。花期 3—4 月，果期 6—10 月。产于广东、广西、香港、湖南、贵州、云南、安徽、浙江、江西、福建。生于海拔 500~1300 米的山地密林、山腰灌丛或山谷溪边疏林中。

**主要化学成分及衍生物**：野木瓜含有黄酮苷类、酚类、苯乙醇苷类、五环三萜类、木脂素类、脂肪酸类、甾醇类等化合物，其果实富含多酚、多糖、黄酮、齐墩果酸及多种维生素等生物活性物质。

**农药活性**：野木瓜提取物对家蝇有驱避或杀伤作用。

## 二十八、防己科

### 43. 木防己（图 43）

**学名**：木防己（*Cocculus orbiculatus*（L.）DC.），别名土木香、青藤香。

**分类地位**：防己科（Menispermaceae），木防己属（*Cocculus*）。

**形态特征与生物学特性**：木质藤本。小枝被茸毛至疏柔毛，或有时近无毛，有条纹。叶片纸质至近革质，形状变异极大，自线状披针形至阔卵状近圆形、狭椭圆形至近圆形、倒披针形至倒心形，有时卵状心形。聚伞花序少花，腋生，或排成多花，狭窄聚伞圆锥花序，顶生或腋生。核果近球形，红色至紫红色，果核骨质，背部有小横肋状雕纹。我国大部分地区都有分布，以长江流域中下游及其以南各省区常见。生于灌丛、村边、林缘等处。

**主要化学成分及衍生物**：木防己主要含生物碱，如木防己碱、异木防己碱、木兰花碱、木防己胺、毛木防己碱、木防己宾碱等。

**农药活性**：木防己对柿角斑病菌、梨锈病菌、稻瘟病病原菌、水稻纹枯病菌、玉米炭疽病菌等植物病原真菌具有抑菌活性。

### 44. 粪箕笃（图 44）

**学名**：粪箕笃（*Stephania longa* Lour.），别名铁板膏药草、犁壁藤、飞天雷公、畚箕草、雷碎嘴、田鸡草、蛤蟆草。

**分类地位**：防己科（Menispermaceae），千金藤属（*Stephania*）。

**形态特征与生物学特性**：枝纤细，具纵纹。叶纸质或膜质，三角状卵形，无毛，上面绿色，下面淡绿色或粉绿色，为掌状脉。花小，雌雄异株，为假伞形花序，除花序外全株无毛。核果近球形，红色，果核背部鸡冠状隆起，两侧各具约 15 条小横肋状雕纹。花期春末夏初，果期秋季。分布于广东、广西、云南、海南、福建和台湾等地。

生于灌丛或林缘。

**主要化学成分及衍生物**：粪箕笃含有生物碱类化学成分，如粪箕笃碱、粪箕笃酮碱，根含千金藤波林碱、粪箕笃碱、粪箕笃酮碱、轮环藤宁碱、高阿罗莫灵碱、千金藤拜星碱、原千金藤拜星碱等。在其地上部分可分离得到非碱性成分，分别为阿魏酸－对羟基苯乙醇酯、对香豆酸－对羟基苯乙醇酯、桂皮酸、β－谷甾醇及β－谷甾醇－D－葡萄糖苷。

**农药活性**：粪箕笃次生代谢物对小菜蛾具有较强的干扰作用，对柑橘疮痂病菌、柿角斑病菌、梨锈病菌、西瓜枯萎病菌、稻瘟病病原菌、甘蔗凤梨病菌和玉米炭疽病菌7种植物病原真菌有抑菌活性。

# 二十九、胡椒科

### 45. 草胡椒（图45）

**学名**：草胡椒（*Peperomia pellucida*（L.）Kunth）。

**分类地位**：胡椒科（Piperaceae），草胡椒属（*Peperomia*）。

**形态特征与生物学特性**：一年生肉质草本，高20～40厘米。茎直立或基部有时平卧，分枝，无毛，下部节上常生不定根。叶互生，膜质，半透明，阔卵形或卵状三角形；花疏生；苞片近圆形，直径约0.5毫米，中央有细短柄，盾状；花药近圆形，有短花丝；子房椭圆形，柱头顶生，被短柔毛。浆果球形，顶端尖，直径约0.5毫米。花期4—7月。产于福建、广东、广西、云南各省区南部。生于林下湿地、石缝中或宅舍墙脚下。

**主要化学成分及衍生物**：草胡椒的主要成分包括木脂素类、聚酮类、苯丙素类、黄酮类及苯并吡喃类化合物等，如断联木脂素、石竹烯、倍半萜烯醇、2，4，5－三甲氧基苏合香烯等。

**农药活性**：草胡椒属植物中的断联木脂素A、B、E对3种植物源性昆虫即斜纹夜蛾、黄守瓜和纺梭负蝗有拒食活性。草胡椒提取物对辣椒枯萎病菌、香蕉炭疽病菌、芒果炭疽病菌、香蕉黑星病菌等均有一定的抑制作用。

### 46. 山蒟（图46）

**学名**：山蒟（*Piper hancei* Maxim.），别名山蒌。

**分类地位**：胡椒科（Piperaceae），胡椒属（*Piper*）。

**形态特征与生物学特性**：攀缘藤本，长数米至10余米。除花序轴和苞片柄外，余均无毛；茎、枝具细纵纹，节上生根。叶纸质或近革质，卵状披针形或椭圆形，少有披针形。花单性，雌雄异株，聚集成与叶对生的穗状花序。浆果球形，黄色。花期3—8月。产于浙江、福建、江西南部、湖南南部、广东、广西、贵州南部及云南东南部。

生于山地溪涧边、密林或疏林中，攀缘于树上或石上。

**主要化学成分及衍生物**：山蒟中含新木脂素、巴豆环氧素及精油成分。从山蒟中可萃取得到多种化合物，有 N－p－香豆酰酪胺、N－反式－阿魏酰酪胺、马兜铃内酰胺 AⅢa、马兜铃内酰胺 AⅡ、香草酸、藜芦酸和胡萝卜苷。

**农药活性**：山蒟中脂肪链酰胺类化合物具有杀虫活性；山蒟提取物对椰心叶甲不同虫态、斜纹夜蛾和香蕉花蓟马具有毒性。

### 47. 假蒟（图 47）

**学名**：假蒟（*Piper sarmentosum* Roxb.），别名假蒌。

**分类地位**：胡椒科（Piperaceae），胡椒属（*Piper*）。

**形态特征与生物学特性**：多年生、匍匐、逐节生根草本，长数米至 10 余米。小枝近直立，无毛或幼时被极细的粉状短柔毛。叶近膜质，有细腺点，下部的阔卵形或近圆形。花单性，雌雄异株，聚集成与叶对生的穗状花序。浆果近球形，具 4 棱，无毛，基部嵌生于花序轴中并与其合生。花期 4—11 月。产于福建、广东、广西、云南、贵州及西藏各省区。生于林下或村旁湿地上。

**主要化学成分及衍生物**：假蒟化合物类型有挥发油类、生物碱类、甾醇类、木脂素类、酚酸类、脂肪酸类、苯丙烯类及其他类。从新鲜假蒟的挥发性化学成分中可分离得到近 50 种化合物，主要有烯烃类、醇类、醛酮类、杂环化合物、酯类、有机酸等 6 类成分，如细辛醚、β－月桂烯、α－水芹烯、柠檬烯、芳樟醇等化合物。用正己烷和甲醇提取假蒟的果实可分离得到墙草碱、几内亚胡椒酰胺、苯并二氧戊烷酰胺 B、假蒟亭碱、1－（3，4－亚甲二氧基苯基）十四碳－1E－烯、垂盆草甙、细辛脂素、芝麻素、胡椒酸甲酯等化合物。

**农药活性**：从假蒟中分离得到的细辛醚和异细辛醚，对埃及伊蚊、白纹伊蚊和库蚊幼虫及虫卵具有灭杀作用；其提取物对多种蔬菜害虫、害螨有毒杀作用，对香蕉炭疽病、芒果炭疽病、香蕉枯萎病等多种病害具有较好的抑菌活性；假蒟微乳剂对斜纹夜蛾、小菜蛾、菜青虫、橡副珠蜡蚧和椰心叶甲都有较好的杀虫活性；假蒟石油醚萃取物对螺旋粉虱具有良好的生物活性；假蒟精油具有较强的防蚁作用。

## 三十、三白草科

### 48. 蕺菜（图 48）

**学名**：蕺菜（*Houttuynia cordata* Thunb.），别名臭狗耳、狗腥草、鱼腥草、狗贴耳、狗点耳、独根草、丹根苗、臭猪草、臭尿端、臭牡丹、臭灵丹、臭蕺、臭根草、臭耳朵草、臭茶、臭草、侧耳根、壁虱菜、臭菜、鱼鳞草。

**分类地位**：三白草科（Saururaceae），蕺菜属（*Houttuynia*）。

**形态特征与生物学特性**：腥臭草本，高 30～60 厘米。茎下部伏地，节上轮生小根，上部直立，无毛或节上被毛，有时带紫红色。叶薄纸质，有腺点，背面尤甚，卵形或阔卵形；花序长约 2 厘米，宽 5～6 毫米；总花梗长 1.5～3 厘米，无毛；总苞片长圆形或倒卵形，顶端钝圆；蒴果长 2～3 毫米，顶端有宿存的花柱。花期 4—7 月。产于我国中部、东南至西南部各省区，东起台湾，西南至云南、西藏，北达陕西、甘肃。生于沟边、溪边或林下湿地上。

**主要化学成分及衍生物**：蕺菜中含有多种化学成分，如挥发油类、生物碱类、有机酸类、黄酮类、甾醇类、多糖类、酚类化合物等。其挥发油中含有癸酰乙醛、甲基正壬酮、乙酸龙脑酯、α－蒎烯、β－月桂烯、柠檬烯、癸醛、石竹烯、氧化石竹烯等 40 余种化合物；生物碱有蕺菜碱、顺（反）式－N－（4－羟基苯乙烯基）苯甲酰胺、阿朴酚生物碱等；甾醇类主要有豆甾醇、菜豆醇、β－谷甾醇、菠菜醇等；有机酸有绿原酸、棕榈酸、亚油酸、油酸等多种化合物。

**农药活性**：蕺菜的甲醇提取物对根结线虫具有极强的抑杀作用，杀线虫效果明显。其提取物对梨褐斑病菌具有一定的抑制作用。

# 三十一、金粟兰科

### 49. 草珊瑚（图 49）

**学名**：草珊瑚（*Sarcandra glabra* (Thunb.) Nakai），别名九节花、九节风、九节茶、接骨木、接骨莲、接骨金粟兰、珍珠兰、竹节茶、肿节风。

**分类地位**：金粟兰科（Chloranthaceae），草珊瑚属（*Sarcandra*）。

**形态特征与生物学特性**：常绿半灌木，高 50～120 厘米。茎与枝均有膨大的节；叶革质，椭圆形、卵形或卵状披针形。穗状花序顶生，通常分枝，多少成圆锥花序状，花黄绿色。核果球形，熟时亮红色。花期 6 月，果期 8—10 月。产于安徽、浙江、江西、福建、台湾、广东、广西、湖南、四川、贵州和云南。生于海拔 420～1500 米的山坡、沟谷林下阴湿处。

**主要化学成分及衍生物**：草珊瑚的化学成分多样，有黄酮类、香豆素类、有机酸类、苯丙素类、微量元素、挥发油和其他类。地上部分或全草含特征性成分倍半萜类，包括单量体和二聚体倍半萜。黄酮类有异黄酮类、查尔酮类，果实中含有天竺葵素－3－鼠李糖基葡萄糖苷；挥发油主要有橙花叔醇、棕榈酸、乙酸松油酯、β－桉油醇等多种化合物；有机酸含延胡索酸、琥珀酸等。从草珊瑚全株还可分离得到多种化合物，如异东莨菪亭、秦皮乙素、芦丁、金丝桃苷、大黄酚、Glabarolide 1－2、Sarglabolide C（H、E）、迷迭香酸甲酯、6－去羟基迷迭香酸甲酯等。

**农药活性**：宋利沙、蒋妮等发现了草珊瑚的内生真菌 RJ－1 抑制植物病原菌的用途，植物病原菌包括黑线炭疽菌、三七灰霉病菌、三七根腐病菌、三七黑斑病菌、三七炭疽病菌、香蕉叶斑病菌、香蕉炭疽病菌、香蕉枯萎病菌、豆蔻叶斑病菌、西瓜枯萎病菌、苦玄参叶斑病菌、广西莪术叶斑病菌、烟草灰霉病菌、艾纳香褐斑病菌、罗汉果叶斑病菌等。此外，从草珊瑚植株的根系土壤中分离得到的甲基营养型芽孢杆菌对草珊瑚炭疽病具有很强的拮抗性。

## 三十二、山柑科

### 50. 广州山柑（图50）

**学名**：广州山柑（*Capparis cantoniensis* Lour.），别名广州槌果藤、屈头鸡、山柑子、槌果藤。

**分类地位**：山柑科（Capparaceae），山柑属（*Capparis*）。

**形态特征与生物学特性**：攀缘灌木，茎2米至数米或更长。叶近革质，长圆形或长圆状披针形，有时卵形。圆锥花序顶生，由多个亚伞形花序组成，每个亚伞形花序有花数朵，花白色，有香味。果球形至椭圆形，果皮薄，革质，平滑。种子1至数粒，球形或近椭圆形。花果期不明显，几乎全年都有。产于福建、广东、广西、海南、贵州、云南南部及东南部，生于海拔1000米以下的山沟水旁或平地疏林中，湿润而略荫蔽的环境更常见。

**主要化学成分及衍生物**：广州山柑叶片含有酯类、羧酸类、酚类以及醇类等挥发性物质，还可分离出多种化合物，有生物碱类、黄酮类和萜类化合物。根和果实中可分离得到季铵碱、吲哚类生物碱和亚精胺类生物碱；黄酮类化合物有槲皮素及山柰酚；配体糖有葡萄糖和芸香糖等；萜类化合物主要有羽扇豆烷型；还发现有香豆素类、甾醇类和脂肪酸类化合物等。

**农药活性**：广州山柑氯仿提取物对斜纹夜蛾3龄幼虫具有很好的非选择性拒食活性，对菜蚜及菜青虫均有很好的触杀活性，对田间种植甘蓝上的菜青虫也具有良好的防治效果，对食源性细菌和植物致病真菌有一定的抑制活性，对芒果胶孢炭疽菌和仙人掌平脐蠕孢菌两种热带植物致病菌具有抑制作用。

## 三十三、马齿苋科

### 51. 马齿苋（图51）

**学名**：马齿苋（*Portulaca oleracea* L.），别名胖娃娃菜、猪肥菜、五行菜、酸菜、狮岳菜、猪母菜、蚂蚁菜、马蛇子菜、瓜米菜、马齿菜、蚂蚱菜、马苋菜、马齿草、麻绳菜、瓜子菜、五方草、长命菜、五行草、马苋、马耳菜。

**分类地位**：马齿苋科（Portulacaceae），马齿苋属（*Portulaca*）。

**形态特征与生物学特性**：一年生草本，全株无毛。茎平卧或斜倚，伏地铺散，多分枝，圆柱形，淡绿色或带暗红色。叶互生，有时近对生，叶片扁平，肥厚，倒卵形，似马齿状。花无梗，常3～5簇生枝顶，午时盛开。蒴果卵球形，盖裂。种子细小，多数，偏斜球形，黑褐色，有光泽，具小疣状凸起。花期5—8月，果期6—9月。我国南北各地均产。性喜肥沃土壤，耐旱亦耐涝，生命力强，生于菜园、农田、路旁，为田间常见杂草。

**主要化学成分及衍生物：**马齿苋含有多种化学成分，包括生物碱类、黄酮类、萜类、香豆素类、有机酸类、多糖、挥发油等，还含有醇类和酯类化合物，如肌醇和马齿苋脑苷A－D，醛类化合物，如对羟基苯甲醛、香草醛、原儿茶醛，还有部分苷类化合物，其挥发油成分主要为芳樟醇、牦牛儿醇等。另外，马齿苋含有β－胡萝卜素、谷胱甘肽、褪黑激素、叶绿素、鞣质等成分。

**农药活性：**马齿苋的石油醚提取物和乙酸乙酯提取物具有显著的抗虫作用，其粗提物对斜纹夜蛾具有驱避作用，还可杀死蚜虫及其他软体害虫。马齿苋水或醇提取液对烟草花叶病毒和黄瓜花叶病毒有明显的抑制作用。

## 三十四、蓼科

### 52. 何首乌（图52）

**学名：**何首乌（*Fallopia multiflora*（Thunb.）Harald.），别名夜交藤、紫乌藤、多花蓼、桃柳藤、九真藤。

**分类地位：**蓼科（Polygonaceae），何首乌属（*Fallopia*）。

**形态特征与生物学特性：**多年生草本。块根肥厚，长椭圆形，黑褐色。叶卵形或长卵形，顶端渐尖，基部心形或近心形，两面粗糙，边缘全缘。花序圆锥状，顶生或腋生，花被5深裂，白色或淡绿色，花被片椭圆形，大小不相等。瘦果卵形，具3棱，黑褐色，有光泽，包于宿存花被内。花期8—9月，果期9—10月。产于陕西南部、甘肃南部、华东、华中、华南、四川、云南及贵州。生于海拔200～3000米的山谷灌丛、山坡林下、沟边石隙。

**主要化学成分及衍生物：**何首乌中主要成分为二苯乙烯苷类、蒽醌类、核苷类、黄酮类、无机元素和磷脂类。二苯乙烯苷包括2，3，5，4′－四羟基二苯乙烯－2－O－β－D－葡萄糖苷、2，3，5，4′－四羟基二苯乙烯－2，3－二－O－β－D－葡萄糖苷、2，3，5，4′－四羟基二苯乙烯－2－O－（6′－O－α－D－吡喃葡萄糖）－β－D－吡喃葡萄糖苷、2，3，5，4′－四羟基二苯乙烯－O－（6′－O－乙酰基）－β－D－葡萄糖苷等。蒽醌则主要包括大黄素、大黄素甲醚等。

**农药活性：**何首乌对牛膝根结线虫具有一定的抑制作用，其乙酸乙酯提取物对根结线虫表现出强毒杀活性。其枝叶提取液对葡萄霜霉病菌游动孢子囊萌发具有较强的抑制作用。其中蒽醌类的大黄素在1%和0.05%浓度下对细链格孢菌、盘多毛孢菌、栗盘色多格孢菌和香石竹单胞锈菌等 4 种常见植物病原菌的孢子萌发及产孢数量等均有不同程度的抑制作用。

### 53. 火炭母 (图 53)

**学名**：火炭母 (*Polygonum chinense* L. )。

**分类地位**：蓼科 (Polygonaceae)，蓼属 (*Polygonum*)。

**形态特征与生物学特性**：多年生草本，基部近木质。根状茎粗壮。叶卵形或长卵形。花序头状，通常数个排成圆锥状，顶生或腋生，花序梗被腺毛。瘦果宽卵形，具 3 棱，黑色，无光泽，包于宿存的花被内。花期 7—9 月，果期 8—10 月。产于陕西南部、甘肃南部、华东、华中、华南和西南。生于海拔 30 ~ 2400 米的山谷湿地、山坡草地。

**主要化学成分及衍生物**：火炭母化学成分主要含黄酮类、酚酸类、甾体类以及挥发油等。黄酮类成分主要有槲皮苷、异槲皮苷、柚皮素，还存在异鼠李素、芹菜素、槲皮素、山奈酚、广寄生苷、木犀草素、巴达薇甘菊素、山奈酚 – 7 – O – 葡萄糖苷、山奈酚 – 3 – O – 葡萄糖醛酸。苷甾体类成分有 β – 谷甾醇、3，6 – 二酮 – 4 – 烯豆甾烷、3，6 – 二酮豆甾烷、番麻皂素和 3，6 – 二酮 – 4 – 烯海柯吉宁等甾体化合物。酚酸类成分有没食子酸、咖啡酸、3，3′ – 二甲基鞣花酸、原儿茶酸、丁香酸、3 – O – 甲基并没食子酸、没食子酸甲酯。鞣质类有鞣花酸。此外还存在 L – 鼠李糖、D – 半乳糖、棕榈酸、亚麻酸等。

**农药活性**：火炭母植物粗提物对荔枝霜疫霉菌丝生长和孢子囊萌发具有抑制作用。其甲醇提取物对番茄早疫病菌、番茄芽枝病菌、甘蔗凤梨病菌具有一定的抑制作用。

### 54. 水蓼 (图 54)

**学名**：水蓼 (*Polygonum hydropiper* L. )，别名辣柳菜、辣蓼。

**分类地位**：蓼科 (Polygonaceae)，蓼属 (*Polygonum*)。

**形态特征与生物学特性**：一年生草本，高 40 ~ 70 厘米。茎直立，多分枝，无毛，节部膨大。叶披针形或椭圆状披针形，有时沿中脉具短硬伏毛，具辛辣味，叶腋具闭花受精花。总状花序呈穗状，顶生或腋生。瘦果卵形，双凸镜状或具 3 棱，密被小点，黑褐色，无光泽，包于宿存花被内。花期 5—9 月，果期 6—10 月。分布于我国南北各省区。生于海拔 50 ~ 3500 米的河滩、水沟边、山谷湿地。

**主要化学成分及衍生物**：水蓼的化学成分主要有黄酮类、萜类、甾醇类、脂肪酸类、酚酸类及其他类型的化合物。黄酮类主要有槲皮苷、芦丁、金丝桃苷、山奈酚等；萜类主要含松萜、蒎烯、香叶烯、水蓼二醛、异水蓼二醛、密叶新木素、植醇、蒲公英萜醇等多种化合物；甾醇类有 β – 谷甾醇等；脂肪酸类及酚酸类有月桂酸甲酯、肉豆蔻酸甲酯、2 – 甲氧基 – 4 – 乙烯基苯酚、丁香酚、丁香酸等。

**农药活性**：水蓼脂肪酸类成分中 2 – 甲氧基 – 4 – 乙烯基苯酚及丁香酚对农业害虫有较强的抑制活性；水蓼提取物对斯氏按蚊、致倦库蚊、菜青虫、茶尺蠖、蚜虫、斜纹夜蛾和尘污灯蛾幼虫等均有不同程度的拒食活性、触杀作用，对大豆孢囊线虫表现出较强的毒杀活性，对桃蚜具有一定的毒杀活性；其醇提取物对蛞蝓也具有一定的毒杀、驱避及拒食作用。

### 55. 红蓼（图 55）

**学名**：红蓼（*Polygonum orientale* L.），别名狗尾巴花、东方蓼、荭草、阔叶蓼、大红蓼、水红花、水红花子。

**分类地位**：蓼科（Polygonaceae），蓼属（*Polygonum*）。

**形态特征与生物学特性**：一年生草本。茎直立，粗壮，上部多分枝，密被开展的长柔毛。叶宽卵形、宽椭圆形或卵状披针形。总状花序呈穗状，顶生或腋生，花紧密，微下垂，通常数个再组成圆锥状；淡红色或白色；花被片椭圆形。瘦果近圆形，双凹，黑褐色，有光泽，包于宿存花被内。花期 6—9 月，果期 8—10 月。除西藏外，广产于全国各地。生于海拔 30 ~ 2700 米的沟边湿地、村边路旁。

**主要化学成分及衍生物**：红蓼主要含有黄酮类、鞣质、木脂素类、柠檬苦素类等。种子的乙酸乙酯萃取物含有亚油酸、2, 3 - 二羟基棕榈酸丙酯、十六烷酸乙酯、1, 3 - 二亚麻酸甘油酯、壬醇、3 - 羟基 - 12 - 烯 - 齐墩果烷、豆甾 - 3α, 23 - 三醇、棕榈醇和 β - 谷甾醇；果实中含有异香兰酸、异香草醛、香草酸、3, 5, 7 - 三羟基色原酮、花旗松素、圣草酚、香橙素、槲皮素、儿茶素、表没食子儿茶素、对羟基苯乙醇。

**农药活性**：红蓼的甲醇提取物对桃蚜具有杀虫活性；盛花期花的石油醚和甲醇粗提物对朱砂叶螨具有很强的触杀作用；种子乙酸乙酯萃取物对黏虫 3 龄幼虫具有较强的胃毒作用。红蓼中的挥发油对番茄灰霉病菌具有一定的抑制作用，其抑菌率随着挥发油剂量的增大而增强。

### 56. 杠板归（图 56）

**学名**：杠板归（*Polygonum perfoliatum* L.），别名贯叶蓼、刺犁头、河白草、蛇倒退、梨头刺、蛇不过、老虎舌、扛板归。

**分类地位**：蓼科（Polygonaceae），蓼属（*Polygonum*）。

**形态特征与生物学特性**：一年生草本。茎攀缘，多分枝，具纵棱，沿棱具稀疏的倒生皮刺。叶三角形，顶端钝或微尖，基部截形或微心形，薄纸质，上面无毛，下面沿叶脉疏生皮刺。总状花序呈短穗状，不分枝顶生或腋生。瘦果球形，黑色，有光泽，包于宿存花被内。花期 6—8 月，果期 7—10 月。产于黑龙江、吉林、辽宁、河北、山东、河南、陕西、甘肃、江苏、浙江、安徽、江西、湖南、湖北、四川、贵州、福建、台湾、广东、海南、广西、云南。生于海拔 80 ~ 2300 米的田边、路旁、山谷湿地。

**主要化学成分及衍生物**：杠板归全草主要含黄酮及其苷类、醌类、萜类、生物碱、酚羧酸类、苯丙素糖酯类、酰胺类、有机酸、鞣质等，如长寿花糖苷、4, 5 - 二氢布卢门醇 A、槲皮素 - 3 - O - β - D - 吡喃葡萄糖苷、槲皮素 - 3 - O - β - D - 葡萄糖醛

酸 – 6″ – 甲酯、槲皮素 – 3 – O – β – D – 葡萄糖醛酸、槲皮素、山奈酚、咖啡酸甲酯、咖啡酸、原儿茶酸、对香豆酸、阿魏酸、香草酸、熊果酸、白桦脂酸、甾醇脂肪酸酯、β – D – 葡萄糖甙、内消旋酒石酸二甲酯及长链脂肪酸酯、香草苷 A – B、氢化胡椒苷等化合物。

**农药活性**：杠板归的总单宁对烟草花叶病毒有明显的抑制作用。杠板归中黄酮、苯醌、生物碱等对烟草青枯病菌有拮抗活性。杠板归中的三萜、甾体、黄酮、糖酯类成分具有杀线虫活性。

### 57. 虎杖（图57）

**学名**：虎杖（*Reynoutria japonica* Houtt.），别名斑庄根、大接骨、酸桶芦、酸筒杆。

**分类地位**：蓼科（Polygonaceae），虎杖属（*Reynoutria*）。

**形态特征与生物学特性**：多年生草本。根状茎粗壮，横走。茎直立，高 1 ~ 2 米，空心，具明显的纵棱，具小凸起，无毛，散生红色或紫红色斑点。叶宽卵形或卵状椭圆形，近革质。花单性，雌雄异株，花序圆锥状。瘦果卵形，具 3 棱，黑褐色，有光泽，包于宿存花被内。花期 8—9 月，果期 9—10 月。产于陕西南部、甘肃南部、华东、华中、华南、四川、云南及贵州；生于海拔 140 ~ 2000 米的山坡灌丛、山谷、路旁、田边湿地。

**主要化学成分及衍生物**：虎杖中的主要化学成分有醌类、二苯乙烯类、黄酮类、其他化合物 4 类。根和根茎含游离蒽醌及蒽醌苷如大黄素、大黄素甲醚；二苯乙烯类如白藜芦醇、白藜芦醇 – 3 – O – δ – 葡萄糖苷、原儿茶酸、2，5 – 二甲基 – 7 – 羟基色酮、7 – 羟基 – 4 – 甲氧基 – 5 – 甲基香豆精、葡萄糖苷、β – 谷甾醇葡萄糖苷及鼠李糖等。

**农药活性**：虎杖提取液对葡萄霜霉病游动孢子囊具有抑制作用；其水或醇提取液对烟草花叶病毒和黄瓜花叶病毒有明显的抑制作用，对尖镰孢菌、茄镰孢菌和灰葡萄孢菌都有较好的抑菌活性。

## 三十五、商陆科

### 58. 商陆（图58）

**学名**：商陆（*Phytolacca acinosa* Roxb.），别名白母鸡、猪母耳、金七娘、倒水莲、王母牛、见肿消、山萝卜、章柳。

**分类地位**：商陆科（Phytolaccaceae），商陆属（*Phytolacca*）。

**形态特征与生物学特性**：多年生草本，高 0.5 ~ 1.5 米，全株无毛。根肥大，肉质，倒圆锥形，外皮淡黄色或灰褐色，内面黄白色。茎直立，圆柱形，有纵沟，肉质，绿色或红紫色，多分枝。叶片薄纸质，椭圆形、长椭圆形或披针状椭圆形。总状花序顶生或与叶对生，圆柱状，直立，通常比叶短，密生多花。果序直立，浆果扁球形，熟时黑色。种子肾形，黑色，具 3 棱。花期 5—8 月，果期 6—10 月。我国除东北、内蒙古、青海、新疆外，普遍野生于海拔 500 ~ 3400 米的沟谷、山坡林下、林缘路旁，也栽植于房前屋后及园地中。多生于湿润肥沃地，喜生垃圾堆上。

**主要化学成分及衍生物：**商陆中主要含有三萜皂苷类、多糖类、生物碱类、黄酮类、酚酸类、甾醇类以及一些人体必需的微量元素、γ - 氨基丁酸、组胺等成分。根含商陆碱、商陆酸、商陆皂苷元 A - C、三萜皂苷。根、茎、叶均含商陆毒素、氧化肉豆蔻酸、三萜酸、皂苷和多量硝酸钾等化合物。

**农药活性：**商陆叶提取物对小菜蛾具有良好灭杀活性，且灭杀活性随处理时长及提取物浓度的增加而增加；对桃蚜也具有较好的毒杀活性。其根、叶等部位的提取物对朱砂叶螨等具有一定的灭杀活性。商陆中所含糖蛋白成分对黄瓜花叶病毒、烟草花叶病毒、烟草坏死病毒和苜蓿花叶病毒等多种植物病毒具有抵抗作用。

### 59. 垂序商陆（图 59）

**学名：**垂序商陆（*Phytolacca americana* L.），别名美商陆、美洲商陆、美国商陆、洋商陆、见肿消、红籽。

**分类地位：**商陆科（Phytolaccaceae），商陆属（*Phytolacca*）。

**形态特征与生物学特性：**多年生草本，高 1 ~ 2 米。根粗壮，肥大，倒圆锥形。茎直立，圆柱形，有时带紫红色。叶片椭圆状卵形或卵状披针形，长 9 ~ 18 厘米，宽 5 ~ 10 厘米，顶端急尖，基部楔形；叶柄长 1 ~ 4 厘米。总状花序顶生或侧生，长 5 ~ 20 厘米；花梗长 6 ~ 8 毫米；花白色，微带红晕，直径约 6 毫米；花被片 5，雄蕊、心皮及花柱通常均为 10，心皮合生。果序下垂；浆果扁球形，熟时紫黑色；种子肾圆形，直径约 3 毫米。花期 6—8 月，果期 8—10 月。

**主要化学成分及衍生物：**垂序商陆根中含商陆皂苷（A、B、D、E、F、D2）、商陆皂苷元、加利果酸及甾体混合物，另有美商陆酸、齐墩果酸、2 - 哌啶甲酸等成分。

**农药活性：**全草可作农药。垂序商陆的根、叶等部位的提取物也已初步被证实对朱砂叶螨、烟草花叶病毒等农业病虫害具有一定的灭杀活性。垂序商陆叶提取物对小菜蛾表现出良好的杀虫活性，且在一定范围内杀虫效果随处理时长和提取物浓度的增加而逐渐提高。

## 三十六、苋科

### 60. 土牛膝（图 60）

**学名：**土牛膝（*Achyranthes aspera* L.），别名倒梗草、倒钩草、倒扣草。

**分类地位：**苋科（Amaranthaceae），牛膝属（*Achyranthes*）。

**形态特征与生物学特性：**多年生草本，高20～120厘米。根细长，直径3～5毫米，土黄色。茎四棱形，有柔毛，节部稍膨大，分枝对生。叶片纸质，宽卵状倒卵形或椭圆状矩圆形。穗状花序顶生，直立。胞果卵形，长2.5～3毫米。种子卵形，不扁压，长约2毫米，棕色。花期6—8月，果期10月。产于湖南、江西、福建、台湾、广东、广西、四川、云南、贵州。生于海拔800～2300米的山坡疏林或村庄附近空旷地。

**主要化学成分及衍生物：**土牛膝化学成分包括蜕皮甾酮类和以齐墩果酸为苷元的三萜皂苷类，生物碱、脂肪酸及一种新异黄酮类化合物。根含皂苷，其苷元为齐墩果酸，并含昆虫变态激素蜕皮甾酮。种子含糖、蛋白质、皂苷等。

**农药活性：**土牛膝的正己烷提取物对绿豆象具有一定的触杀活性和驱避活性。

### 61. 青葙（图61）

**学名：**青葙（*Celosia argentea* L.），别名狗尾草、百日红、鸡冠花、野鸡冠花、指天笔、海南青葙。

**分类地位：**苋科（Amaranthaceae），青葙属（*Celosia*）。

**形态特征与生物学特性：**一年生草本，高0.3～1米，全株无毛。茎直立，有分枝，绿色或红色，具明显条纹。叶片矩圆披针形、披针形或披针状条形，少数卵状矩圆形。花多数，密生，在茎端或枝端成单一、无分枝的塔状或圆柱状穗状花序，初为白色顶端带红色，或全部粉红色，后成白色。胞果卵形，包裹在宿存花被片内。种子凸透镜状肾形。花期5—8月，果期6—10月。几乎遍布全国。生于海拔1100米的平原、田边、丘陵、山坡。

**主要化学成分及衍生物：**青葙主要的化学成分有皂苷、环肽、生物碱等。从炒青葙籽中可分离得到青葙苷（A，H－K）、α－菠甾醇－3－O－β－D－吡喃葡萄糖、2，23－二羟基－3－O－［β－D－吡喃木糖基－（1→3）－β－D－吡喃葡萄糖醛酸基］－28－O－β－D－吡喃葡萄糖基齐墩果酸、竹节参皂苷Ⅳ、2α－羟基－23－醛基－3α－O－［β－D－吡喃木糖基－（1→3）－β－D－吡喃葡萄糖醛酸甲酯］－齐墩果酸、苯乙腈－4－O－β－D－芹糖－（1→6）－O－β－D－吡喃葡萄糖苷、苯乙腈－4－O－α－L－吡喃鼠李糖－（1→6）－O－β－D－吡喃葡萄糖苷、胡萝卜苷等。

**农药活性：**青葙根的高浓度提取物对小麦赤霉病菌、番茄早疫病菌、油菜菌核病菌、烟草灰霉病菌以及杨树溃疡病菌等多种植物病原真菌有显著的抑菌作用。

## 三十七、酢浆草科

### 62. 酢浆草（图62）

**学名：**酢浆草（*Oxalis corniculata* L.），别名酸三叶、酸醋酱、鸠酸、酸味草。

**分类地位：**酢浆草科（Oxalidaceae），酢浆草属（*Oxalis*）。

**形态特征与生物学特性**：草本，高 10～35 厘米，全株被柔毛。根茎稍肥厚；茎细弱，多分枝，直立或匍匐，匍匐茎节上生根。叶基生或茎上互生。花单生或数朵集为伞形花序状，腋生，总花梗淡红色，与叶近等长。蒴果长圆柱形，5 棱。种子长卵形，褐色或红棕色，具横向肋状网纹。花果期 2—9 月。全国广布。生于山坡草池、河谷沿岸、路边、田边、荒地或林下阴湿处。

**主要化学成分及衍生物**：酢浆草中含有黄酮、酚酸、生物碱、挥发油、萜类、皂苷等多种化学成分。从酢浆草中可分离得到多种化合物，如原儿茶醛、N－甲基羟胺、对羟基苯甲醛、杨梅素－3－O－α－L 鼠李糖吡喃糖苷、1，3，5－三甲氧基苯、当药黄素、香叶木苷、异牡荆素、对羟基苯甲酸、β－胡萝卜苷、D－果糖等。

**农药活性**：酢浆草花含有大量的花蜜，花蜜中含有的丰富果糖和葡萄糖能延长其寄生性天敌的寿命和寄生力，是一种安全的可作为田间生物防治的潜在蜜源植物。酢浆草的水提物具有化感作用，可作为生物除草剂进一步探索开发。

### 63. 红花酢浆草（图 63）

**学名**：红花酢浆草（*Oxalis corymbosa* DC.），别名多花酢浆草、紫花酢浆草、南天七、铜锤草、大酸味草。

**分类地位**：酢浆草科（Oxalidaceae），酢浆草属（*Oxalis*）。

**形态特征与生物学特性**：一年生直立草本。无地上茎，地下部分有球状鳞茎。叶基生，小叶 3，扁圆状倒心形，先端凹缺，两侧角圆，基部宽楔形，上面被毛或近无毛，下面疏被毛；托叶长圆形，与叶柄基部合生。总花梗基生，二歧聚伞花序，花梗、苞片、萼片均被毛；每花梗有披针形干膜质苞片 2 枚；萼片披针形，先端有暗红色长圆形的小腺体 2 枚，顶部腹面被疏柔毛；花瓣倒心形，淡紫色至紫红色，基部颜色较深。花果期 3—12 月。主要分布于我国河北、陕西、华东、华中、华南、四川和云南等地。生于低海拔的山地、路旁、荒地或水田中。

**主要化学成分及衍生物**：红花酢浆草中含有 β－谷甾醇、胡萝卜苷、草酸、酒石酸、苹果酸、柠檬酸、黄酮、花生五烯酸、棕榈酸、儿茶素、表儿茶素、α－菠甾醇、1－正庚基－1－环己烯等化学物质，其中前五种为主要的化感物质。

**农药活性**：红花酢浆草对福寿螺具有较强的杀螺效果。其叶片提取液能使狗牙根、马蹄金和高羊茅种子发芽率显著降低，可进一步作为生物除草剂探索开发。

## 三十八、瑞香科

### 64. 了哥王（图 64）

**学名**：了哥王（*Wikstroemia indica*（L.）C. A. Mey.），别名雀儿麻、哥春光、桐皮子、小金腰带、山豆子、地棉根、黄皮子、石城、山棉皮、地棉皮、南岭荛花、土蒲仑、蒲仑、山雁皮。

**分类地位**：瑞香科（Thymelaeaceae），荛花属（*Wikstroemia*）。

**形态特征与生物学特性**：灌木，小枝红褐色，无毛。叶对生，纸质至近革质，倒卵形、椭圆状长圆形或披针形。花黄绿色，数朵组成顶生头状总状花序。果椭圆形，长7~8毫米，成熟时红色至暗紫色。花果期夏秋间。产于广东、海南、广西、福建、台湾、湖南、四川、贵州、云南、浙江等地。喜生于海拔1500米以下的开旷林下或石山上。

**主要化学成分及衍生物**：了哥王含有的化学成分主要为香豆素、黄酮、挥发油、木脂素、蒽醌、甾醇和皂苷类化合物。香豆素主要有西瑞香素、伞形花内酯、6-羟基-7-O-7'-双香豆素等；黄酮类主要有南荛素、荛花素、山奈酚3-O-β-D-葡萄糖苷、槲皮苷等；挥发油类有十六烷酸、9-十八碳烯酸、9,12-亚油酸等；木脂素类含罗汉松脂酚、南荛酚；其他类还有β-谷甾醇、胡萝卜苷、豆甾醇、灰绿曲霉酰胺、东莨菪素等化合物。

**农药活性**：了哥王根、茎、叶的水煮液喷洒可治稻螟虫及其他害虫（蝇蛆等）；了哥王甲醇提取物对松材线虫具有强烈的杀线虫活性，对梨褐斑病菌具有一定的抑制作用。

## 三十九、紫茉莉科

### 65. 光叶子花（图65）

**学名**：光叶子花（*Bougainvillea glabra* Choisy），别名三角梅、紫亚兰、紫三角、三角花、小叶九重葛、簕杜鹃、宝巾。

**分类地位**：紫茉莉科（Nyctaginaceae），叶子花属（*Bougainvillea*）。

**形态特征与生物学特性**：藤状灌木。茎粗壮，枝下垂，无毛或疏生柔毛；刺腋生。叶片纸质，卵形或卵状披针形。花顶生枝端的3个苞片内，花梗与苞片中脉贴生，每个苞片上生一朵花；苞片叶状，紫色或洋红色，长圆形或椭圆形。花期冬春间，我国南方栽植于庭院、公园，北方栽培于温室，是美丽的观赏植物。茎、叶有毒。

**主要化学成分及衍生物**：光叶子花含黄酮类化合物、萜类化合物和一些挥发性物质。从光叶子花甲醇提取物中可分离得到D-松醇、菠甾醇、3-O-[6'-O-棕榈酰-β-D-葡糖基]-菠甾-7,22-双烯、胡萝卜苷、异鼠李素-3-O-(6″-O-E-阿魏酰)-β-D-半乳糖苷、异鼠李素-3-O-葡萄糖苷等多种化合物。

**农药活性**：光叶子花叶片有抗病虫害的作用。光叶子花中的D-松醇可作为植物杀菌剂，对烟草花叶病毒、黄瓜花叶病毒和豌豆花叶病毒等具有显著的抑制作用。

### 66. 紫茉莉（图66）

**学名**：紫茉莉（*Mirabilis jalapa* L.），别名晚饭花、晚晚花、野丁香、苦丁香、丁香叶、状元花、夜饭花、粉豆花、胭脂花、烧汤花、夜娇花、潮来花、粉豆、白花紫茉莉、地雷花、白开夜合。

**分类地位**：紫茉莉科（Nyctaginaceae），紫茉莉属（*Mirabilis*）。

**形态特征与生物学特性**：一年生草本，高可达 1 米。根肥粗，倒圆锥形，黑色或黑褐色。茎直立，圆柱形，多分枝，无毛或疏生细柔毛，节稍膨大。叶片卵形或卵状三角形。花常数朵簇生枝端。瘦果球形，直径 5～8 毫米，革质，黑色，表面具皱纹。种子胚乳白粉质。花期 6—10 月，果期 8—11 月。我国南北各地常栽培，为观赏花卉，有时逸为野生。

**主要化学成分及衍生物**：紫茉莉中含有多种甜菜素、豆甾醇、β－谷甾醇、葫芦巴碱、萜类等生物活性成分。从紫茉莉花的石油醚溶性成分中可分离鉴定出皂苷类化合物，从其水溶性成分中可分离鉴定出多种氨基酸、有机酸、糖类、苷类、酚类、挥发油等物质，从其醇溶性成分中可分离鉴定出酚类、强心苷、内酯、香豆素、黄酮等物质。

**农药活性**：紫茉莉花含有的生物碱可以驱避和麻醉蚊虫；茎提取物对小菜蛾、斜纹夜蛾具有较好的抑制作用；根和茎的甲醇提取物可以抑制梨黑斑病菌、西瓜炭疽病菌菌丝生长；紫茉莉全株及根丙酮抽提物可以抑制烟草花叶病毒；乙醇提取物对二斑叶螨雌成螨具有杀螨活性。


# 四十、葫芦科

### 67. 绞股蓝（图 67）

**学名**：绞股蓝（*Gynostemma pentaphyllum*（Thunb.）Makino），别名毛绞股蓝。

**分类地位**：葫芦科（Cucurbitaceae），绞股蓝属（*Gynostemma*）。

**形态特征与生物学特性**：草质攀缘植物。茎细弱，具分枝，具纵棱及槽，无毛或疏被短柔毛。叶膜质或纸质，鸟足状，具 3～9 小叶。花雌雄异株，雄花圆锥花序，花序轴纤细，多分枝；雌花圆锥花序远较雄花之短小，花萼及花冠似雄花；子房球形。果实肉质不裂，球形，成熟后黑色，光滑无毛，内含倒垂种子 2 粒。种子卵状心形，灰褐色或深褐色。花期 3—11 月，果期 4—12 月。产于陕西南部和长江以南各省区。生于海拔 300～3200 米的山谷密林、山坡疏林、灌丛或路旁草丛中。

**主要化学成分及衍生物**：绞股蓝中含有皂苷类、黄酮类、萜类、生物碱、有机酸等，如月桂酸、β－谷甾醇、3，5，3′－三羟基－4′，7－二甲氧基二氢黄酮、邻二苯酚、槲皮素、鼠李素、α－菠菜甾醇－3－O－β－D－吡喃葡萄糖苷、丙二酸、芦丁、商陆苷、人参皂苷、β－胡萝卜苷等。

**农药活性**：绞股蓝提取物对烟草普通花叶病毒和水稻纹枯病菌具有抑制作用。

## 四十一、秋海棠科

### 68. 紫背天葵（图68）

**学名**：紫背天葵（*Begonia fimbristipula* Hance），别名观音菜、血皮菜、天葵。

**分类地位**：秋海棠科（Begoniaceae），秋海棠属（*Begonia*）。

**形态特征与生物学特性**：多年生无茎草本。根状茎球状，具多数纤维状之根。叶均基生，具长柄；叶片两侧略不相等，轮廓宽卵形。花葶高6~18厘米，无毛；花粉红色，数朵，2~3回二歧聚伞状花序。蒴果下垂，无毛，轮廓倒卵长圆形。种子极多数，小，淡褐色，光滑。花期5月，果期6月开始。产于浙江、江西、湖南、福建、广西、广东、海南和香港。生于海拔700~1120米的山地或山顶疏林下石上、悬崖石缝中、山顶林下潮湿岩石上和山坡林下。

**主要化学成分及衍生物**：紫背天葵含丰富的黄酮类化合物、花青素、生物碱及其他化学成分。叶含花色苷，分离出的化学成分有矢车菊素氯化物、矢车菊素-3-芸香糖苷、矢车菊素-3-葡萄糖苷，根含儿茶素、芦丁、豆甾醇、β-谷甾醇、豆甾醇-3-O-D-吡喃葡萄糖苷和胡萝卜苷等。

**农药活性**：紫背天葵富含的黄酮类化合物、生物碱、红龟素和多糖等多种天然产物能延长维生素C的作用，有提高其抗某些寄生虫和病毒的能力。此外，紫背天葵具有抗南方根结线虫的作用。

## 四十二、山茶科

### 69. 油茶（图69）

**学名**：油茶（*Camellia oleifera* Abel.），别名野油茶、山油茶、单籽油茶。

**分类地位**：山茶科（Theaceae），山茶属（*Camellia*）。

**形态特征与生物学特性**：灌木或中乔木；嫩枝有粗毛。叶革质，椭圆形、长圆形或倒卵形，先端尖而有钝头，有时渐尖或钝，基部楔形。花顶生，近于无柄，由外向内逐渐增大，阔卵形。蒴果球形或卵圆形，1室或3室，每室有种子1粒或2粒，木质，中轴粗厚；有环状短节。长期栽培，变化较多，花大小不一，蒴果3室或5室，花丝亦出现连生的现象。花期冬春间。从长江流域到华南各地广泛种植，是主要的木本油料作物。海南省800米以上的原生森林有野生种，呈中等乔木状。

**主要化学成分及衍生物**：油茶中主要含有三萜及三萜皂苷、黄酮、木脂素、鞣质、脂肪酸、甾体等化学成分，其中的三萜皂苷以齐墩果烷型五环三萜皂苷为主；黄酮类成分主要是槲皮素、山柰酚以及芹菜素等。油茶根含槲皮素-3'-O-β-D-葡萄糖苷、芹菜素-7-O-β-D-葡萄糖苷、（+）-南烛木树脂酚-3α-O-β-D-葡萄糖苷、甜叶悬钩子苷、杜尔可苷 B、3，4，5 – 三甲氧基苯基 – 6 – O – 紫丁香酰基 – β – D – 葡萄糖苷等多种化合物。

**农药活性**：油茶中茶籽皂素对菜青虫兼有胃毒、忌避和拒食作用。茶皂素对瓜枯萎病菌、水稻纹枯病菌、白绢菌有一定的抑制作用，对柑橘青霉病菌、柑橘绿霉病菌、柑橘酸腐病菌等多种水果采后病原菌具有良好的防治作用。茶籽皂素对小麦纹枯病菌和棉花黄萎病菌的抑菌活性较强。另外，其溶液对南方根结线虫 J2、水稻潜根线虫、松材线虫、甘薯茎线虫等具有一定的致死率，并能抑制根结的形成。粗茶皂素对爪哇根结线虫 J2 有较强的毒杀活性，并能够明显抑制其卵的孵化。此外，油茶甲醇提取物对番茄早疫病菌、番茄芽枝病菌具有较好的抑制作用。

## 70. 木荷（图 70）

**学名**：木荷（*Schima superba* Gardn. et Champ.），别名荷树、荷木、信宜木荷。

**分类地位**：山茶科（Theaceae），木荷属（*Schima*）。

**形态特征与生物学特性**：大乔木，高 25 米，嫩枝通常无毛。叶革质或薄革质，椭圆形。花生于枝顶叶腋，常多朵排成总状花序，白色。蒴果直径 1.5～2 厘米。花期 6—8 月。产于浙江、福建、台湾、江西、湖南、广东、海南、广西、贵州。本种是华南及东南沿海各省常见的种类。在亚热带常绿林里是建群种；在荒山灌丛是耐火的先锋树种；在海南海拔 1000 米左右的山地雨林里，它是上层大乔木，胸径 1 米以上，有突出的板根。

**主要化学成分及衍生物**：木荷含有的化学成分有三萜及皂苷类、木脂素类、黄酮类及其他类成分。可从中分离得到三十烷酸、棕榈酸、十二烷酸、松脂素、槲皮素、山柰酚、美商陆素 A、槲皮素 – 3 – O – β – D – 葡萄糖苷及槲皮素 – 3 – O – α – L – 鼠李糖苷等。

**农药活性**：木荷叶提取物对稻瘟病病原菌、辣椒根腐病菌、油菜菌核病菌、棉黄萎病菌具有较高的抗菌活性。木荷成分中茶皂素属三萜类皂苷，对稻瘟病病原菌的菌丝生长和孢子萌发有明显的抑制作用；对三环唑防治稻瘟病具有明显的增效作用。木荷树皮提取物对小菜蛾和菜青虫有较高的拒食活性和生长发育抑制活性。

## 71. 厚皮香（图 71）

**学名**：厚皮香（*Ternstroemia gymnanthera*（Wight et Arn.）Beddome）。

**分类地位**：山茶科（Theaceae），厚皮香属（*Ternstroemia*）。

**形态特征与生物学特性**：灌木或小乔木，全株无毛。树皮灰褐色，平滑；嫩枝浅红褐色或灰褐色，小枝灰褐色。叶革质或薄革质，通常聚生于枝端，呈假轮生状，椭圆形、椭圆状倒卵形至长圆状倒卵形。花两性或单性，通常生于当年生无叶的小枝上或生于叶腋。果实圆球形。种子肾形，每室 1 粒，成熟时肉质假种皮红色。花期 5—7 月，果期 8—10 月。广泛分布于长江以南、西南、华南多省区。多生于海拔 200～1400

米的山地林中、林缘路边或近山顶疏林中。

**主要化学成分及衍生物**：从厚皮香地上部分可分离得到白桦酸、3－表熊果酸、熊果酮酸、α－菠甾醇－β－D－吡喃葡萄糖苷、3，4－二羟基苯乙酸丁酯等化合物。

**农药活性**：厚皮香甲醇提取物对小菜蛾3龄幼虫具有较高的拒食活性。

## 四十三、桃金娘科

### 72. 岗松（图72）

**学名**：岗松（*Baeckea frutescens* L.），别名扫把枝、铁扫把。

**分类地位**：桃金娘科（Myrtaceae），岗松属（*Baeckea*）。

**形态特征与生物学特性**：灌木，有时为小乔木。嫩枝纤细，多分枝。叶小，无柄，或有短柄，叶片狭线形或线形。花小，白色，单生于叶腋内。蒴果小，长约2毫米。种子扁平，有角。花期夏秋。产于福建、广东、广西及江西等省区。喜生于低丘及荒山草坡与灌丛中，是酸性土的指示植物，原为小乔木，因经常被砍伐或火烧，多呈小灌木状。

**主要化学成分及衍生物**：岗松含挥发油类、萜类、甾醇类、酚酸类、鞣质类等化合物。甾醇类有β－谷甾醇；鞣质类有没食子酸乙酯；芳香族类有1，3－二羟基－2－（2′－甲基丙酰基）－5－甲氧基－6－甲基苯等化合物。其叶中可分离出蒎烯、石竹烯、单萜烯、桉叶素、芳樟醇、松油醇及单萜、含氧单萜、倍半萜、含氧倍半萜、萜烯和醇类等成分，还可从中分离得到白桦脂酸、齐墩果酸、熊果酸、没食子酸、百里香酚等。

**农药活性**：岗松精油对水稻纹枯病菌、小麦纹枯病菌及终极腐霉具有一定的抑制作用。岗松中的芳樟醇精油成分对德国小蠊雄性成虫具有驱避性；蒎烯类对仓储害虫如玉米象等有一定的触杀作用。

### 73. 桃金娘（图73）

**学名**：桃金娘（*Rhodomyrtus tomentosa*（Ait.）Hassk.），别名岗稔。

**分类地位**：桃金娘科（Myrtaceae），桃金娘属（*Rhodomyrtus*）。

**形态特征与生物学特性**：灌木，高1～2米。嫩枝有灰白色柔毛。叶对生，革质，叶片椭圆形或倒卵形。花有长梗，常单生，紫红色；萼筒倒卵形，有灰茸毛，萼裂片5，近圆形，宿存；花瓣5，倒卵形；雄蕊红色。浆果卵状壶形，长1.5～2厘米，宽1～1.5厘米，熟时紫黑色。种子每室2列。花期4—5月。产于台湾、福建、广东、广西、云南、贵州及湖南最南部。生于丘陵坡地，为酸性土指示植物。

**主要化学成分及衍生物**：桃金娘植物中主要含有间苯三酚类、萜类、黄酮类、醌类、挥发油、可水解鞣质类、多糖、花青素等化学成分。从桃金娘叶中可分离得到

19 - norergosta - 5，7，9，22 - tetraene - 3β - ol、28 - norlupa - 17（22），20（28）-
dien - 3 - ol，（3β）-（9CI）、羽扇豆醇、β - 香树脂醇、α - 香树脂醇、β - 谷甾醇、
对 2 基苯乙酸甲酯等多种化合物。其干燥根富含黄酮类、三萜类、多糖类以及多酚类
等多种活性成分。果实富含色素、酚类、多糖、黄酮类等多种具有抗氧化活性物质及
多种营养成分。果实挥发油成分以萜类为主，主要有 3 - 甲基 - α - 蒎烯、反 - 石竹烯、
香橙烯、杜松烯。籽油中含有亚油酸、油酸、硬脂酸和棕榈酸等多种脂肪酸，还富含
菜籽甾醇、菜油甾醇、α - 生育酚等物质。

**农药活性：**桃金娘叶提取物对黄曲条跳甲有一定的忌避作用。

### 74. 赤楠（图 74）

**学名：**赤楠（*Syzygium buxifolium* Hook．et Arn．），别名鱼鳞木、牛金子、黄杨叶
蒲桃。

**分类地位：**桃金娘科（Myrtaceae），蒲桃属（*Syzygium*）。

**形态特征与生物学特性：**灌木或小乔木。嫩枝有棱，干后黑褐色。叶片革质，阔
椭圆形至椭圆形，有时阔倒卵形。聚伞花序顶生，花萼筒倒圆锥形。果实球形，直径
5 ~ 7 毫米。花期 6—8 月。产于安徽、浙江、台湾、福建、江西、湖南、广东、广西、
贵州等省区。常生于低山疏林或灌丛中。

**主要化学成分及衍生物：**从赤楠中可分离得到木栓酮、β - 谷甾醇、乌苏酸、19 -
羟基乌苏酸、齐墩果酸及胡萝卜苷等化学成分。

**农药活性：**赤楠叶中的黄酮类对白菜软腐菌和甘蓝黑腐菌有一定的抗菌活性。

## 四十四、使君子科

### 75. 使君子（图 75）

**学名：**使君子（*Quisqualis indica* L.），别名四君子、史君子、舀求子、西蜀使君
子、毛使君子。

**分类地位：**使君子科（Combretaceae），使君子属（*Quisqualis*）。

**形态特征与生物学特性：**攀缘状灌木，高达 8 米。小枝被棕黄色柔毛。叶对生或
近对生，卵形或椭圆形。顶生穗状花序组成伞房状；苞片卵形或线状披针形，初白色，
后淡红色。果卵圆形，具短尖，无毛，具 5 条锐棱，熟时外果皮脆薄，青黑色或栗色。
种子圆柱状纺锤形，白色。产于福建、台湾、江西南部、湖南、广东等地。宜栽于向
阳背风处。

**主要化学成分及衍生物：**使君子中主要化学成分为脂肪油、生物碱、单宁及甾体
类等。种子含使君子氨酸、使君子氨酸钾、D - 甘露醇；脂肪油中含豆蔻酸、棕榈酸、
硬脂酸、油酸、亚油酸等脂肪酸，并含甾醇，以植物甾醇为主。果肉含葫芦巴碱、枸

橼酸、琥珀酸、苹果酸、蔗糖、葡萄糖。

**农药活性**：使君子提取物对温室白粉虱有一定的毒杀作用，对棉铃虫的生长发育有一定的抑制作用。

## 四十五、杜英科

### 76. 杜英（图76）

**学名**：杜英（*Elaeocarpus decipiens* Hemsl.），别名假杨梅、梅擦饭、青果、野橄榄、胆八树、橄榄、缘瓣杜英。

**分类地位**：杜英科（Elaeocarpaceae），杜英属（*Elaeocarpus*）。

**形态特征与生物学特性**：常绿乔木，高可达15米。叶革质，披针形或倒披针形，叶缘有小钝齿；叶柄初时有微毛，在结实时变秃净。总状花序多生于叶腋，花序轴纤细，花白色，萼片披针形，花瓣倒卵形，花药顶端无附属物。核果椭圆形，外果皮无毛，内果皮坚骨质。花期6—7月。产于华南、西南各省区。生长于海拔400～700米，在云南上升到海拔2000米的林中。

**主要化学成分及衍生物**：杜英叶中有挥发性成分如萜类化合物、甾体化合物、烯醇及烯醇酸酯化合物、脂肪烃、醛类化合物、饱和脂肪酸酯及其他。

**农药活性**：杜英叶子的乙醇提取液对稗草的生长表现出一定的抑制作用，有作为植物源除草剂的开发潜力。

## 四十六、市棉科

### 77. 木棉（图77）

**学名**：木棉（*Bombax ceiba* L.），别名攀枝、斑芝树、斑芝棉、攀枝花、英雄树、红棉。

**分类地位**：木棉科（Bombacaceae），木棉属（*Bombax*）。

**形态特征与生物学特性**：落叶大乔木，高可达25米。树皮灰白色，幼树的树干通常有圆锥状的粗刺；分枝平展。掌状复叶，小叶5～7片，长圆形至长圆状披针形。花单生枝顶叶腋，通常红色，有时橙红色，花瓣肉质，倒卵状长圆形。蒴果长圆形，钝，密被灰白色长柔毛和星状柔毛。种子多数，倒卵形，光滑。花期3—4月，果夏季成熟。产于西南、华南及台湾地区。生于海拔1400米以下的干热河谷及稀树草原，也可生长在沟谷季雨林内，也有栽培作行道树的。

**主要化学成分及衍生物**：木棉的主要化学成分为黄酮类化合物、有机酸、酯类化合物、甾体类化合物、苯丙素类化合物和三萜类化合物。其中苯丙素类化合物主要有香豆素和木质素；香豆素类主要含有东莨菪内酯、东莨菪苷、七叶内酯、七叶苷、滨蒿内酯、柠檬油素和秦皮素。从根中可分离得到黄酮类化合物如香橙、槲皮素、木犀草素、木犀草素－7－O－葡萄糖苷、橙皮苷等。从叶中可分离得到β－香树脂素、β－香树脂酮醇、12－齐墩果烯－3，11－二酮、齐墩果酸以及蒲公英赛醇、蒲公英赛醇乙酸酯、蒲公英赛酮和角鲨烯。从花中可分离得到布卢门醇－C－吡喃葡萄糖苷。

**农药活性：**木棉叶提取物有杀虫的作用，能够显著杀灭库蚊幼虫。

## 四十七、锦葵科

### 78. 白背黄花稔 （图78）

**学名：**白背黄花稔（*Sida rhombifolia* L.），别名小本黄花草、吸血仔、四吻草、索血草、山鸡、拔毒散、脓见消、单鞭救主、梅肉草、柑仔蜜、蛇总管、四米草、尖叶嗽血草、白索子、麻芡麻、灶江、扫把麻。

**分类地位：**锦葵科（Malvaceae），黄花稔属（*Sida*）。

**形态特征与生物学特性：**直立亚灌木状草本。分枝多，小枝被柔毛至近无毛。叶菱形或长圆状披针形，具锯齿；叶柄被星状柔毛，托叶刺毛状。花单生叶腋，花冠黄色。果实半球形，被星状柔毛，顶端具2短芒。花期秋冬季。产于福建、台湾、广东、海南、广西和云南等地。常生于山坡灌丛间、旷野和沟谷两岸。

**主要化学成分及衍生物：**白背黄花稔含有黄酮类、酚酸类、甾体类、香豆素类和脂肪酸类成分，主要有间－羟基苯甲酸、棕榈酸1－甘油酯、丁香酸、没食子酸、β－谷甾醇、豆甾醇、山奈酚、东莨菪内酯等10余种化合物。

**农药活性：**白背黄花稔的乙醇提取物和乙酸乙酯相对白纹伊蚊4龄幼虫表现出较强的杀虫活性；石油醚相和乙醇提取物对福寿螺的杀螺活性较好。

### 79. 地桃花（图79）

**学名：**地桃花（*Urena lobata* L.），别名毛桐子、牛毛七、石松毛、红孩儿、千下槌、半边月、迷马桩、野鸡花、厚皮菜、粘油子、大叶马松子、黐头婆、田芙蓉、野棉花、肖梵天花。

**分类地位：**锦葵科（Malvaceae），梵天花属（*Urena*）。

**形态特征与生物学特性：**直立亚灌木状草本。茎下部的叶近圆形，先端浅3裂，基部圆形或近心形，边缘具锯齿，中部叶卵形，上部的叶长圆形至披针形。小枝被星状茸毛。花单生或近簇生于叶腋，花冠淡红色，花瓣倒卵形。果扁球形，分果爿被星状短柔毛和锚状刺。种子肾形，无毛。花期7—10月。是我国长江以南极常见的野生植物，喜生于干热的空旷地、草坡或疏林下。

**主要化学成分及衍生物：**地桃花的化学成分主要为黄酮类、甾醇、鞣质、酚类、有机酸、皂苷等，可从中分离得到豆甾醇、丁香酸、三十六碳酸、十七碳酸、山奈酚、槲皮素等多种化合物。

**农药活性**：地桃花乙醇提取物对稗、刺苋等 10 种杂草幼苗生长均具有一定的抑制作用，其中对稗和刺苋的抑制效果最好。地桃花提取物在室内有很好的除草活性潜力。

## 四十八、大戟科

### 80. 铁苋菜（图 80）

**学名**：铁苋菜（*Acalypha australis* L.），别名蛤蜊花、海蚌含珠、蚌壳草。

**分类地位**：大戟科（Euphorbiaceae），铁苋菜属（*Acalypha*）。

**形态特征与生物学特性**：一年生草本，高 0.2 ~ 0.5 米。小枝细长，被贴毛柔毛，毛逐渐稀疏。叶膜质，长卵形、近菱状卵形或阔披针形。雌雄花同序，花序腋生，稀顶生。蒴果，具 3 个分果爿，果皮具疏生毛和毛基变厚的小瘤体。种子近卵状，种皮平滑，假种阜细长。花果期 4—12 月。我国除西部高原或干燥地区外，大部分省区均产。生于海拔 20 ~ 1200 米平原或山坡较湿润耕地和空旷草地，有时生于石灰岩山疏林下。

**主要化学成分及衍生物**：铁苋菜主要化学成分有萜类、酚酸、黄酮、生物碱类和有机酸如烟酸、对羟基苯甲酸、琥珀酸等；还含有麦角甾醇、油菜素甾醇、胆固醇、豆甾醇、β - 谷甾醇、胡萝卜苷、二氢胆甾醇、5 - 燕麦甾醇等化合物；五环三萜类化合物有齐墩果酸、木栓酮、β - 香树脂醇、白桦脂酸、表木栓醇等；黄酮类化合物有近 30 种，如（-）- 表儿茶精、槲皮素、黄芩素、没食子儿茶素、水飞蓟素、杨梅黄酮、鹰嘴豆素等。

**农药活性**：铁苋菜提取液对葡萄霜霉病菌游动孢子囊萌发具有较好的抑制作用。铁苋菜化合物中的大黄素在 1% 和 0.05% 浓度下对细链格孢菌、盘多毛孢菌、栗盘色多格孢菌和香石竹单胞锈菌 4 种常见植物病原菌的孢子萌发及产孢数量等均有不同程度的抑制作用。

### 81. 红背山麻杆（图 81）

**学名**：红背山麻杆（*Alchornea trewioides*（Benth.）Muell. Arg.），别名红背叶。

**分类地位**：大戟科（Euphorbiaceae），山麻杆属（*Alchornea*）。

**形态特征与生物学特性**：灌木，高 1 ~ 2 米。小枝被灰色微柔毛，后变无毛。叶薄纸质，阔卵形。雌雄异株，雄花序穗状，腋生或生于一年生小枝已落叶腋部；雌花序总状，顶生。蒴果球形，具 3 圆棱，果皮平坦，被微柔毛。种子扁卵状，种皮浅褐色，具瘤体。花期 3—5 月，果期 6—8 月。产于福建南部和西部、江西南部、湖南南部、广东、广西、海南。生于海拔 15 ~ 1000 米的沿海平原或内陆山地矮灌丛中、疏林下或石灰岩山灌丛中。

**主要化学成分及衍生物**：红背山麻杆中主要含有黄酮、生物碱、木脂素、三萜和鞣质等类成分。从其根中可分离得到三萜类成分鲨烯、乙酰基木油醇酸、木栓酮、3-乙酰氧基-12-齐墩果烯-28-酸甲酯、马斯里酸、马斯里酸甲酯和甾醇成分，如β-谷甾醇、β-谷甾醇-3-O-硬脂酸酯、豆甾-4-烯-3,6-二酮等化合物。

**农药活性**：红背山麻杆甲醇提取液对根癌土壤杆菌、黄瓜角斑病菌、桉树青枯病菌、番茄疮痂病菌等有一定程度的抑制作用。

## 82. 飞扬草 （图82）

**学名**：飞扬草（*Euphorbia hirta* L.），别名飞相草、乳籽草、大飞扬。

**分类地位**：大戟科（Euphorbiaceae），大戟属（*Euphorbia*）。

**形态特征与生物学特性**：一年生草本。茎单一，自中部向上分枝或不分枝，被褐色或黄褐色的多细胞粗硬毛。叶对生，披针状长圆形、长椭圆状卵形或卵状披针形。花序多数，于叶腋处密集成头状，总苞钟状。蒴果三棱状，被短柔毛，成熟时分裂为3个分果爿。种子近圆状四棱，每个棱面有数个纵糟，无种阜。花果期6—12月。产于江西、湖南、福建、台湾、广东、广西、海南、四川、贵州和云南。生于路旁、草丛、灌丛及山坡，多见于沙质土。

**主要化学成分及衍生物**：飞扬草化学成分中主要含有三萜、二萜、甾体、香豆素、木脂素、黄酮和酚类等结构类型的化合物。从其乙酸乙酯提取物中可分离得到蒲公英萜醇、蒲公英赛酮（2）、环-23-烯-33,25-二醇、25-氢过氧基环木波罗-23-烯-3β-醇、吐叶醇、黑麦草内酯、β-谷醇、3-烯-十六碳酸、正二十四碳酸等多种化合物。

**农药活性**：飞扬草的乙醇提取物对小菜蛾成虫产卵有较好的驱避效果和较好的拒食作用，对小菜蛾化蛹有较好的抑制作用。

## 83. 算盘子 （图83）

**学名**：算盘子（*Glochidion puberum*（L.）Hutch.），别名红毛馒头果、野南瓜、柿子椒、狮子滚球、百家桔、美省榜、加播该迈、棵杯墨、矮子郎、算盘珠。

**分类地位**：大戟科（Euphorbiaceae），算盘子属（*Glochidion*）。

**形态特征与生物学特性**：直立灌木，高1~5米。多分枝；小枝灰褐色；小枝、叶片下面、萼片外面、子房和果实均密被短柔毛。叶片纸质或近革质，长圆形、长卵形或倒卵状长圆形，稀披针形。花小，雌雄同株或异株，2~5朵簇生于叶腋内，雄花束常着生于小枝下部，雌花束则在上部，或有时雌花和雄花同生于一叶腋内。蒴果扁球状，边缘有8~10条纵沟，成熟时带红色，顶端具有环状而稍伸长的宿存花柱。种子近肾形，具3棱，朱红色。花期4—8月，果期7—11月。产于我国南北方大部分省区。生于海拔300~2200米的山坡、溪旁灌木丛中或林缘。

**主要化学成分及衍生物**：算盘子的主要化学成分为黄酮类、萜类及其苷类、挥发油、甾体类等化合物，可从中分离得到羽扇烯酮、算盘子酮、表－羽扇豆醇、算盘子酮醇、3－表算盘子二醇、儿茶素、没食子儿茶素等多种单体化合物。从算盘子花气味中鉴定出顺－丁酸－3－己烯酯、反－β－罗勒烯、反－氧化芳樟醇（呋喃型）、芳樟醇、β－榄香烯、γ－芹子烯、大根香叶烯 D、β－芹子烯、α－芹子烯、β－人参烯和苯乙腈等化合物。

**农药活性**：算盘子丙酮粗提物对水稻纹枯病菌有较好的抑制作用。

## 84. 白背叶（图 84）

**学名**：白背叶（*Mallotus apelta*（Lour.）Muell. Arg.），别名酒药子树、野桐、白背桐、吊粟。

**分类地位**：大戟科（Euphorbiaceae），野桐属（*Mallotus*）。

**形态特征与生物学特性**：灌木或小乔木，高 1～4 米。小枝、叶柄和花序均密被淡黄色星状柔毛和散生橙黄色颗粒状腺体。叶互生，卵形或阔卵形，稀心形。花雌雄异株，雄花序为开展的圆锥花序或穗状，雄花多朵簇生于苞腋，花蕾卵形或球形；雌花序穗状。蒴果近球形，密生被灰白色星状毛的软刺，软刺线形，黄褐色或浅黄色。种子近球形，褐色或黑色，具皱纹。花期 6—9 月，果期 8—11 月。产于云南、广西、湖南、江西、福建、广东和海南。生于海拔 30～1000 米的山坡或山谷灌丛中。

**主要化学成分及衍生物**：白背叶中主要含有黄酮类、挥发油、苯并吡喃类及其衍生物、香豆素类等化学成分。黄酮类主要有蒲公英赛醇、β－谷甾醇、5，7－二羟基－6－异戊烯基－4′－甲氧基二氢黄酮、洋芹素、洋芹素－7－O－β－D－葡萄糖苷、槲皮素、勾儿茶素等；挥发油主要成分为橙花叔醇、冰片基胺、己二酸二异辛酯和 2，7－二甲基－1，6－辛二烯等；苯并吡喃型化合物主要有 4－羟基－2，6－二甲基－6－（3，7－二甲基－2，6－辛二烯基）－8－（3－甲基－2－丁烯基）－2H－1－苯并吡喃－5，7（3H，6H）－二酮、5－羟基－2，8－二甲基－6－（3－甲基－2－丁烯基）－8－（3，7－二甲基－2，6－辛二烯基）－2H－1－苯并吡喃－4，7（3H，8H）－二酮、2，3－二氢－5，7－二羟基－2，6－二甲基－8－（3－甲基－2－丁烯基）－4H－1－苯并吡喃－4－酮等；香豆素类化合物有东莨菪内酯、黄花菜木脂素 A 等；萜类化合物有乙酸基油桐酸、高根二醇醋酸酯、油桐酸、β－香树脂醇乙酸酯、α－香树脂醇乙酸酯等。种仁油中含有油酸、棕榈酸、亚油酸、硬脂酸和杜鹃花酸；茎中含有没食子酸、1－O－galloyl－6－O－luteoyl－α－glucose、3′－O－甲基鞣花酸－4－O－α－L 吡喃鼠李糖苷、β－谷甾醇－3－O－β－D－吡喃葡萄糖苷及 β－谷甾醇、白背叶氰碱等。

**农药活性**：白背叶提取物对香蕉炭疽病菌和水稻纹枯病菌具有较强的抑制作用。白背叶挥发油对玉米象和嗜卷书虱具有较好的触杀和熏蒸活性。

## 85. 叶下珠（图 85）

**学名**：叶下珠（*Phyllanthus urinaria* L.），别名阴阳草、假油树、珍珠草、珠仔草、蓖其草。

**分类地位：** 大戟科（Euphorbiaceae），叶下珠属（*Phyllanthus*）。

**形态特征与生物学特性：** 一年生草本，高 10～60 厘米。茎通常直立，基部多分枝，枝倾卧而后上升；枝具翅状纵棱，上部被纵列疏短柔毛。叶片纸质，因叶柄扭转而呈羽状排列，长圆形或倒卵形。花雌雄同株。蒴果圆球状，红色，表面具小凸刺，有宿存的花柱和萼片，开裂后轴柱宿存。种子橙黄色。花期 4—6 月，果期 7—11 月。产于河北、山西、陕西及华东、华中、华南、西南等地区。通常生于海拔 500 米以下的旷野平地、旱田、山地路旁或林缘，在云南海拔 1100 米的湿润山坡草地亦有生长。

**主要化学成分及衍生物：** 叶下珠的化学成分主要有黄酮类、鞣质类、有机酸类、木质素类、香豆素类、多糖、生物碱、酚类等物质。黄酮类化合物主要有槲皮素 – 3 –（4″ – O – 乙酰基）– O – α – L – 鼠李糖 – 7 – O – α – L – 鼠李糖苷、槲皮素 – 7 – O – α – L – 鼠李糖苷、芸香苷、槲皮素、山奈酚、柚皮苷、橙皮苷等。还可从叶下珠中分离得到 30 种化合物，如石油醚部位的（9Z，12Z）– 氟癸酸 – 9，12 – 二烯酸、亚油酸甲酯、cassipourol、豆甾醇等；乙酸乙酯部位的 4 – 乙氧基苯甲酸、没食子酸甲酯、没食子酸乙酯、邻苯二甲酸二丁酯等，正丁醇部位的 5 – 羟甲基 – 2 – 呋喃甲醛、鞣花酸、芦丁、柯里拉京、新橙皮苷等。

**农药活性：** 叶下珠乙醇提取物和水提取物对烟草花叶病毒具有良好的抑制作用。

## 86. 蓖麻（图 86）

**学名：** 蓖麻（*Ricinus communis* L.），别名红蓖麻、天麻子果、蓖麻子。

**分类地位：** 大戟科（Euphorbiaceae），蓖麻属（*Ricinus*）。

**形态特征与生物学特性：** 一年生粗壮草本或草质灌木，高达 5 米。小枝、叶和花序通常被白霜，茎多液汁。叶轮廓近圆形。总状花序或圆锥花序。蒴果卵球形或近球形，果皮具软刺或平滑。种子椭圆形，微扁平，平滑，斑纹淡褐色或灰白色；种阜大。花期几全年或 6—9 月。我国作油脂作物栽培的为一年生草本。在华南和西南地区，海拔 20～500 米的村旁疏林或河流两岸冲积地常有逸为野生，呈多年生灌木。

**主要化学成分及衍生物：** 蓖麻的化学成分主要有生物碱类、脂肪酸类、酚类等。从蓖麻地上部分的甲醇提取物中可分离得到蓖麻碱、N – 去甲蓖麻碱 2 种生物碱及没食子酸甲酯、黄花菜木脂素 A、东莨菪内酯、反式阿魏酸、槲皮素等酚类化合物。从蓖麻根中可分离出蓖麻三甘油酯、3 – 乙酰氧基 – 油桐酸、豆甾醇、蓖麻碱、3，4 – 二羟基苯甲酸甲酯、没食子酸、油桐酸、短叶苏木酚酸乙酯、羽扇豆醇、木犀草素、棕榈酸、二十八烷醇、正十八烷等。

**农药活性：** 蓖麻碱对蚜虫、菜青虫、甜菜夜蛾、小菜蛾和金龟甲等害虫有毒杀作用，其中对甜菜夜蛾幼虫体内碱性磷酸酯酶具有较强的抑制作用，蓖麻碱作用于甜菜夜蛾时间越长，对幼虫体内的碱性磷酸酯酶抑制作用也越强；蓖麻的根粉末混水煮后喷洒，可杀死蔬菜、花卉及农作物上的蚜虫和螨虫；蓖麻粕中的蓖麻碱能够有效防治番茄根结线虫；蓖麻植株不同部位的粗提物对蛴螬有触杀作用；蓖麻花序提取物对黏虫具有触杀作用；蓖麻叶片和果实的提取物对烟粉虱具有明显的驱避作用；蓖麻提取物对香蕉交脉蚜有忌避作用，主要表现为干扰定居取食。用蓖麻叶粉与拟除虫菊酯复配制成生物农药，对蟑螂、蚊虫有明显的杀灭作用；蓖麻乙醇提取物对赤拟谷盗成虫和锈赤扁谷盗成虫均具有较强的驱避作用；蓖麻毒素粗提物对南方根结线虫、爪哇根结线虫具有良好的杀虫活性，对老鼠有毒杀效果。

## 四十九、虎皮楠科

### 87. 牛耳枫（图 87）

**学名**：牛耳枫（*Daphniphyllum calycinum* Benth.），别名南岭虎皮楠。

**分类地位**：虎皮楠科（Daphniphyllaceae），虎皮楠属（*Daphniphyllum*）。

**形态特征与生物学特性**：灌木，高 1.5~4 米。小枝灰褐色，径 3~5 毫米，具稀疏皮孔。叶纸质，阔椭圆形或倒卵形。总状花序腋生。果序长 4~5 厘米，密集排列；果卵圆形，较小，被白粉，具小疣状凸起，先端具宿存柱头，基部具宿萼。花期 4—6月，果期 8—11 月。产于广西、广东、福建、江西等省区；生于海拔 60~700 米的疏林或灌丛中。

**主要化学成分及衍生物**：牛耳枫的化学成分主要包括生物碱类和黄酮类化合物，还含有少量的三萜类、甾醇类、胡萝卜苷类和酚酸类及其他化合物。

**农药活性**：牛耳枫茎、叶的甲醇粗提物对小菜蛾有较高的拒食活性，对褐飞虱长翅型雌雄成虫有较好的触杀活性；其果实的甲醇粗提物对褐飞虱和白背飞虱具有杀虫活性；其叶的乙酸乙酯萃取物对粉纹夜蛾卵细胞系（Hi-5 细胞系）具有显著的细胞毒活性。另外，牛耳枫叶甲醇粗提物的乙酸乙酯萃取物对水稻纹枯病菌、番茄白绢病菌、香蕉枯萎病菌均有抑菌活性。

## 五十、蔷薇科

### 88. 龙芽草（图 88）

**学名**：龙芽草（*Agrimonia pilosa* Ldb.），别名瓜香草、老鹤嘴、毛脚茵、施州龙芽草、石打穿、金顶龙芽、仙鹤草、路边黄、地仙草。

**分类地位**：蔷薇科（Rosaceae），龙芽草属（*Agrimonia*）。

**形态特征与生物学特性**：多年生草本。根多呈块茎状，周围长出若干侧根，根茎短，基部常有 1 个至数个地下芽。叶为间断奇数羽状复叶，通常有小叶 3~4 对，稀 2对，向上减少至 3 小叶；托叶草质，绿色，镰形，稀卵形。花序穗状总状顶生，分枝或不分枝，花序轴被柔毛，柱头头状。果实倒卵圆锥形，外面有 10 条肋，被疏柔毛，顶端有数层钩刺，幼时直立，成熟时靠合。花果期5—12月。我国南北各省区均产。常生于海拔100~3800米的溪边、路旁、草地、灌丛、林缘及疏林下。

**主要化学成分及衍生物：**龙芽草的主要成分有仙鹤草素、仙鹤草内酯、鞣质、甾醇、有机酸、酚性成分、皂苷、仙鹤草酚（A－E）等；还可从中分离得到豆甾－5－烯－3β，7β－二醇、豆甾－5－烯－3β，7α－二醇、豆甾－3β，6α－二醇和β－谷甾醇。

**农药活性：**龙芽草乙醇提取物对黄瓜枯萎病菌和柑橘炭疽病菌的孢子具有抑制作用。

### 89. 蛇莓（图89）

**学名：**蛇莓（*Duchesnea indica*（Andr.）Focke），别名蛇泡草、龙吐珠、三爪风。

**分类地位：**蔷薇科（Rosaceae），蛇莓属（*Duchesnea*）。

**形态特征与生物学特性：**多年生草本。根茎短，粗壮；匍匐茎多数，长30~100厘米，有柔毛。小叶片倒卵形至菱状长圆形；托叶窄卵形至宽披针形。花单生于叶腋；花瓣倒卵形，黄色；花托在果期膨大，海绵质，鲜红色，有光泽，外面有长柔毛。瘦果卵形，光滑或具不明显凸起，鲜时有光泽。花期6—8月，果期8—10月。产于辽宁以南各省区。生于海拔1800米以下的山坡、河岸、草地、潮湿地区。

**主要化学成分及衍生物：**蛇莓中的化合物类型主要包括甾醇类、萜类、酚酸类、黄酮类以及有机酸类等。从其甲醇提取物中可分离得到松脂素、蔷薇酸、委陵菜酸、（Z）－委陵菜酸－3－O－对香豆素酸酯、（E）－委陵菜酸－3－O－对香豆素酸酯、3，4－二羟基肉桂酸、肉桂酸等化合物。

**农药活性：**蛇莓的氯仿粗提物对朱砂叶螨成螨具有一定的触杀活性。蛇莓对淡色库蚊幼虫和白纹伊蚊3龄幼虫具有较好的杀蚊活性。蛇莓提取物对梨褐斑病菌具有一定的抑制作用；对桃蚜具有一定的毒杀活性。

### 90. 粗叶悬钩子（图90）

**学名：**粗叶悬钩子（*Rubus alceaefolius* Poir.）

**分类地位：**蔷薇科（Rosaceae），悬钩子属（*Rubus*）。

**形态特征与生物学特性：**攀缘灌木，高达5米。叶柄被黄灰色至锈色茸毛状长柔毛，有稀疏皮刺。单叶，近圆形或宽卵形。花成顶生狭圆锥花序或近总状，也成腋生头状花束，稀为单生；花瓣宽倒卵形或近圆形，白色。果实近球形，肉质，红色；核有皱纹。花期7—9月，果期10—11月。产于江西、湖南、江苏、福建、台湾、广东、广西、贵州、云南。生于海拔500~2000米的向阳山坡、山谷杂木林内或沼泽灌丛中以及路旁岩石间。

**主要化学成分及衍生物：**粗叶悬钩子主要成分有黄酮、萜类、酚酸、甾体、维生素、挥发油以及少量的醌类和生物碱。三萜类化合物有3－氧代甘遂－7，24－二烯－

21 – 酸、2α，3α – 二羟基 – 齐墩果 – 13（18） – 烯 – 28 – 酸、杨梅二醇、19 – α – 羟基 – 3 – 乙酰乌索酸、蔷薇酸等；醌类化合物有大黄酚、大黄素甲醚、大黄素、芦荟大黄素、2，6 – 二甲氧基苯醌；苯丙氨类生物碱有 N – benzoylphenylalaninyl – N – benzoyl-phenylalaninate、橙酰胺乙酸酯；甾体类化合物有 β – 谷甾醇；酚酸类化合物有 3，3′，4′ – 三甲氧基鞣花酸等。

**农药活性**：粗叶悬钩子化合物中大黄素、大黄酚在 1% 和 0.05% 浓度下对细链格孢菌、盘多毛孢菌、栗盘色多格孢菌和香石竹单胞锈菌 4 种常见植物病原菌具有抑制作用。粗叶悬钩子甲醇提取物对水稻纹枯病菌具有抑制作用。

## 五十一、豆科

### 91. 猴耳环（图91）

**学名**：猴耳环（*Archidendron clypearia*（Jack）I. C. Nielsen），别名围涎树、鸡心树。

**分类地位**：豆科（Leguminosae），猴耳环属（*Pithecellobium*）。

**形态特征与生物学特性**：乔木，高可达 10 米。小枝无刺，有明显的棱角，密被黄褐色茸毛。托叶早落；二回羽状复叶；羽片 3 ~ 8 对，通常 4 ~ 5 对；小叶革质，斜菱形。花具短梗，数朵聚成小头状花序，再排成顶生和腋生的圆锥花序；花萼钟状，与花冠同密被褐色柔毛；花冠白色或淡黄色。荚果旋卷，边缘在种子间缢缩。种子 4 ~ 10 粒，椭圆形或阔椭圆形，黑色；种皮皱缩。花期 2—6 月，果期 4—8 月。产于浙江、福建、台湾、广东、广西、云南。生于林中。

**主要化学成分及衍生物**：猴耳环中主要含黄酮类、黄烷类、儿茶酚类和鞣质等化合物。可从中分离得到 40 多种化合物，如没食子酸、连苯三酚、槲皮苷、特利色黄烷、杨梅苷、槲皮素、没食子酸甲酯、7 – O – 没食子酰基特利色黄烷、7，4′ – 二 – O – 没食子酰基特利色黄烷、（ – ） – 表没食子儿茶素异槲皮苷、芦丁、黄烷异构体 7，3′ – 二 – O – 没食子酰基特利色黄烷、7 – O – 没食子酰基表没食子儿茶素、β – 谷甾醇等。

**农药活性**：猴耳环甲醇提取物和乙醇乙酯提取物对柑橘溃疡病菌具有较高的抑制活性；其甲醇提取物对小菜蛾 3 龄幼虫的综合毒杀活性大于 50%，对柑橘红蜘蛛具有触杀活性。

### 92. 龙须藤（图92）

**学名**：龙须藤（*Bauhinia championii*（Benth.）Benth.），别名菊花木、五花血藤、圆龙、蛤叶、乌郎藤、罗亚多藤、百代藤、乌皮藤、搭袋藤、钩藤、田螺虎树。

**分类地位**：豆科（Leguminosae），羊蹄甲属（*Bauhinia*）。

**形态特征与生物学特性**：藤本，有卷须；嫩枝和花序薄被紧贴的小柔毛。叶纸质，卵形或心形。总状花序狭长，腋生，有时与叶对生或数个聚生于枝顶而成复总状花序；花瓣白色，具瓣柄，瓣片匙形。荚果倒卵状长圆形或带状，扁平，无毛，果瓣革质。种子 2～5 粒，圆形，扁平。花期 6—10 月，果期 7—12 月。产于浙江、台湾、福建、广东、广西、江西、湖南、湖北和贵州。生于低海拔至中海拔的丘陵灌丛、山地疏林和密林中。

**主要化学成分及衍生物**：龙须藤主要含有黄酮类、多糖、挥发油、萜类、芳香酸类以及甾醇类化合物。从龙须藤中可分离得到豆甾醇 - 4 - 烯 - 3 - 酮、β - 谷甾醇棕榈酸酯、1 -（2，4 - 二羟基苯基）- 3 -（3，4 - 二羟基苯基）- 3 - 羟丙基 - 1 - 酮、7 - 羟基香豆素、没食子酸、松柏醛、1 -（3，4 - 二甲氧基苯基）- 1 - 丙醇、丁香酸、没食子酸乙酯等化合物。

**农药活性**：龙须藤甲醇浸提物对稻瘟病病原菌、西瓜枯萎病菌和番茄早疫病菌表现出一定的抑制效果，对西瓜枯萎病菌和番茄早疫病菌的抑制效果最好。

## 93. 粉叶羊蹄甲 （图 93）

**学名**：粉叶羊蹄甲 （*Bauhinia glauca*（Wall. ex Benth.）Benth.），别名湖北羊蹄甲、粉背羊蹄甲。

**分类地位**：豆科 （Leguminosae），羊蹄甲属 （*Bauhinia*）。

**形态特征与生物学特性**：木质藤本，除花序稍被锈色短柔毛外其余无毛；卷须略扁，旋卷。叶纸质，近圆形。伞房花序式的总状花序顶生或与叶对生，具密集的花；花瓣白色，倒卵形，各瓣近相等，具长柄，边缘皱波状。荚果带状，薄，无毛，不开裂，荚缝稍厚。种子 10～20 粒，在荚果中央排成一纵列，卵形，极扁平。花期 4—6 月，果期 7—9 月。产于广东、广西、江西、湖南、贵州、云南。生于山坡阳处疏林中或山谷荫蔽的密林和灌丛中。

**主要化学成分及衍生物**：粉叶羊蹄甲的主要化学成分包括黄酮类、色原酮类、香豆素类、酚酸类、生物碱类、木脂素类、儿茶素类、甾体类等类型的化合物，如 β - 谷固醇、5，7 - 二基色原酮、杜鹃素、4′ - 羟基 - 7 - 甲氧基二氢黄酮、没食子酸、木犀草素、槲皮素等。

**农药活性**：粉叶羊蹄甲化学成分中的杜鹃素对菜青虫、蚜虫、小菜蛾、黏虫、螟虫以及卫生害虫具有触杀、胃毒或拒食作用。

## 94. 猪屎豆 （图 94）

**学名**：猪屎豆 （*Crotalaria pallida* Ait.），别名黄野百合。

**分类地位**：豆科 （Leguminosae），猪屎豆属 （*Crotalaria*）。

**形态特征与生物学特性**：多年生草本，或呈灌木状。茎枝圆柱形，具小沟纹，密被紧贴的短柔毛。托叶极细小，刚毛状，通常早落；叶三出；小叶长圆形或椭圆形。

总状花序顶生；花冠黄色，伸出萼外，旗瓣圆形或椭圆形。荚果长圆形，幼时被毛，成熟后脱落，果瓣开裂后扭转。种子 20 ~ 30 粒。花果期 9—12 月。产于福建、台湾、广东、广西、四川、云南、山东、浙江，湖南亦有栽培。生于海拔 100 ~ 1000 米的荒山草地及沙质土壤中。

**主要化学成分及衍生物**：猪屎豆全草中含有醛类、酯类、生物碱类、苷类、甾体类等化合物。从猪屎豆全草中可分离得到染料木素、1 - （3 - hydroxyfuro ［2′，3′，9，10］ pterocarpan - 5′ - yl）ethanone、尿嘧啶苷、豆甾 - 4 - 烯 - 3 - 酮、12 - oleanene - 3β，22β，24 - triol、正三十三烷醇、香草醛、4 - 羟基 - 3，5 - 二甲氧基苯甲醛、邻苯二甲酸二丁酯等。从干燥的猪屎豆种子中可分离得到 10 余种化合物，如农吉利甲素、倒千里光裂碱、全缘千里光碱等。

**农药活性**：猪屎豆对可可葡萄座腔菌、尖孢镰刀菌、腐皮镰刀菌、多主棒孢霉和尖孢炭疽菌均有一定的抑制作用。猪屎豆根系分泌的生物碱 1，2 - dehydropyrrolizidine 可用来防治烟草根结线虫病和柑橘根线虫。此外，其对刺线虫、环线虫、花生根结线虫、北方根癌线虫、甘薯根结线虫、爪哇根结线虫、黄麻根结线虫、针线虫、矮化线虫等均有一定的防治效果。

## 95. 三点金（图 95）

**学名**：三点金（*Desmodium triflorum*（L.）DC.），别名三点金草、蝇翅草。

**分类地位**：豆科（Leguminosae），山蚂蝗属（*Desmodium*）。

**形态特征与生物学特性**：多年生草本，平卧，高 10 ~ 50 厘米。茎纤细，多分枝，被开展柔毛；根茎木质。叶为羽状三出复叶，小叶 3；托叶披针形，膜质；小叶纸质，顶生小叶倒心形、倒三角形或倒卵形。花单生或 2 ~ 3 朵簇生于叶腋；花冠紫红色。荚果扁平，狭长圆形，略呈镰刀状；腹缝线直，背缝线波状，有荚节 3 ~ 5，荚节近方形，被钩状短毛，具网脉。花果期 6—10 月。产于浙江、福建、江西、广东、海南、广西、云南、台湾等省区。生于海拔 180 ~ 570 米的旷野草地、路旁或河边沙土上。

**主要化学成分及衍生物**：三点金地上部分含有牡荆素、荭草苷、异牡荆素、异荭草苷、山奈酚 - 3 - O - α - L - 鼠李糖苷、山奈酚、槲皮素、刺芒柄花素、毛蕊异黄酮、β - 谷甾醇、β - 胡萝卜苷、豆甾醇等化合物。

**农药活性**：三点金对红花酢浆草、叶下珠、虾钳菜、蛇莓、粗叶耳草、黄鹌菜等阔叶杂草的生长具有抑制作用。

## 96. 厚果崖豆藤（图 96）

**学名**：厚果崖豆藤（*Millettia pachycarpa* Benth.），别名毛蕊崖豆藤、冲天子、苦檀子、罗藤、厚果鸡血藤。

**分类地位**：豆科（Leguminosae），崖豆藤属（*Millettia*）。

**形态特征与生物学特性**：巨大藤本。幼年时直立如小乔木状。嫩枝褐色，密被黄色茸毛，后渐秃净；老枝黑色，光滑，散布褐色皮孔，茎中空。羽状复叶；托叶阔卵形，黑褐色，贴生鳞芽两侧；小叶草质，长圆状椭圆形至长圆状披针形。总状圆锥花序；花冠淡紫。荚果深褐黄色，肿胀，长圆形；单粒种子时卵形，秃净，密布浅黄色疣状斑点。果瓣木质，甚厚，迟裂，有种子1~5粒。种子黑褐色，肾形，或挤压呈棋子形。花期4—6月，果期6—11月。产于浙江、江西、福建、台湾、湖南、广东、广西、四川、贵州、云南、西藏。生于海拔2000米以下的山坡常绿阔叶林内。

**主要化学成分及衍生物**：从厚果崖豆藤根部可分离得到5种异黄酮类化合物，有氢鱼藤素、鱼藤素、灰叶素、降香素和毛蕊异黄酮。

**农药活性**：厚果崖豆藤果实提取液对小菜蛾具有一定的触杀效果；其甲醇、无水乙醇和丙酮粗提液对菜青虫具有较强的触杀作用，其中无水乙醇粗提液对菜青虫的触杀作用最强；其甲醇提取物对蚜虫也具有一定的灭杀活性。

### 97. 葛（图97）

**学名**：葛（*Pueraria montana*（Loureiro）Merrill），别名野葛、葛藤。

**分类地位**：豆科（Leguminosae），葛属（*Pueraria*）。

**形态特征与生物学特性**：粗壮藤本，长可达8米，全株被黄色长硬毛。茎基部木质，有粗厚的块状根。羽状复叶具3小叶；托叶背着，卵状长圆形，具线条；小托叶线状披针形，与小叶柄等长或较长；小叶3裂，偶尔全缘，顶生小叶宽卵形或斜卵形。总状花序；花冠紫色。荚果长椭圆形，扁平，被褐色长硬毛。花期9—10月，果期11—12月。除新疆、青海及西藏外，分布几遍全国。生于山地疏林或密林中。

**主要化学成分及衍生物**：葛根含有黄酮类、葛根苷类、香豆素类、三萜类、三萜皂苷类、生物碱类、酚酸类、甾醇类及其他化学成分。葛根中的主要黄酮和异黄酮类成分有葛根素、大豆苷、芒柄花苷、大豆苷元、葛根素芹菜糖苷、染料木苷、鸢尾黄素、刺槐素、6′-O-木糖等。葛花中含有多种三萜皂苷类物质，如大豆皂苷Ⅰ、大豆皂苷Ab、大豆皂苷βg、胡萝卜苷、尿囊素、豆甾醇苷、β-谷甾醇等。

**农药活性**：葛的根和叶对稻螟和蚜虫具有灭杀作用；葛对加拿大一枝黄花具有显著遏制作用。

### 98. 葫芦茶（图98）

**学名**：葫芦茶（*Tadehagi triquetrum*（L.）Ohashi），别名百劳舌、牛虫草、懒狗舌。

**分类地位**：豆科（Leguminosae），葫芦茶属（*Tadehagi*）。

**形态特征与生物学特性**：灌木或亚灌木，茎直立，高1~2米。幼枝三棱形，棱上被疏短硬毛，老时渐变无。叶仅具单小叶；托叶披针形；小叶纸质，狭披针形至卵状披针形。总状花序顶生和腋生；花2~3朵簇生于每节上；花冠淡紫色或蓝紫色。荚果密被黄色或白色糙伏毛，无网脉；腹缝线直，背缝线稍缢缩。有荚节5~8，荚节近方形。种子宽椭圆形或椭圆形。花期6—10月，果期10—12月。产于福建、江西、广东、海南、广西、贵州及云南。生于海拔1400米以下的荒地或山地林缘、路旁。

**主要化学成分及衍生物**：葫芦茶中化学成分主要为黄酮、酚类、皂苷、苯丙素类、三萜化合物等。黄酮类成分有4′，7′–二羟基异黄酮、4′，5，7–三羟基黄酮、山奈素–3–O–β–D–葡萄吡喃糖（6→1）–α–L–鼠李吡喃糖苷、槲皮素–3–O–β–D–葡萄吡喃糖苷、槲皮素–3–O–β–D–半乳吡喃糖（6→1）–α–L–鼠李吡喃糖苷等。从葫芦茶乙醇提取物中可分离得到10种化合物，如山奈酚、槲皮素、香草酸、葫芦茶苷、顺式葫芦茶苷、槲皮素–3–O–β–D–吡喃葡萄糖苷、山奈酚–3–O–β–D–吡喃半乳糖苷、原儿茶酸等。

**农药活性**：葫芦茶提取物具有驱蚊和杀蚊的效果。葫芦茶的水提液能抑制香石竹瓶插期间的微生物生长，使香石竹达到一定的保鲜效果。

### 99. 白车轴草（图99）
**学名**：白车轴草（*Trifolium repens* L.），别名百劳舌、牛虫草、懒狗舌。
**分类地位**：豆科（Leguminosae），车轴草属（*Trifolium*）。
**形态特征与生物学特性**：短期多年生草本，茎匍匐蔓生，高10～30厘米。节上生根，全株无毛。掌状三出复叶；托叶卵状披针形，膜质，基部抱茎成鞘状，离生部分锐尖。花序球形，顶生，具花20～80朵，密集；花冠白色、乳黄色或淡红色，具香气。荚果长圆形。种子通常3粒，阔卵形。花果期5—10月。原产自欧洲和北非，现世界各地均有栽培。生于湿润草地、河岸、路边。

**主要化学成分及衍生物**：白车轴草中含有黄酮类、香豆素类、苷类、芳香油类及其他化学成分，如伞形花内酯、芒柄花素、水杨酸、双白瑞香素、4′–甲氧基香豆雌酚、三叶草醇、美迪紫檀素、环阿尔廷–25–烯–3β，24ξ–二醇等。

**农药活性**：白车轴草甲醇提取物对烟蚜有较强的杀虫活性。

## 五十二、金缕梅科

### 100. 蕈树（图100）
**学名**：蕈树（*Altingia chinensis*（Champ.）Oliver ex Hance），别名山锂枝、阿丁枫。
**分类地位**：金缕梅科（Hamamelidaceae），蕈树属（*Altingia*）。
**形态特征与生物学特性**：常绿乔木，高20米，胸径达60厘米。树皮灰色，稍粗糙；当年枝无毛，干后暗褐色；芽体卵形，有短柔毛，有多数鳞状苞片。叶倒卵状长圆形。雄花短穗状花序，长约1厘米，常多个排成圆锥花序，花序柄有短柔毛；雌花头状花序单生或数个排成圆锥花序，有花15～26朵。头状果序近于球形，不具宿存花柱。种子多数，褐色有光泽。产于广东、广西、贵州、云南、湖南、福建、江西、浙江。

**主要化学成分及衍生物：** 蕈树叶中含有大量挥发油，其主要成分为倍半萜烯，其中以双环大牻牛儿烯、（E）－石竹烯和α－依兰油烯、异石竹烯、α－依兰油烯、愈创烷－1，11－二烯及双环大根香叶烯为主，还有β－蒎烯、罗勒烯、δ－榄香烯、桉叶油－4，7－二烯和1－橙花叔醇等。从蕈树茎中可分离得到多种化合物，有铁仔属烯、石竹醛、3β，23，28－三羟基齐墩果烯、乌苏酸－3β－棕榈酸酯、胡萝卜苷、鞣花酸－3，3′－二甲醚等。

**农药活性：** 在思茅松针叶上喷施蕈树叶提取物，可大大减少松实小卷蛾、微红梢斑螟、思茅松毛虫在针叶上的产卵量。

### 101．枫香树（图101）

**学名：** 枫香树（*Liquidambar formosana* Hance），别名路路通、山枫香树。

**分类地位：** 金缕梅科（Hamamelidaceae），枫香树属（*Liquidambar*）。

**形态特征与生物学特性：** 落叶乔木，高达30米，胸径最大可达1米。树皮灰褐色，方块状剥落；小枝干后灰色，被柔毛，略有皮孔；芽体卵形，略被微毛，鳞状苞片敷有树脂，干后棕黑色，有光泽。叶宽卵形，掌状3裂，基部心形具锯齿。短穗状雄花序多个组成总状；头状雌花序具花24～43。头状果序球形，木质，蒴果下部藏于果序轴内。种子多数，褐色，多角形或具窄翅。花期3—4月，果期10月。产于四川、湖北、贵州、广西及广东等省区的山地。生于海拔500米以上的森林中。

**主要化学成分及衍生物：** 枫香树的化学成分主要包括黄酮及其衍生物、萜类、酚酸、鞣质、挥发油等。从枫香树叶中可分离得到多种化合物，如（+）－南烛木树脂酚－3α－O－β－D－葡萄糖、（+）－5′methoxyisolariciresinol 3－α－O－β－D－glucopyranoside、（－）－isolariciresinol 3－α－O－β－D－glucopyranoside、（3S，5R，6R，7E，9S）－megastigman－7－ene－3，5，6，9－tetrol、山奈酚－4′－O－β－D－葡萄糖苷、山奈酚－3－O－（6″－没食子酰基）－β－D－半乳糖苷、槲皮素－3－O－（6－没食子酰基）－β－D－半乳糖苷、逆没食子酸、芦丁、驱蛔脑、异槲皮苷、黄芪苷、金丝桃苷等。

**农药活性：** 枫香叶挥发油有明显的抑菌作用，在枇杷、砂糖橘、圣女果的防腐保鲜上有较好的效果。枫香脂精油对黑曲霉菌、黄曲霉菌有较强的抑制作用，其叶提取物对辣椒黑斑病病原菌有明显的抑制作用。

### 102．檵木（图102）

**学名：** 檵木（*Loropetalum chinense* （R. Br.）Oliver），别名白花檵木、白彩木、继木、大叶檵木。

**分类地位：** 金缕梅科（Hamamelidaceae），檵木属（*Loropetalum*）。

**形态特征与生物学特性：** 灌木，有时为小乔木，多分枝，小枝有星毛。叶革质，卵形，先端尖锐，基部钝，歪斜。花3~8朵簇生，有短花梗，白色，比新叶先开放，或与嫩叶同时开放，花序柄被毛，萼筒杯状，花瓣4片，带状。蒴果卵圆形，先端圆。种子圆卵形，黑色，发亮。花期3—4月。产于我国中部、南部及西南各地。

**主要化学成分及衍生物**：檵木的茎叶中含有檵树苷、木脂素类、黄酮类化合物，主要有杨梅素－3－O－β－D－半乳糖苷、槲皮素－3－O－β－D－半乳糖苷、芳基四氢萘类木脂素、双四氢呋喃类木脂素、3－O－ρ－香豆酰奎尼酸、没食子酸甲酯、对羟基苯甲酸、槲皮素－3－O－α－L－鼠李糖苷、山奈酚－3－O－β－D－葡萄糖苷、杨梅素－3－O－α－L－鼠李糖苷、槲皮素、杨梅素、3－O－香豆酰、奎宁酸、3，4－二咖啡酰奎宁酸等。

**农药活性**：檵木乙酸乙酯萃取组分对水稻纹枯病菌有较强的抑制作用。


## 五十三、桑科

### 103. 构树（图103）

**学名**：构树（*Broussonetia papyrifera*（L.）L'Heritier ex Ventenat），别名楮桃、楮、谷桑、谷树。

**分类地位**：桑科（Moraceae），构属（*Broussonetia*）。

**形态特征与生物学特性**：乔木，高10~20米。树皮暗灰色；小枝密生柔毛。叶宽卵形或长椭圆状卵形。花雌雄异株，雄花序粗，雌花序头状。聚花果球形，熟时橙红色，肉质；瘦果具小瘤。花期4—5月，果期6—7月。产于我国南北各地。

**主要化学成分及衍生物**：构树叶化学成分主要是黄酮类化合物、辅酶Q10、生物碱、脂肪酸、三萜类等化合物。黄酮类化合物包括槲皮素、异甘草素、胡萝卜苷等；生物碱主要有两面针碱、氧筋木党花板碱、鹅掌揪宁；Shibano等先后从构树当中分离提取出构树宁碱A和B及吡咯烷类生物碱构树碱A－Q；脂肪酸成分主要有亚油酸、硬脂酸、棕榈酸等；三萜类化合物主要是3β－乙酰氧基－甘遂－7－烯－24s，25二醇。

**农药活性**：构树的乙醇提取物对小菜蛾幼虫有较好的拒食作用。

### 104. 榕树（图104）

**学名**：榕树（*Ficus microcarpa* L. f.），别名赤榕、红榕、万年青、细叶榕。

**分类地位**：桑科（Moraceae），榕属（*Ficus*）。

**形态特征与生物学特性**：大乔木，冠幅广展；老树常有锈褐色气根。树皮深灰色。叶薄革质，狭椭圆形。榕果成对腋生或生于已落叶枝叶腋，成熟时黄色或微红色，扁球形。雄花、雌花、瘿花同生于一榕果内，花间有少许短刚毛；雄花无柄或具柄，散生内壁，花丝与花药等长；雌花与瘿花相似，花被片3，广卵形，花柱近侧生，柱头短，棒形。瘦果卵圆形。花期5—6月。产于台湾、浙江、福建、广东、广西、湖北、贵州、云南。

**主要化学成分及衍生物：**榕树包含萜类、黄酮类、挥发油等多种化学成分。单萜类有 bridelionoside B、Ficumegasoside、榕树葡萄糖苷、无花果酸等；三萜及三萜皂苷类主要包括蒲公英赛烷、乌苏烷型、齐墩果烷型、羽扇豆烷型、木栓烷型五类；黄酮类有（+）（2R，3S）阿夫儿茶素和（-）（2R，3R）表阿夫儿茶素、儿茶素和表儿茶素、（7S，8R）- Syringoylglycerol - 7 - O - β - D - glucopyranosid 等。

**农药活性：**榕树叶片提取物对烟草花叶病毒具有显著的抑制作用。

### 105. 柘（图105）

**学名：**柘（*Maclura tricuspidata* Carriere），别名柘树、棉柘、黄桑、灰桑。

**分类地位：**桑科（Moraceae），柘属（*Cudrania*）。

**形态特征与生物学特性：**落叶灌木或小乔木，高 1 ~ 7 米。树皮灰褐色，小枝无毛，略具棱，有棘刺；冬芽赤褐色。叶卵形或菱状卵形，偶为三裂。雌雄异株，雌雄花序均为球形头状花序，单生或成对腋生，具短总花梗。聚花果近球形，肉质，成熟时橘红色。花期5—6月，果期6—7月。产于华北、华东、中南、西南各省区。生于海拔 500 ~ 2200 米阳光充足的山地或林缘。

**主要化学成分及衍生物：**柘树中含有大量异戊烯基氧杂蒽酮类、黄酮类、异黄酮类、挥发油及生物碱等化合物。黄酮类成分有柘树黄酮 A - D、槲皮黄苷、染料木素、山奈酚、二氢山奈酚、香豌豆酚和槲皮素。柘树释放的挥发物中以酯类和烯类为主，酯类包括乙酸叶醇酯、反 - 3 - 己烯基丁酯、苯甲酸叶醇酯等；烯类包括罗勒烯、α - 葎草烯、α - 法呢烯等；还含有其特有的化合物，如间戊二烯、顺 - 2 - 甲基 - 7 - 十八烯、4 - 甲基 - 1，5 - 庚二烯、甘菊蓝、反 - 3 - 己烯醇乙酸酯、正戊烷、癸烷、癸醛、壬醛和乙酸等。

**农药活性：**利用柘树诱引是捕杀天牛较好的方法。柘树各挥发物都对桑天牛成虫具有一定的引诱作用，其中以癸醛和壬醛最为突出。

## 五十四、荨麻科

### 106. 苎麻（图106）

**学名：**苎麻（*Boehmeria nivea*（L.）Gaudich.），别名野麻、野苎麻、家麻、苎仔、青麻、白麻。

**分类地位：**荨麻科（Urticaceae），苎麻属（*Boehmeria*）。

**形态特征与生物学特性：**亚灌木或灌木，高 0.5 ~ 1.5 米；茎上部与叶柄均密被开展的长硬毛及近开展和贴伏的短糙毛。叶互生；叶片草质，通常圆卵形或宽卵形，少数卵形，下面密被雪白色毡毛。圆锥花序腋生，或植株上部的为雌性，其下的为雄性，或同一植株的全为雌性。果期菱状倒披针形。瘦果近球形，光滑，基部突缩成细柄。花期8—10月。产于我国西南、华南部各省区。生于海拔200~1700米的山谷林边或草坡。

**主要化学成分及衍生物：** 苎麻叶含有绿原酸、原儿茶酸、漆叶苷等化合物；苎麻根含有黄酮类、生物碱、有机酸、香豆素等化合物，如β-谷甾醇、胡萝卜苷、19α-羟基乌索酸、对羟基苯甲酸、阿魏酸、焦性没食子酸等；此外还含有纤维素、脂蜡质、水溶物、果胶、木质素和半纤维素等成分。

**农药活性：** 从健康的苎麻叶组织中可分离得到1株内生细菌（蜡样芽孢杆菌），其对苎麻白纹羽病菌、油茶炭疽病菌、黄瓜枯萎病菌有较强的拮抗作用。从苎麻根中也可分离获得1株内生细菌（短小芽孢杆菌），其对油菜菌核病菌——核盘菌具有较强的抑菌作用。

### 107. 楼梯草（图107）

**学名：** 楼梯草（*Elatostema involucratum* Franch. et Sav.），别名碧江楼梯草。

**分类地位：** 荨麻科（Urticaceae），楼梯草属（*Elatostema*）。

**形态特征与生物学特性：** 多年生草本。茎肉质，高25~60厘米，不分枝或有1分枝，无毛，稀上部有疏柔毛。叶无柄或近无柄；叶片草质，斜倒披针状长圆形或斜长圆形，有时稍镰状弯曲。花序雌雄同株或异株。瘦果卵球形，有少数不明显纵肋。花期5—10月。产于云南东北部、贵州、四川、湖南、广西西部等多省区。生于海拔200~2000米的山谷沟边石上、林中或灌丛中。

**主要化学成分及衍生物：** 从楼梯草正丁醇部位可分离鉴定出槲皮素、槲皮素-3-O-β-D-半乳糖苷、槲皮素-3-O-β-D-葡萄糖苷、山奈酚和山奈酚-3-O-β-D-葡萄糖苷；从石油醚部位可分离得到齐墩果酸、β-谷甾醇、熊果酸、豆甾醇和正二十五烷；从醋酸乙酯部位可分离鉴定出山奈酚-4′,7-二甲基-3-O-葡萄糖苷、槲皮素-7-O-β-D-葡萄糖苷、山奈酚-3-O-β-D-半乳糖苷、洋芹素-7-O-β-D-葡萄糖苷、胡萝卜苷和棕榈酸。

**农药活性：** 楼梯草乙醇提取液对蟋蟀、蚱蜢和黏虫均表现出较高的毒杀活性。

## 五十五、卫矛科

### 108. 雷公藤（图108）

**学名：** 雷公藤（*Tripterygium wilfordii* Hook. f.），别名紫金皮、东北雷公藤。

**分类地位：** 卫矛科（Celastraceae），雷公藤属（*Tripterygium*）。

**形态特征与生物学特性：** 藤本灌木，高1~3米。小枝棕红色，具4细棱，被密毛及细密皮孔。叶椭圆形、倒卵椭圆形、长方椭圆形或卵形。圆锥聚伞花序较窄小，通常有 3~5 分枝，花序、分枝及小花梗均被锈色毛。翅果长圆状；中央果体较大，约占全长 1/2~2/3；中央脉及两侧脉共 5 条，分隔较疏，占翅宽 2/3，小果梗细圆。种子细柱状。产于台湾、福建、江苏、浙江、安徽、湖北、湖南、广西。生长于山地林内阴湿处。

**主要化学成分及衍生物**：雷公藤中含糖类、生物碱类、二萜类、三萜类等化合物，其中主要毒性物质为二萜类，其次为生物碱类、倍半萜类。倍半萜类有效成分主要分为二氢沉香呋喃型倍半萜多醇酯和具有大环内酯结构的倍半萜生物碱。从雷公藤内生菌 F4-20 （Streptomyces blastomycetica strain NRRL B-5480）和 F4-3 （Pestalotiopsis malicola JF501649）中分离得到萜类化合物 Olivoretin A 和 C、杀鱼菌素 B、苯甲酸、桦木醇和大环内酯类化合物 Brefeldin A。

**农药活性**：雷公藤对鳞翅目、双翅目、鞘翅目、蜚蠊目等多种昆虫不仅表现出较强的毒杀作用，而且还有较强的拒食、麻醉、生长发育抑制和种群抑制等多种特异性作用。从雷公藤植株中可分离得到一株对黄瓜立枯病菌、水稻纹枯病菌、葡萄炭疽病菌、黄瓜枯萎病菌等均具有较好抑制效果的内生真菌。雷公藤内生菌株 F4-20 和 F4-3 发酵液及其菌丝体粗提物和 6 种已鉴定化合物具有杀虫杀螨活性。

## 五十六、檀香科

### 109. 檀香 （图 109）

**学名**：檀香（*Santalum album* L.），别名白檀、白檀木、旃檀、浴香。

**分类地位**：檀香科（Santalaceae），檀香属（*Santalum*）。

**形态特征与生物学特性**：常绿小乔木，高约 10 米。枝圆柱状，带灰褐色，具条纹，有多数皮孔和半圆形的叶痕；小枝细长，淡绿色，节间稍肿大。叶椭圆状卵形，膜质。三歧聚伞式圆锥花序腋生或顶生，苞片 2 枚，微小，位于花序的基部，钻状披针形。核果，外果皮肉质多汁，成熟时深紫红色至紫黑色，内果皮具纵棱 3~4 条。花期 5—6 月，果期 7—9 月。广东、台湾有栽培。

**主要化学成分及衍生物**：檀香中主要包含黄酮类及其衍生物、苯丙素类、芪类、醌类、有机酸类等化合物。还可从乙醇中分离得到芹菜素-6,8-二-C-β-D-葡萄糖苷、牡荆苷、异牡荆苷、荭草苷、异荭草苷、白杨素-8-C-葡萄糖苷等多种化合物。其精油主要成分为 α-檀香醇和 β-檀香醇。

**农药活性**：檀香挥发油普遍对黑曲霉和烟曲霉有不同程度的抑制作用，对部分蛾类昆虫、尘螨等有一定的杀灭作用。

## 五十七、葡萄科

### 110. 广东蛇葡萄 (图110)

**学名**：广东蛇葡萄 (*Ampelopsis cantoniensis* (Hook. et Arn.) Planch.)，别名粤蛇葡萄、田浦茶、背带藤、过山龙、毛序蛇葡萄、牛果藤、山葡萄。

**分类地位**：葡萄科 (Vitaceae)，蛇葡萄属 (*Ampelopsis*)。

**形态特征与生物学特性**：木质藤本。小枝圆柱形，有纵棱纹，嫩枝或多或少被短柔毛。叶为二回羽状复叶或小枝上部着生有一回羽状复叶，二回羽状复叶者基部一对小叶常为3小叶，通常卵形、卵椭圆形或长椭圆形。花序为伞房状多歧聚伞花序，顶生或与叶对生。果实近球形，有种子2~4粒。种子倒卵圆形，顶端圆形，基部喙尖锐；种脐在种子背面中部呈椭圆形，背部中棱脊突出，表面有肋纹凸起。花期4—7月，果期8—11月。产于安徽、浙江、福建、台湾、湖北、湖南、广东、广西、海南、贵州、云南、西藏。生于海拔100~850米的山谷林中或山坡灌丛。

**主要化学成分及衍生物**：广东蛇葡萄含黄酮类、低聚芪类、酚类、皂苷类、挥发油类等化合物。从其藤茎和根中可分离得到多种化合物，如白藜芦醇、5,7-二羟基香豆素、山奈酚、二氢木犀草素、槲皮素、二氢槲皮素、没食子酸、杨梅素、槲皮素-3-O-α-L-鼠李糖苷等。低聚芪类包括白藜芦醇及蛇葡萄素A-H的二聚或三聚的低聚芪类化合物。酚类包括没食子酸、倍酸甲酯等。鞣质包括儿茶鞣质、二聚没食子酸等。皂苷类包括龙涎香醇、豆甾醇等。挥发油类包括叶绿醇、雪松醇等。其他还有蒽醌类、萜类等。

**农药活性**：广东蛇葡萄甲醇提取物对柑橘溃疡病菌具有较好的抑菌活性。

### 111. 显齿蛇葡萄 (图111)

**学名**：显齿蛇葡萄 (*Ampelopsis grossedentata* (Hand. - Mazz.) W. T. Wang)，别名显茶、茅岩莓茶、甘露茶、神仙草、藤茶。

**分类地位**：葡萄科 (Vitaceae)，蛇葡萄属 (*Ampelopsis*)。

**形态特征与生物学特性**：木质藤本。小枝圆柱形，有显著纵棱纹，无毛。叶为一至二回羽状复叶，二回羽状复叶者基部一对为3小叶；小叶卵圆形、卵椭圆形或长椭圆形。花序为伞房状多歧聚伞花序，与叶对生。果近球形，有种子2~4粒。种子倒卵圆形，顶端圆形，基部有短喙；种脐在种子背面中部呈椭圆形，上部棱脊突出。花期5—8月，果期8—12月。产于江西、福建、湖北、湖南、广东、广西、贵州、云南。生于海拔200~1500米的沟谷林中或山坡灌丛。

**主要化学成分及衍生物**：显齿蛇葡萄主要化学成分为黄酮类物质，挥发性成分为烷烃类、醛类、有机酸、醇类及甾醇类等化合物。黄酮类有二氢杨梅素、杨梅素、杨梅树皮素、芹菜素、山奈酚、花旗松素、杨梅黄素、杨梅苷等。甾体类主要有豆甾醇、齐墩果酸、β-谷甾醇等。其香气成分主要有α-萜品醇、β-环柠檬醛、芳樟醇、壬酸、癸酸、橙花醇、香叶基丙酮、β-紫罗兰酮、2,4-二叔丁基苯酚、橙花叔醇、柏木脑等10余种化合物。

**农药活性**：显齿蛇葡萄茎叶的提取物对青霉、黑曲霉有一定的抑制作用。其乙醇超声提取物对5种茶树叶片病原菌——拟茎点霉属、茎点霉属、链格孢属、拟盘多毛孢属和刺盘孢属有抑制作用。

### 112. 三叶崖爬藤（图112）

**学名**：三叶崖爬藤（*Tetrastigma hemsleyanum* Diels et Gilg），别名三叶青。

**分类地位**：葡萄科（Vitaceae），崖爬藤属（*Tetrastigma*）。

**形态特征与生物学特性**：草质藤本。小枝纤细，有纵棱纹，无毛或被疏柔毛。叶为3小叶，小叶披针形、长椭圆披针形或卵披针形。花序腋生。果实近球形或倒卵球形，有种子1粒。种子倒卵椭圆形，顶端微凹，基部圆钝，表面光滑。花期4—6月，果期8—11月。产于江苏、浙江、江西、福建、台湾、广东、广西、湖北、湖南、四川、贵州、云南、西藏。生于海拔300~1300米的山坡灌丛、山谷、溪边林下岩石缝中。

**主要化学成分及衍生物**：三叶崖爬藤中含有黄酮类、三萜类、酚酸类、甾体类化合物等，尤其是块根中含量较多。黄酮类及其苷类化合物有香橙素、烟花苷、槲皮素苷、刺槐素和山奈酚-3-O-β-D-葡萄糖苷、大黄素、大黄素-8-氧-β-D-吡喃葡萄糖苷、芹菜素-6,8-二葡萄糖苷、芹菜素-8-α-L-吡喃鼠李糖（1-4）-α-L-吡喃阿拉伯糖苷等。酚酸类化合物有水杨酸、原儿茶酸、对羟基肉桂酸和对羟基苯甲酸等。三萜类化合物有蒲公英萜酮和蒲公英萜醇；甾体类化合物有β-谷甾醇、麦角甾醇、α-香树脂醇、9-羟基-10,12-十八碳二烯酸、（4R,5R）-4-羟基-5-异丙基-2-甲基环己-2-烯酮、（4S,5R）-4-羟基-5-异丙基-2-甲基环己-2-烯酮、（3R,4R,6S）-3,6-二羟基-1-薄荷烯、肉桂酸等。

**农药活性**：三叶崖爬藤各萃取物对总状毛霉、枯青霉、黄曲霉和黑曲霉等几种霉菌均有一定程度的抑制作用，其中作用最显著的是氯仿萃取物。其所含大黄素对细链格孢菌、盘多毛孢菌、栗盘色多格孢菌和香石竹单胞锈菌等病原菌具有抑制作用。

## 五十八、芸香科

### 113. 三桠苦（图113）

**学名**：三桠苦（*Melicope pteleifolia*（Champion ex Bentham）T. G. Hartley），别名鸡骨树、消黄散、三枝枪、三叉虎、三丫苦、郎晚（傣族语）。

**分类地位**：芸香科（Rutaceae），吴茱萸属（*Evodia*）。

**形态特征与生物学特性**：乔木。树皮灰白或灰绿色，光滑，纵向浅裂；嫩枝的节部常呈压扁状；小枝的髓部大，枝叶无毛。3小叶，偶有2小叶或单小叶同时存在，叶柄基部稍增粗，小叶长椭圆形，两端尖，有时倒卵状椭圆形，长6~20厘米，宽2~8厘米，全缘，油点多；小叶柄甚短。花序腋生，很少同时有顶生，长4~12厘米，花甚多；萼片及花瓣均4片；萼片细小，长约0.5毫米；花瓣淡黄色或白色，长1.5~2毫米，常有透明油点，干后油点变暗褐色至褐黑色；雄花的退化雌蕊细垫状凸起，密被白色短毛；雌花的不育雄蕊有花药而无花粉，花柱与子房等长或略短，柱头头状。分果瓣淡黄色或茶褐色，散生肉眼可见的透明油点，每分果瓣有1种子。种子长3~4毫米，厚2~3毫米，蓝黑色，有光泽。花期4—6月，果期7—10月。产于台湾、福建、江西、广东、海南、广西、贵州及云南南部。

**主要化学成分及衍生物**：三桠苦含有甾体类、蒽醌类、黄酮类、脂肪烃、生物碱类化合物，如豆甾-3，5-二烯-7酮、大黄素甲醚、谷甾醇、大黄素、三桠苦甲素、棕榈酸、伞形花内酯、异吴茱萸酮酚、异吴茱萸酮酚甲醚、3，5-二羟基-4-乙氧基-6-乙酰基-7-甲氧基-2，2-二甲基苯并二氢吡喃、2，4，6-三羟基苯乙酮-3，5-二-C-β-D-葡萄糖苷、2，4，6-三羟基苯乙酮-3，5-二-C-β（6′-O-Z-对香豆酰基）-D-葡萄糖苷、2，4，6-三羟基苯乙酮-3，5-二-C-β（6′-O-E-肉桂酰基）-D-葡萄糖苷等。

**农药活性**：三桠苦叶提取物对水稻纹枯病菌有较好的抑菌活性；其内生真菌菌株SCK-Y9胞外氯仿萃取物对香蕉炭疽病菌、芒果蒂腐病菌、椰子灰斑病菌、香蕉枯萎病菌、橡胶炭疽病菌和芒果炭疽病菌等具有不同程度的抑菌活性。三桠苦化合物中的大黄素在1%和0.05%浓度下对细链格孢菌、盘多毛孢菌、栗盘色多格孢菌和香石竹单胞锈菌4种常见植物病原菌具有抑制作用。

## 114．两面针（图114）

**学名**：两面针（*Zanthoxylum nitidum*（Roxb.）DC.），别名大叶猫爪簕、红倒钩簕、叶下穿针、入地金牛、麻药藤、入山虎、钉板刺。

**分类地位**：芸香科（Rutaceae），花椒属（*Zanthoxylum*）。

**形态特征与生物学特性**：幼龄植株为直立的灌木，成龄植株攀缘于它树上的木质藤本。叶有小叶3~11片；小叶对生，成长叶硬革质，阔卵形或近圆形，或狭长椭圆形。花为4基数；花瓣淡黄绿色，卵状椭圆形或长圆形。果皮红褐色，顶端有短芒尖。种子圆珠状，腹面稍平坦。花期3—5月，果期9—11月。产于台湾、福建、广东、海南、广西、贵州及云南。生于海拔800米以下的温热地方，山地、丘陵、平地的疏林、灌丛中，及荒山草坡的有刺灌丛中较常见。

**主要化学成分及衍生物**：两面针中含百余种化学成分，主要包括生物碱、香豆素、木脂素、萜烯、芳香酸类等成分。从其根水提物中可分离鉴定出香豆素、生物碱和黄酮，如白鲜碱、氧化两面针碱、东莨菪内酯、7-羟基香豆素、血根碱、白屈菜红碱等。从其果壳中可鉴定得到 20 多种生物碱类化合物，主要为异喹啉类生物碱：两面针碱、鹅掌楸碱、木兰箭毒碱；吡咯类生物碱：别隐品碱、氧化苦参碱、氧化槐果碱；喹啉类生物碱：木兰花碱、氯化两面针碱；有机胺类生物碱：γ-山椒素。从其甲醇提取物中可分离得到鹅掌楸碱、异阔果芸香碱、5，5′-二甲氧基落叶松脂醇等。

**农药活性**：两面针植物提取物对稻瘟病病原菌、小麦赤霉病菌、棉枯萎病菌、棉立枯病菌、苹果炭疽病菌、柑橘绿霉病菌、柑橘黑腐病菌、黑曲霉病菌有抑菌作用，对黄曲条跳甲有毒杀效果；其乙醇提取物对萝卜蚜有杀虫作用；其精油提取液对嗜卷书虱有一定的触杀作用。

## 五十九、楝科

### 115. 米仔兰（图 115）

**学名**：米仔兰（*Aglaia odorata* Lour.），别名米兰、碎米兰、兰花米、鱼子兰、树兰、暹罗花、山胡椒、小叶米仔兰。

**分类地位**：楝科（Meliaceae），米仔兰属（*Aglaia*）。

**形态特征与生物学特性**：灌木或小乔木。有小叶 3～5 片；小叶对生，厚纸质，顶端 1 片最大，下部的叶较顶端的为小，先端钝，基部楔形，两面均无毛；侧脉每边约 8 条，极纤细，和网脉均于两面微凸起。圆锥花序腋生，稍疏散无毛；花芳香，花瓣 5，黄色，长圆形或近圆形。果为浆果，卵形或近球形，初时被散生的星状鳞片，后脱落。种子有肉质假种皮。花期 5—12 月，果期 7 月至翌年 3 月。产于广东、广西。常生于低海拔山地的疏林或灌木林中。

**主要化学成分及衍生物**：米仔兰的化学成分包括木脂素类、二酰胺类、黄酮类以及四环三萜类等。从其甲醇提取物的醋酸乙酯组分和石油醚组分中可分离获得 5-羟基-4′，7-二甲氧基-双氢黄酮、2′-羟基-4，4′，6′-三甲氧基查耳酮、β-谷甾醇和 3-羟基胆甾-5-烯-24-酮。

**农药活性**：米仔兰具有抑菌、杀虫和除草活性。其干枝的甲醇提取液对多种害虫具有高效的杀虫活性，对甘蓝薄翅螟蛾和小菜蛾具有显著的杀虫活性；其叶和枝的水提物可抑制稗草和野生菜豆种子的萌发及幼苗的生长；其鲜叶和干叶水提物对牧地狼尾草和孟仁草 2 种杂草种子的萌发及幼苗的生长具有明显的抑制作用。将米仔兰提取物制成颗粒状，可有效抑制玉米杂草马唐种子的萌发而对玉米生长无不良影响；其乙醇提取物可抑制多花黑麦草根和茎的生长。此外，米仔兰乙醇提取物对烟草花叶病毒、香蕉炭疽病菌等有一定的抗病毒、抗菌活性。

### 116. 麻楝（图 116）

**学名**：麻楝（*Chukrasia tabularis* A. Juss.），别名白椿、毛麻楝。

分类地位：楝科（Meliaceae），麻楝属（*Chukrasia*）。

**形态特征与生物学特性**：乔木，可高达 25 米。老茎树皮纵裂，幼枝赤褐色，无毛，具苍白色的皮孔。叶通常为偶数羽状复叶；小叶互生，纸质，卵形至长圆状披针形。圆锥花序顶生，长约为叶的一半，疏散。蒴果灰黄色或褐色，近球形或椭圆形，顶端有小凸尖，无毛。种子扁平，椭圆形，有膜质的翅，连翅长 1.2～2 厘米。花期 4—5 月，果期 7 月至翌年 1 月。

**主要化学成分及衍生物**：麻楝的主要化学成分为柠檬苦素、香豆素、黄酮和挥发油等，其中柠檬苦素是其特征性化学成分。从麻楝花和果实中可分离得到没食子酸甲酯、没食子酸乙酯、没食子酸、刺人参素 M、鬃毛酮、原儿茶醛、1，2，3，6－四－氧－没食子酰－β－D－葡萄糖、没食子酸甲醚等多种化合物。

**农药活性**：麻楝具有抗烟草青枯病菌活性，其中的柠檬苦素对马铃薯甲虫有很强的拒食活性。

### 117. 楝（图117）

**学名**：楝（*Melia azedarach* L.），别名苦楝树、金铃子、川楝子、森树、紫花树、楝树、苦楝、川楝。

**分类地位**：楝科（Meliaceae），楝属（*Melia*）。

**形态特征与生物学特性**：落叶乔木，高达 10 余米。树皮灰褐色，纵裂。分枝广展，小枝有叶痕。叶为 2～3 回奇数羽状复叶，长 20～40 厘米；小叶对生，卵形、椭圆形至披针形，顶生一片通常略大，长 3～7 厘米，宽 2～3 厘米。圆锥花序约与叶等长，无毛或幼时被鳞片状短柔毛；花芳香；花萼 5 深裂，裂片卵形或长圆状卵形，先端急尖，外面被微柔毛。核果球形至椭圆形，长 1～2 厘米，宽 8～15 毫米；内果皮木质，4～5 室，每室有种子 1 粒。种子椭圆形。花期 4—5 月，果期 10—12 月。在我国黄河以南各省区较常见。生于低海拔旷野、路旁或疏林中。

**主要化学成分及衍生物**：楝皮的化学成分主要为三萜类化合物，如川楝素、异川楝素，还含有多种酸性化合物，如阿魏酸、苯甲酸、邻苯二甲酸等；苷类化合物有丁香树脂酚双葡萄糖苷、胡萝卜苷、香草醛、5α－豆甾－3，6－二酮、α－菠甾酮、对苯醌等，以及三十烷酸、桦酮、南岭楝酮、4，8－二羟基－1－四氢萘醌、5－（羟甲基）－2－呋喃甲醛、丁二酸、苦楝甾醇、苦楝酸等。从其果实中可分离得到苦楝二醇、25－甲氧基－21α－苦楝酮二醇、21－氧－苦楝二醇、苦楝三醇、21α－甲氧基苦楝三醇、21β－甲氧基苦楝三醇等多种化合物。

**农药活性**：楝皮提取物对多种蝇类成虫有明显的毒杀作用，可作为瓜实蝇和东方果蝇的安全廉价新型杀虫剂。其果实及种核的提取物对菜青虫、亚洲玉米螟、斜纹夜蛾、黏虫等有拒食作用；油和果的提取物对柑橘木虱成虫、松突圆蚧等有忌避作用。苦楝酮、苦楝醇、苦楝二醇、苦楝三醇、香草酸和川楝素成分对多种害虫均具有明显的拒食、忌避和抑制作用。

### 118. 桃花心木（图118）

**学名**：桃花心木（*Swietenia mahagoni* (L.) Jacq.），别名小叶桃花心木、西印度群岛桃花心木、美国红木、古巴红木。

**分类地位**：楝科（Meliaceae），桃花心木属（*Swietenia*）。

**形态特征与生物学特性**：常绿大乔木，高达25米以上。有小叶4～6对，小叶片革质，斜披针形至斜卵状披针形。圆锥花序腋生，有疏离而短的分枝；花瓣白色，无毛，广展。蒴果大，卵状，木质。种子多数。花期5—6月，果期10—11月。原产自南美洲，现在我国广泛种植。

**主要化学成分及衍生物**：桃花心木茎叶含有挥发油，主要成分是石竹烯、Z，Z，Z-1，5，9，9-四甲基-1，4，7-环十一碳三烯、α-荜澄茄油烯等多种化合物，还可从中分离出常见的mexicanolide、phragmalin、andirobin、gedunin等萜类化合物。

**农药活性**：桃花心木具有杀线虫活性，其甲醇提取物对南方根结线虫具有明显的抑制作用，对黄守瓜有拒食作用，对番茄早疫病菌、番茄芽枝病菌、甘蔗凤梨病菌有一定的抑制作用；其乙酸乙酯提取物能杀死斯氏按蚊幼虫；桃花心木提取物对甘蔗凤梨病菌具有较强的抑制作用。

## 六十、无患子科

### 119. 倒地铃（图119）

**学名**：倒地铃（*Cardiospermum halicacabum* L.），别名包袱草、野苦瓜、金丝苦楝藤、风船葛、鬼灯笼。

**分类地位**：无患子科（Sapindaceae），倒地铃属（*Cardiospermum*）。

**形态特征与生物学特性**：草质攀缘藤本。茎、枝绿色，有5或6棱和同数的直槽，棱上被皱曲柔毛。二回三出复叶，轮廓为三角形，薄纸质，顶生的斜披针形或近菱形。圆锥花序少花，与叶近等长或稍长；花瓣乳白色，倒卵形。蒴果梨形、陀螺状倒三角形或有时近长球形，褐色，被短柔毛。种子黑色，有光泽，种脐心形，鲜时绿色，干时白色。花期夏秋，果期秋季至初冬。广布于全世界的热带和亚热带地区。我国东部、南部和西南部很常见，北部较少。生长于田野、灌丛、路边和林缘。

**主要化学成分及衍生物**：倒地铃全草中含有苷类、有机酸、黄酮类、香豆素、内酯类、三萜类、单宁和油脂等化学成分。黄酮类化合物有金圣草黄素-7-O-β-D-葡萄糖醛酸苷丁酯、金圣草黄素-7-O-β-D-葡萄糖醛酸苷乙酯、芦丁、槲皮素、毛蕊异黄酮等。脂肪族有机酸分别有棕榈酸、十五烷酸等；芳香族有机酸类主要有咖啡酸、绿原酸、松柏醛、原儿茶酸、苯乙酸；香豆素成分包括伞形花内酯、东莨菪素；三萜类化合物有3β-赤杨醇、β-香树脂醇、β-香树脂醇棕榈酸酯、无羁萜、无羁萜醇、蒲公英赛醇等。甾体及其苷类成分有β-谷甾醇、豆甾醇、β-胡萝卜苷、豆甾醇-3-O-β-D-葡萄糖苷。还含有其他化学成分，如正二十七烷、原儿茶醛、正三十一烷醇等。

**农药活性**：倒地铃的苯、己烷、乙酸乙酯、甲醇和氯仿提取物对致倦库蚊和埃及伊蚊等媒介蚊虫具有灭杀活性。

### 120. 无患子（图120）

**学名**：无患子（*Sapindus saponaria* L.），别名洗手果、油罗树、目浪树、黄目树、苦患树、油患子、木患子。

**分类地位**：无患子科（Sapindaceae），无患子属（*Sapindus*）。

**形态特征与生物学特性**：落叶大乔木，高可达20余米。树皮灰褐色或黑褐色；嫩枝绿色，无毛。小叶5～8对，通常近对生，叶片薄纸质，长椭圆状披针形或稍呈镰形。花序顶生，圆锥形；花小，辐射对称。果的发育分果爿近球形，橙黄色，干时变黑。花期春季，果期夏秋。产于我国东部、南部至西南部。各地寺庙、庭园和村边常见栽培。

**主要化学成分及衍生物**：无患子的瘿瘤、果皮和根部主要含有不同类型的皂苷，如齐墩果烷型、达玛烷型和甘遂烷型。从无患子的果皮和瘿瘤中可分离得到齐墩果烷型三萜皂苷，如锯齿石松烷型K-N、Mukorozisaponin G、Mukorozisaponin E1、无患子苷A和B以及达玛烷型皂苷，如锯齿石松烷型O-P等。无患子的根部包含甘遂烷型三萜皂苷，如无患子苷A、无患子苷B、无患子苷C、无患子苷D。

**农药活性**：无患子皂苷具有杀虫活性，能使棉花斜纹夜蛾和豌豆蚜死亡或抑制其生长；0.1%的皂苷能杀死所有的豌豆蚜。果实的水提取物对绿薄荷害虫具有有效的毒性、抗食性和生长抑制性。因无患子皂苷易于生物降解，水性提取物可应用于有机农业和作物绿薄荷害虫的综合防治。无患子对小麦赤霉、黄瓜蔓枯、番茄灰霉、稻瘟菌丝、瓜蒌炭疽孢子具有良好的抑制作用；其乙醇提取物具有一定的抗稻瘟病病原菌活性。

## 六十一、省沽油科

### 121. 野鸦椿（图121）

**学名**：野鸦椿（*Euscaphis japonica* (Thunb.) Dippel），别名红椋、芽子木、山海椒、小山辣子、鸡眼睛、鸡肾蚵、酒药花、福建野鸦椿。

**分类地位**：省沽油科（Staphyleaceae），野鸦椿属（*Euscaphis*）。

**形态特征与生物学特性**：落叶小乔木或灌木，高3～8米。树皮灰褐色，具纵条纹；小枝及芽红紫色，枝叶揉碎后发出恶臭气味。叶对生，奇数羽状复叶，厚纸质，长卵形或椭圆形，稀为圆形。圆锥花序顶生，花多，较密集，黄白色。蓇葖果，每一花发育为1~3个蓇葖；果皮软革质，紫红色，有纵脉纹。种子近圆形，假种皮肉质，黑色，有光泽。花期5—6月，果期8—9月。

**主要化学成分及衍生物**：野鸦椿含酯类、三萜类、黄酮类、鞣花酸类、甾体类等化合物。可从果和其他活性部位中分离得到多种化合物，如白桦脂酸、丁烯酮、β-谷甾醇、齐墩果酸、坡模酸、β-香树脂醇、没食子酸、槲皮素、山奈酚、异鼠李素、2-表委陵菜酸、异鼠李素-3-O-芸香糖苷、（7S，8R）-二氢脱氢二松柏醇9-O-D-吡喃葡萄糖苷、楝叶吴萸素B等。

**农药活性**：野鸦椿皮、叶具有杀虫抑菌的活性，其甲醇提取物对蚜虫、白纹伊蚊均具有一定的杀灭作用。野鸦椿对瓜果腐霉具有较好的抑制作用。

## 六十二、漆树科

### 122. 南酸枣 （图122）

**学名**：南酸枣（*Choerospondias axillaris*（Roxb.）B. L. Burtt et A. W. Hill），别名啃不死、棉麻树、醋酸果、花心木、鼻涕果、鼻子果、酸枣、五眼睛果、五眼果、山桉果、枣、山枣子、山枣。

**分类地位**：漆树科（Anacardiaceae），南酸枣属（*Choerospondias*）。

**形态特征与生物学特性**：落叶乔木，高8~20米。奇数羽状复叶互生，小叶对生，卵形、卵状披针形或卵状长圆形，先端长渐尖，基部宽楔形。花单性或杂性异株，雄花和假两性花组成圆锥花序，雌花单生上部叶腋。核果黄色，椭圆状球形，中果皮肉质浆状，果核顶端具5小孔。种子无胚乳。花期4月，果期8—10月。产于西藏、云南、贵州、广西、广东、湖南、湖北、江西、福建、浙江、安徽。生于海拔300~2000米的山坡、丘陵或沟谷林中。

**主要化学成分及衍生物**：南酸枣含有黄酮、脂肪、维生素、酚酸类及其衍生物，还从中检测分析到有机酸、多糖、鞣质和皂苷等成分。果实中含有有机酸，如苹果酸、酒石酸、柠檬酸和葡萄糖酸等；酚酸类化合物有原儿茶酸、没食子酸、3,3-′二甲氧基鞣花酸、鞣花酸、邻苯二甲酸二（2-乙基-己基）酯、水杨酸、对苯二酚等；果肉中还含有单宁。

**农药活性**：从南酸枣体内分离出的内生细菌WYG5对芒果炭疽病菌具有较好的拮抗效果。

### 123. 杧果 （图123）

**学名**：杧果（*Mangifera indica* L.），别名檬果、芒果、莽果、蜜望子、蜜望、望果、抹猛果、马蒙。

**分类地位**：漆树科（Anacardiaceae），杧果属（*Mangifera*）。

**形态特征与生物学特性**：常绿大乔木，高 10 ~ 20 米。叶长圆形或长圆状披针形。圆锥花序，具总梗，被黄色微柔毛；萼片长 2.5 ~ 3 毫米，被微柔毛；花瓣长 3.5 ~ 4 毫米，具 3 ~ 5 凸起脉纹；能育雄蕊 1，长约 2.5 毫米，退化雄蕊 3 ~ 4，具极短花丝及不育疣状花药。核果肾形，长 5 ~ 10 厘米，径 3 ~ 4.5 厘米，果核扁。产于云南、广西、广东、福建、台湾。生于海拔 200 ~ 1350 米的山坡、河谷或旷野的林中。

**主要化学成分及衍生物**：杧果主要含有黄酮类、糖、苷类、酚类、有机酸和挥发油等。果核中含有没食子酸、没食子酸甲酯、槲皮素、β - 谷甾醇等；根中含有挥发油，如 γ - 松油烯、柠檬烯、α - 水芹烯、月桂烯等。

**农药活性**：杧果果核粉末可作驱虫药；树叶和树皮的提取物对水稻纹枯病、小麦纹枯病、小麦赤霉病等病菌有明显的抑制作用；杧果皮萃取物对链格孢属真菌具有明显的抑制作用。

## 124. 盐肤木（图 124）

**学名**：盐肤木（*Rhus chinensis* Mill.），别名肤连泡、盐酸白、盐肤子、肤杨树、角倍、倍子柴、红盐果、酸酱头、土椿树、盐树根、红叶桃、乌酸桃、乌烟桃、乌盐泡、乌桃叶、木五倍子、山梧桐、五倍子、五倍柴、五倍子树。

**分类地位**：漆树科（Anacardiaceae），盐肤木属（*Rhus*）。

**形态特征与生物学特性**：落叶小乔木或灌木，高 2 ~ 10 米。小枝棕褐色，被锈色柔毛，具圆形小皮孔。复叶具 7 ~ 13 小叶，叶轴具叶状宽翅；小叶椭圆形或卵状椭圆形，具粗锯齿。圆锥花序被锈色柔毛，雄花序较雌花序长；花白色。核果红色，扁球形，被柔毛及腺毛。花期 8—9 月，果期 10 月。我国除东北、内蒙古和新疆外，其余省区均有。生于海拔 170 ~ 2700 米的向阳山坡、沟谷、溪边的疏林或灌丛中。

**主要化学成分及衍生物**：盐肤木含有黄酮类、多酚类、酚酸类、油脂类、多糖类、三萜类等化合物。从盐肤木果粕中可分离纯化得到 10 多种化合物，如卢谷甾醇、模绕酸、山奈酚、槲皮素、没食子酸、原儿茶酸、没食子酸甲酯等。

**农药活性**：盐肤木提取物对多种植物病原真菌有明显的抑制活性，其叶粗提物对棉花枯萎病菌、黄瓜灰霉菌和串珠镰刀菌等 3 种植物病原真菌具有良好的抑制作用。盐肤木鲜根的乙醇提取物和水蒸气蒸馏液对褐飞虱有触杀和拒食作用。

## 125. 野漆（图 125）

**学名**：野漆（*Toxicodendron succedaneum*（L.）O. Kuntze），别名山贼子、檫仔漆、漆木、痒漆树、山漆树、大木漆、野漆树。

**分类地位**：漆树科（Anacardiaceae），漆属（*Toxicodendron*）。

**形态特征与生物学特性**：落叶乔木或小乔木，高可达 10 米。小枝粗壮，无毛，顶芽大，紫褐色，外面近无毛。复叶长 25 ~ 35 厘米，具 9 ~ 15 小叶，无毛；叶轴及叶柄圆，小叶长圆状椭圆形或宽披针形，基部圆或宽楔形，下面常被白粉。花黄绿色，花瓣长圆形，雄蕊伸出，与花瓣等长。核果斜卵形，稍侧扁，不裂。华北至长江以南各省区均有分布。生于海拔 150～2500 米的林中。

**主要化学成分及衍生物：**野漆心材含非瑟素、黄颜木素、没食子酸、硫黄菊素、紫铆花素和 2 - 苯基 - 2，6，3′，4′ - 四羟基香豆 - 3 - 酮。树蜡中含棕榈酸、硬脂酸、油酸、亚油酸、花生酸和黄酮类成分，如新野漆树双黄烷酮。叶含野漆树苷、没食子酸和并没食子酸等。果核与种子含没食子酸、脂肪酸以及黄酮类成分，如扁柏双黄酮、贝壳杉双黄酮、南方贝壳杉双黄酮、穗花杉双黄酮等。

**农药活性：**野漆甲醇提取物对水稻纹枯病菌具有一定程度的抑制作用。野漆树叶提取液对茶树青虫、烟叶青虫、魔芋青虫、菜青虫和蚜虫均具有较好的灭杀作用。

## 六十三、胡桃科

### 126. 枫杨（图 126）

**学名：**枫杨（*Pterocarya stenoptera* C. DC.），别名麻柳、蜈蚣柳、苍蝇翅、马尿骚。

**分类地位：**胡桃科（Juglandaceae），枫杨属（*Pterocarya*）。

**形态特征与生物学特性：**大乔木，高达 30 米。裸芽具柄，常几个叠生，密被锈褐色腺鳞。偶数、稀奇数羽状复叶，叶轴具窄翅；小叶多枚，无柄，长椭圆形或长椭圆状披针形。雄葇荑花序顶生，花序轴密被星状毛及单毛；雌花苞片无毛或近无毛。果序长 20～45 厘米，果序轴常被毛；果长椭圆形。花期 4—5 月，果期 8—9 月。产于我国陕西、华东、华中、华南及西南东部。生于海拔 1500 米以下的沿溪涧河滩、阴湿山坡地的林中。

**主要化学成分及衍生物：**枫杨所含的化合物类型有醌类、萜类、黄酮类、鞣质类、挥发油等，以醌类及萜类化学成分为主，还有水杨酸、内脂、酚性成分及大量的抗坏血酸等。叶片含有 2 - 戊醇、β - 蛇床烯、β - 红没药烯、十六烷酸、β - 谷甾醇以及 2B，3B - 二羟基齐墩果 - 12 - 烯 - 23，28 - 二羧酸等化合物。

**农药活性：**新鲜枫杨树叶捣碎榨出的汁液可防治卷叶蛾、茶毛虫和刺蛾等；其提取液对香瓜枯萎菌、玉米弯孢菌、白菜软腐菌、棉花枯萎病菌、串珠镰刀菌和黄瓜灰霉菌等均有抑菌效果。

## 六十四、伞形科

### 127. 积雪草（图 127）

**学名：**积雪草（*Centella asiatica*（L.）Urban），别名铁灯盏、钱齿草、大金钱草、铜钱草、老鸦碗、马蹄草、崩大碗、雷公根。

**分类地位**：伞形科（Umbelliferae），积雪草属（*Centella*）。

**形态特征与生物学特性**：多年生草本。茎匍匐，细长，节上生根。叶片膜质至草质，圆形、肾形或马蹄形；边缘有钝锯齿；基部阔心形；两面无毛或在背面脉上疏生柔毛。伞形花序有花3～4朵；花瓣卵形，紫红色或乳白色。果两侧扁，有毛或平滑。花果期4—10月。产于陕西以南多省区。喜生于海拔200～1900米的阴湿草地或水沟边。

**主要化学成分及衍生物**：积雪草主要含有三萜及其苷类、多炔类、挥发油、黄酮类、生物碱、氨基酸等主要有效成分，如正二十七烷、2，4，6 - 三叔丁基苯、β - 谷甾醇、月桂酸、山奈酚、对羟基苯甲酸、积雪草酸、积雪草苷 A、万寿菊素、槲皮素等。

**农药活性**：积雪草茎、根正己烷提取物对尘污灯蛾幼虫的拒食效果明显。

## 六十五、紫金牛科

### 128. 朱砂根（图128）

**学名**：朱砂根（*Ardisia crenata* Sims），别名绿天红地、天青地红、铁凉伞、叶下红、铁伞、红铜盘、大罗伞、硃砂根、矮婆子、八角金龙、八爪、八爪金、金玉满堂、红凉伞。

**分类地位**：紫金牛科（Myrsinaceae），紫金牛属（*Ardisia*）。

**形态特征与生物学特性**：灌木。茎无毛，无分枝。叶革质或坚纸质，椭圆形、椭圆状披针形或倒披针形，边缘具腺点，下面绿色，有时具鳞片。花梗绿色，萼片绿色，具腺点。果鲜红色，具腺点。花期5—6月，果期10—12月，有时2—4月。产于我国西藏东南部至台湾，湖北至海南岛等地区。生于海拔90～2400米的疏、密林下阴湿的灌木丛中。

**主要化学成分及衍生物**：朱砂根中含有三萜皂苷、香豆素类、挥发油、酚类、醌类、强心苷、鞣质、氨基酸、糖类等多种化合物。

**农药活性**：从朱砂根中提取的化合物可抑制蚊、灰蝶等昆虫和螨类等害虫。

### 129. 白花酸藤果（图129）

**学名**：白花酸藤果（*Embelia ribes* Burm. F.），别名入地龙、马桂郎、枪子果、黑头果、水林果、碎米果、羊公板仔、小种楠藤、牛尾藤、牛脾蕊、白花酸藤子、酸味蘦。

**分类地位**：紫金牛科（Myrsinaceae），酸藤子属（*Embelia*）。

**形态特征与生物学特性**：攀缘灌木或藤本，长3～6米，有时达9米以上。枝无毛，老枝皮孔明显。叶倒卵状圆形或椭圆形。圆锥花序，顶生；花瓣淡绿色或白色，柱头头状或盾状。果径 3~4 毫米，红色或深紫色，无毛，干时具皱纹或隆起腺点。花期1—7 月，果期 5—12 月。产于贵州、云南、广西、广东、福建。生于海拔 50~2000 米的林内、林缘灌木丛中，或路边、坡边灌木丛中。

**主要化学成分及衍生物**：从白花酸藤果地上和地下部分可分离得到 β – 谷甾醇、豆甾醇、胡萝卜苷、儿茶素、芦丁、异槲皮素、（ + ） – lyoniresinol – 3α – O – β – D – glucopyranoside、信筒子醌、2，5 – 二羟基 –3 – 十三烷基 –1，4 – 苯醌等，还含有苯酚类化合物，如 5 –（8 – 十五烯基） –1，3 – 苯二酚、5 –（8，11 – 十七 – 二烯基） –1，3 – 苯二酚、5 – 十五烷基 –1，3 – 苯二酚、5 –（8 – 十七烯基） –1，3 – 苯二酚和3 – 甲氧基 –5 – 戊烷基苯酚及酚苷类化合物，如 3，5 – 二甲氧基 –4 – 羟基 – 苯酚 –1 – O – β – D – 吡喃葡萄糖苷、2，6 – 二甲氧基 –4 – 羟基 – 苯酚 –1 – O – β – D – 葡萄糖苷等。

**农药活性**：白花酸藤果果实的提取物对葫芦炭疽菌、枝孢菌、蜜环菌、辣椒炭疽菌、黑曲霉菌等具有一定的抑制作用。

### 130. 光叶铁仔（图130）

**学名**：光叶铁仔（*Myrsine stolonifera*（Koidz.）E. Walker），别名匍匐铁仔、蔓竹杞。

**分类地位**：紫金牛科（Myrsinaceae），铁仔属（*Myrsine*）。

**形态特征与生物学特性**：灌木。分枝多，小枝无毛。叶片坚纸质至近革质，椭圆状披针形。伞形花序或花簇生，腋生或生于裸枝叶痕上。果球形，红色变蓝黑色，无毛。花期 4—6 月，果期 12 月至翌年 2 月。产于浙江、安徽、江西、四川、贵州、云南、广西、广东、福建、台湾。生于海拔 250~2100 米的疏、密林中潮湿的地方。

**主要化学成分及衍生物**：从光叶铁仔乙醇提取物中可分离得到 10 余种化合物，如山奈酚、二氢山奈酚、槲皮素、5，7，4′ – 三羟基异黄酮、柯伊利素、槲皮素 –7 – O – α – D – 葡萄糖苷、表儿茶素、3，5 – 二甲氧基 – 苄醇 –4 – O – β – D – 吡喃葡萄糖苷、2，6 – 二甲氧基 –4 – 羟基 – 苯酚 –1 – O – β – D – 吡喃葡萄糖苷、丁香苷、（ + ） – lyoniresino 3α – O – β – D – glucopyranoside 等。

**农药活性**：光叶铁仔甲醇粗提物对萝卜蚜有很好的杀虫活性，对白纹伊蚊 4 龄幼虫表现出一定的杀虫活性，对番茄灰霉病菌有一定的抑制作用；其根、茎、叶甲醇提取物对小菜蛾表现出一定的胃毒作用，其中以茎部甲醇提取物活性最强；其甲醇提取物、乙醇提取物和鱼藤酮对幼虫期与蛹期的家蝇亲代有明显的影响。

## 六十六、马钱科

### 131. 钩吻（图131）

**学名**：钩吻（*Gelsemium elegans*（Gardn. et Champ.）Benth.），别名断肠草、大茶

药、胡蔓藤。

**分类地位**：马钱科（Loganiaceae），钩吻属（*Gelsemium*）。

**形态特征与生物学特性**：常绿藤本，长达 12 米。叶卵形或卵状披针形。花梗长 3 ~ 8 毫米；花萼裂片长 3 ~ 4 毫米；花冠黄色，漏斗状，内面具淡红色斑点，花冠筒长 0.7 ~ 1 厘米，裂片长 5 ~ 9 毫米；雄蕊 5，着生花冠筒中部，花药伸出花冠筒喉部，柱头 2 裂，裂片再 2 裂。蒴果卵圆形或椭圆形，开裂前具 2 纵槽，熟时黑色，干后室间开裂为 2 个两裂果瓣，花萼宿存。种子 20 ~ 40 粒，肾形或椭圆形，具不规则齿状翅。产于江西、福建、台湾、湖南、广东、海南、广西、贵州、云南等省区。全株有剧毒。

**主要化学成分及衍生物**：钩吻含有生物碱、环烯醚萜类、三萜类等化合物。生物碱主要为吲哚类生物碱，分布于全株，其中根部含量最高，其主要活性物质为钩吻素子、钩吻素甲、钩吻绿碱等。

**农药活性**：钩吻甲醇提取物对福寿螺的幼螺和成螺的浸杀效果较好。钩吻粗提物对小菜蛾 3 龄幼虫的拒食效果较好。以钩吻作为辅料，与老鼠的饵料进行混合，可用于毒杀害鼠。此外，其甲醇提取物对番茄早疫病菌、番茄芽枝病菌、甘蔗凤梨病菌有一定的抑制作用。

### 132. 华马钱（图 132）

**学名**：华马钱（*Strychnos cathayensis* Merr.），别名三脉马钱、伞花马钱。

**分类地位**：马钱科（Loganiaceae），马钱属（*Strychnos*）。

**形态特征与生物学特性**：藤本或攀缘灌木，长达 8 米。茎具纵纹，小枝常变态为成对卷钩。叶近革质，长椭圆形或窄长圆形。聚伞花序长 3 ~ 4 厘米，花稠密，花序梗及花梗被微毛；花冠白色，无毛，有时被乳点，花冠裂片长达 3.5 毫米；雄蕊着生花冠筒喉部，花丝较花药短，无毛；柱头头状。浆果球形。种子 2 ~ 7 粒，盘状。花期 3—6 月，果期 6—12 月。产于台湾、广东、海南、广西、云南。生于山地疏林下或山坡灌丛中。

**主要化学成分及衍生物**：华马钱果实、种子中含多种生物碱，如"正"系列生物碱：番木鳖碱、马钱子碱、异番木鳖碱、异马钱子碱、番木鳖碱 N - 氧化物、β - 可鲁勃林、16 - 羟基 - β - 可鲁勃林等；"伪"系列生物碱：伪番木鳖碱、伪马钱子碱；"N - 甲基伪"系列生物碱：N - 甲基 - 断 - 伪番木鳖碱、番木鳖次碱。其中种子所含生物碱以"正"系列为主，根皮、根木质部以"正"系列生物碱为主，茎皮以"伪"及"N - 甲基伪"系列生物碱为主，叶则以"N - 甲基伪"系列生物碱为主。果肉还含环烯醚单萜类化合物，如马钱子苷、马钱子苷酸、去氧马钱子苷、马钱子酮苷等。

**农药活性**：华马钱甲醇提取液对家蝇具有毒杀效果。果实可作农药，用于毒杀鼠类等。

## 六十七、木犀科

### 133. 茉莉花（图133）

**学名**：茉莉花（*Jasminum sambac*（L.）Aiton），别名茉莉。

**分类地位**：木犀科（Oleaceae），素馨属（*Jasminum*）。

**形态特征与生物学特性**：直立或攀缘灌木。小枝被疏柔毛。单叶对生，纸质，圆形或卵状椭圆形。聚伞花序顶生，通常3朵，苞片锥形；花萼无毛或疏被柔毛，裂片8~9，线形；花冠白色，裂片长圆形或近圆形。果球形，成熟时紫黑色。花期5—8月，果期7—9月。原产自印度，现世界各地广泛栽培，我国常见栽培于南方地区。

**主要化学成分及衍生物**：茉莉花含有黄酮类、挥发油类、木脂素类、环烯醚萜类、木脂素类以及生物碱等化合物。花挥发油中的主要成分为苯甲醇及其酯类、茉莉花素、芳香醇、安息香酸芳樟醇酯等。根含生物碱、甾醇以及9-十八碳烯酸、十五烷酸、癸烷酸、9，12-十八碳二烯酸等多种脂肪酸。叶含木栓烷、羽扇豆醇、白桦醇、白桦酸、α-香树脂素、乌苏酸、齐墩果酸等三萜类化合物和五羟黄酮、异五羟黄酮、芦丁、山奈酚-3-鼠李醇葡糖苷等黄酮类化合物。

**农药活性**：茉莉花的提取物对黄曲霉、青霉和黑曲霉具有抗菌活性；其花的挥发油成分可麻醉及驱除蚊虫；其所含的苯甲醇可作为蓟马的引诱剂；茉莉花素还能抑制燕麦、毒麦草等植物种子的萌发及胚芽的生长，有作为生物除草剂开发的潜力。

### 134. 女贞（图134）

**学名**：女贞（*Ligustrum lucidum* Ait.），别名大叶女贞、冬青、落叶女贞。

**分类地位**：木犀科（Oleaceae），女贞属（*Ligustrum*）。

**形态特征与生物学特性**：常绿乔木或灌木，高达25米。叶卵形或椭圆形。圆锥花序顶生，塔形；雄蕊长达花冠裂片顶部。果肾形，多少弯曲，成熟时蓝黑色或红黑色，被白粉。花期5—7月，果期7月至翌年5月。产于华南、西南各省区，在陕西、甘肃也有分布。生于海拔2900米以下的疏、密林中。

**主要化学成分及衍生物**：女贞含有三萜类、黄酮类、苯乙醇苷类、多糖类、挥发油、磷脂、氨基酸、环烯醚萜类、脂肪酸、β-胡萝卜苷和多种微量元素等成分。

**农药活性**：女贞可发挥抑菌、抗病毒的作用。女贞的乙醇提取液和水煎液均能抑菌，主要对根霉和曲霉有作用。

### 135. 木犀（图135）

**学名**：木犀（*Osmanthus fragrans*（Thunb.）Loureiro），别名丹桂、刺桂、桂花、四季桂、银桂、桂、彩桂。

**分类地位**：木犀科（Oleaceae），木犀属（*Osmanthus*）。

**形态特征与生物学特性**：常绿乔木或灌木。小枝无毛。叶椭圆形、长圆形或椭圆状披针形，先端渐尖，基部楔形，全缘或上部具细齿，两面无毛，腺点在两面连成小水泡状凸起，叶脉在上面凹下，下面凸起。花梗细弱，无毛；花极芳香；花萼裂片稍不整齐；花冠黄白、淡黄、黄或橘红色；雄蕊着生花冠筒中部。果斜，椭圆形，成熟时紫黑色。花期9—10月上旬，果期3月。原产于我国西南部，现各地广泛栽培。

　　**主要化学成分及衍生物**：木犀主要含有有机酸、蒽醌类和黄酮类等化合物。花含芳香物质，如γ－癸酸内酯、α－紫罗兰酮、β－紫罗兰酮、反－芳樟醇氧化物、顺－芳樟醇氧化物、芳樟醇、壬醛以及β－水芹烯、橙花醇、牻牛儿醇、二氢－β－紫罗兰酮。花蜡含碳氢化合物、月桂酸、肉豆蔻酸、棕榈酸、硬脂酸等。

　　**农药活性**：木犀黄酮对稻瘟病病原菌有较好的抑菌效果。

## 六十八、夹竹桃科

### 136. 长春花（图136）

　　**学名**：长春花（*Catharanthus roseus*（L.）G. Don），别名雁来红、日日草、日日新、三万花。

　　**分类地位**：夹竹桃科（Apocynaceae），长春花属（*Catharanthus*）。

　　**形态特征与生物学特性**：半灌木。略有分枝，高达60厘米。有水液，全株无毛或仅有微毛；茎近方形，有条纹，灰绿色；节间长1～3.5厘米。叶膜质，倒卵状长圆形，长3～4厘米，宽1.5～2.5厘米，先端浑圆，有短尖头，基部广楔形至楔形，渐狭而成叶柄；叶脉在叶面扁平，在叶背略隆起，侧脉约8对。聚伞花序腋生或顶生，有花2～3朵；花萼5深裂，内面无腺体或腺体不明显，萼片披针形或钻状渐尖，长约3毫米；花冠红色，高脚碟状，花冠筒圆筒状，长约2.6厘米，内面具疏柔毛，喉部紧缩，具刚毛；花冠裂片宽倒卵形，长和宽约1.5厘米；雄蕊着生于花冠筒的上半部，但花药隐藏于花喉之内，与柱头离生；子房和花盘与属的特征相同。膏葖双生，直立，平行或略叉开，长约2.5厘米，直径3毫米。外果皮厚纸质，有条纹，被柔毛。种子黑色，长圆状圆筒形，两端截形，具有颗粒状小瘤。花期、果期几乎全年。我国栽培于西南、中南及华东等省区。

　　**主要化学成分及衍生物**：长春花各部位含有多种生物碱、黄酮类、新酚类及其他化合物。生物碱主要有长春碱、长春新碱、环氧长春碱、羟基长春碱等；黄酮类主要有牵牛花色素、锦葵色素、报春花素、3－O－[6－O（α－鼠李糖基）－β－半乳糖苷]、槲皮素及山奈酚类；新酚类化合物主要有3－O－咖啡酰氧基奎宁酸、4－O－咖啡酰氧基奎宁酸等；还含有β－谷甾醇、3－表白桦脂酸等其他化合物。

　　**农药活性**：长春花中的一种生物碱对斜纹夜蛾幼虫具有抑制取食的活性。长春花叶的水提取物对三化螟和棉红蜘蛛具有触杀作用。

## 137. 夹竹桃（图137）

**学名**：夹竹桃（*Nerium oleander* L.），别名红花夹竹桃、欧洲夹竹桃。

**分类地位**：夹竹桃科（Apocynaceae），夹竹桃属（*Nerium*）。

**形态特征与生物学特性**：常绿直立大灌木，高达5米。枝条灰绿色，含水液；嫩枝条具棱，被微毛，老时毛脱落。叶3~4枚轮生，下枝为对生，窄披针形。聚伞花序顶生，着花数朵；花冠深红色或粉红色，栽培演变有白色或黄色。花期几乎全年，夏秋为最盛；果期一般在冬春季，栽培很少结果。全国各地有栽培，尤以南方为多，常在公园、风景区、道路旁或河旁、湖旁栽培；长江以北栽培时须在温室越冬。

**主要化学成分及衍生物**：夹竹桃含有夹竹桃苷、洋地黄苷、桃苷、（+）-羽扇豆醇、β-谷甾醇、槲皮素-3-O-洋槐苷、芦丁等化合物。

**农药活性**：夹竹桃提取物对二化螟、小菜蛾均有着很高的拒食活性；对醋果蝇、稻水象甲、豌豆象和四纹豆象均具有毒性，还有杀灭钉螺的作用。

## 138. 羊角拗（图138）

**学名**：羊角拗（*Strophanthus divaricatus*（Lour.）Hook. et Arn.），别名羊角扭、羊角藕、羊角树、羊角果、菱角扭、沥口花、布渣叶、羊角墓、羊角、山羊角、阳角右藤、牛角橹、断肠草、羊角藤等。

**分类地位**：夹竹桃科（Apocynaceae），羊角拗属（*Strophanthus*）。

**形态特征与生物学特性**：藤本或灌木状。具长匍匐茎，长达4.5米。除花冠外余无毛，乳汁清或淡黄色；小枝密被皮孔。叶窄椭圆形或倒卵状长圆形。聚伞花序具花3~15朵；花冠黄色，两面被微柔毛或内面无毛，花冠裂片卵形，先端长尾带状，基部内面具红色斑点；花冠裂片10枚，黄绿色，三角形或锥形。菁葖果水平叉开，木质，椭圆状长圆形，长9~15厘米，径2~3.5厘米。花期3—7月，果期6月至翌年2月。产于贵州、云南、广西、广东和福建等省区。野生于丘陵山地、路旁疏林中或山坡灌木丛中。有剧毒。

**主要化学成分及衍生物**：羊角拗的根、茎、叶均含有强心苷，叶所含强心苷中属于迪可甙元的有迪可甙元-3-O-L-夹竹桃糖苷；属于沙门甙元的有羊角拗甙、羊角拗异苷、沙门甙元-3-O-D-洋地黄糖甙、沙门甙元-3-O-D-葡萄糖基-L-夹竹桃糖甙、沙门甙元-3-O-D-葡萄糖基-L-地芰糖甙；属于沙木甙元的有沙木甙元-3-O-D-洋地黄糖甙；属于毕平多苷元的有铃兰新甙；属于沙门洛甙元的有沙门洛甙、沙门洛甙元-3-O-L-鼠李糖苷。

**农药活性**：羊角拗对中小型红火蚁工蚁具有良好的毒杀活性和行为抑制作用。羊角拗各部位的浸提液对水稻铁甲虫、豆平腹蜻象、三化螟和菜粉蝶幼虫具有一定的触杀作用。

### 139. 黄花夹竹桃（图139）

**学名**：黄花夹竹桃（*Thevetia peruviana*（Pers.）K. Schum.），别名黄花状元竹、酒杯花、柳木子。

**分类地位**：夹竹桃科（Apocynaceae），黄花夹竹桃属（*Thevetia*）。

**形态特征与生物学特性**：乔木，高达5米。全株无毛；树皮棕褐色，皮孔明显；多枝柔软，小枝下垂；全株具丰富乳汁。叶互生，近革质，无柄，线形或线状披针形。花大，黄色，具香味，顶生聚伞花序。核果扁三角状球形，内果皮木质，生时绿色而亮，干时黑色。种子2~4粒。花期5—12月，果期8月至翌年春季。我国台湾、福建、广东、广西和云南等省区均有栽培；有时野生。生长于干热地区的路旁、池边、山坡疏林下；土壤较湿润而肥沃的地方生长较好；耐旱力强，亦稍耐轻霜。

**主要化学成分及衍生物**：黄花夹竹桃含多种强心苷，如黄花夹竹桃苷甲、黄花夹竹桃苷乙、黄花夹竹桃次苷甲、黄花夹竹桃次苷乙、黄花夹竹桃次苷丙；还含有黄花夹竹桃苷B、白坚皮醇等。

**农药活性**：黄花夹竹桃的叶和果的提取物及种子油对蚜虫、绿豆象、四纹豆象及玉米象和赤拟谷盗等均具有毒性。黄花夹竹桃提取物对红火蚁具有较强的毒杀活性。

### 140. 络石（图140）

**学名**：络石（*Trachelospermum jasminoides*（Lindl.）Lem.），别名万字茉莉、络石藤、风车藤、花叶络石、三色络石、黄金络石、变色络石、石血。

**分类地位**：夹竹桃科（Apocynaceae），络石属（*Trachelospermum*）。

**形态特征与生物学特性**：藤本，长达10米。小枝被短柔毛，老时无毛。叶革质，卵形、倒卵形或窄椭圆形。聚伞花序圆锥状，顶生及腋生；花冠白色，裂片倒卵形。蓇葖果线状披针形。种子长圆形，顶端具白色绢毛。花期3—7月，果期7—12月。本种分布很广，华中、华南、西南多省区都有分布。生于山野、溪边、路旁、林缘或杂木林中，常缠绕于树上或攀缘于墙壁和岩石上。

**主要化学成分及衍生物**：络石含黄酮类、木脂素类、三萜类等化合物，如牛蒡苷、络石糖苷、罗汉松树脂酚苷、降络石糖苷、橡胶肌醇、β-谷甾醇葡萄糖苷、加拿大麻糖、芹菜素、芹菜素-7-O-葡萄糖苷、芹菜素-7-O-龙胆二糖苷、木犀草素、β-香树脂醇、β-香树脂醇乙酸酯、羽扇豆醇等。

**农药活性**：络石叶的正己烷提取物对绿豆象具有触杀活性。

## 六十九、茜草科

### 141. 山石榴（图141）

**学名**：山石榴（*Catunaregam spinosa*（Thunb.）Tirveng.），别名牛头簕、刺子、刺

榴、箣牯树、箣泡木。

**分类地位**：茜草科（Rubiaceae），山石榴属（*Catunaregam*）。

**形态特征与生物学特性**：有刺灌木或小乔木，高1~10米。有时攀缘状；多分枝，枝粗壮，嫩枝有时有疏毛；刺腋生，对生，粗壮，长1~5厘米。叶纸质或近革质，对生或簇生于抑发的侧生短枝上，倒卵形或长圆状倒卵形，少为卵形至匙形，长1.8~11.5厘米，宽1~5.7厘米，顶端钝或短尖，基部楔形或下延，两面无毛或有糙伏毛，或沿中脉和侧脉有疏硬毛，下面脉腋内常有短束毛，边缘常有短缘毛。浆果大，球形，直径2~4厘米，无毛或有疏柔毛，顶冠以宿存的萼裂片，果皮常厚。种子多数。花期3—6月，果期5月至翌年1月。产于台湾、广东、香港、澳门、广西、海南、云南。生于海拔30~1600米的旷野、丘陵、山坡、山谷沟边的林中或灌丛中。国外分布于印度尼西亚、马来西亚、越南、老挝、柬埔寨、泰国、缅甸、孟加拉国、尼泊尔、锡金、印度、巴基斯坦、斯里兰卡及非洲东部热带地区。

**主要化学成分及衍生物**：山石榴含有多种化学成分，包括多酚类、脂肪酸、黄酮类、生物碱、多糖、鞣质、糖类、有机酸、维生素、微量元素等。山石榴皮中多酚类主要成分为石榴苷、石榴素、石榴蹂花素、石榴皮亭A、石榴皮亭B、没食子酸等。脂肪酸中主要成分为石榴酸，其次为棕榈酸、亚油酸、亚麻酸、硬醋酸、油酸、α-酮酸、β-酮酸等。

**农药活性**：山石榴果实、根和叶的甲醇提取物对小菜蛾、菜粉蝶具有杀虫、拒食的活性。

## 142. 栀子（图142）

**学名**：栀子（*Gardenia jasminoides* Ellis），别名黄栀子、栀子花、小叶栀子、山栀子。

**分类地位**：茜草科（Rubiaceae），栀子属（*Gardenia*）。

**形态特征与生物学特性**：灌木，高达3米。叶对生或3枚轮生，长圆状披针形、倒卵状长圆形、倒卵形或椭圆形；托叶膜质，基部合生成鞘。花芳香，单朵生于枝顶，萼筒宿存；花冠白色或乳黄色，高脚碟状。果卵形、近球形、椭圆形或长圆形，黄色或橙红色。种子多数，近圆形。花期3—7月，果期5月至翌年2月。产于山东、江苏、安徽、浙江、江西、福建、台湾、湖北、湖南、广东、香港、广西、海南、四川、贵州和云南，河北、陕西和甘肃亦有栽培。生于海拔10~1500米的旷野、丘陵、山谷、山坡、溪边的灌丛或林中。

**主要化学成分及衍生物**：栀子中含有环烯醚萜（苷）类、二萜类、三萜类、黄酮类、有机酸酯、挥发油、多糖等化合物。栀子果实中的环烯醚萜（苷）类化合物有栀子苷、京尼平-1-β-龙胆苷、栀子苷酸、去乙酰基车叶草苷酸等20余种。栀子中还富含二萜色素类成分，如藏红花素、藏红花酸及其衍生物。从栀子果实中可分离出30多种化合物，如2′-O-［（E）-对香豆酰基］-栀子新苷、6′-O-［（E）-芥子酰基]－栀子新苷、7－去氧栀子新苷、京尼平苷、7－脱氧－8－表马钱苷酸、断氧化马钱苷酸、羟基栀子内酰胺 A、芥子酸、咖啡酸、没食子酸甲酯、芦丁等。

**农药活性**：栀子醇提取物对木霉菌、侧耳真菌具有抑制活性。栀子提取物对烟草花叶病毒具有较好的钝化作用，以及良好的保护作用和治疗作用；虽然对增殖抑制效果不明显，但对烟草花叶病毒具有比较好的治疗效果，说明其对增殖有抑制作用。

## 143. 玉叶金花（图 143）

**学名**：玉叶金花（*Mussaenda pubescens* W. T. Aiton），别名良口茶、野白纸扇、灵仙玉叶金花。

**分类地位**：茜草科（Rubiaceae），玉叶金花属（*Mussaenda*）。

**形态特征与生物学特性**：攀缘灌木，嫩枝被贴伏短柔毛。叶对生或轮生，膜质或薄纸质，卵状长圆形或卵状披针形。聚伞花序顶生，密花；苞片线形，有硬毛；花梗极短或无梗；花萼筒陀螺形，被柔毛，萼裂片线形；花冠黄色，外面被贴伏短柔毛，内面喉部密被棒形毛，花冠裂片长圆状披针形，渐尖，内面密生金黄色小疣突；花柱短，内藏。浆果近球形，花期 6—7 月。产于广东、香港、海南、广西、福建、湖南、江西、浙江和台湾。生于灌丛、溪谷、山坡或村旁。

**主要化学成分及衍生物**：玉叶金花主要含三萜类、单萜、环烯醚萜、有机酸、甾族、皂苷类、苯丙素等化合物。从玉叶金花醇提取物中可分离得到 10 多种化合物，如山栀子苷甲酯、schimoside、mussaendiside L、隐绿原酸甲酯、绿原酸甲酯、玉叶金花苷酸甲酯、异绿原酸 B 甲酯、异绿原酸 A、异绿原酸 C 等。

**农药活性**：玉叶金花乙醇提取液对萝卜幼苗叶绿素含量有不同程度的影响，玉叶金花主要抑制萝卜胚根的生长，玉叶金花高浓度的乙醇提取物对萝卜幼苗根系表现为较强的抑制作用，可将其开发成生物除草剂。

## 144. 鸡矢藤（图 144）

**学名**：鸡矢藤（*Paederia foetida* L.），别名牛皮冻、女青、解暑藤、鸡屎藤。

**分类地位**：茜草科（Rubiaceae），鸡矢藤属（*Paederia*）。

**形态特征与生物学特性**：藤本。长达 5 米，无毛或近无毛。叶卵形、卵状长圆形或披针形；托叶三角形。圆锥聚伞花序腋生和顶生，宽展，分枝对生，末次分枝着生的花常蝎尾状排列；小苞片披针形；花冠浅紫色。果球形，成熟时近黄色，有光泽；小坚果无翅，浅黑色。花期 5—7 月。产于我国南北方大部分省区。生于海拔 200～2000 米的山坡、林中、林缘、沟谷边灌丛中或缠绕在灌木上。

**主要化学成分及衍生物**：鸡矢藤含有环烯醚萜苷类、黄酮类、甾醇类、三萜类、挥发油和烷烃、脂肪醇、脂肪酸类化合物等多种化学成分。从鸡矢藤植物中分离鉴定出的烷烃类化合物有三十烷、三十一烷、三十二烷、三十三烷、三十四烷；脂肪醇类化合物有二十六烷醇、三十一烷醇；脂肪酸类化合物有乙酸、丙酸、壬酸、癸酸、月桂酸、肉豆蔻酸、花生酸、棕榈酸。另外，鸡矢藤还含有丰富的氨基酸以及二甲硫、二甲二硫等含硫有机物。

**农药活性**：鸡矢藤挥发油可抑制枯草芽孢杆菌、青霉、黑根霉菌等菌株的生长。鸡矢藤乙醇提取物对瓜蚜具有较强的忌避作用，对萝卜幼苗叶绿素含量有较大的影响，可以抑制萝卜胚芽的生长，对萝卜幼苗根系表现为一定的抑制作用，可利用其化感作用将其开发成生物除草剂。

### 145. 阔叶丰花草（图145）

**学名**：阔叶丰花草（*Spermacoce alata* Aublet），别名四方骨草。

**分类地位**：茜草科（Rubiaceae），钮扣草属（*Spermacoce*）。

**形态特征与生物学特性**：披散、粗壮草本，被毛。茎和枝均为明显的四棱柱形，棱上具狭翅。叶椭圆形或卵状长圆形，边缘波浪形，鲜时黄绿色，叶面平滑；托叶膜质，被粗毛，顶部有数条长于鞘的刺毛。花数朵丛生于托叶鞘内，浅紫色，罕有白色。蒴果椭圆形，被毛，成熟时从顶部纵裂至基部，隔膜不脱落或1个分果爿的隔膜脱落。种子近椭圆形，两端钝，干后浅褐色或黑褐色，无光泽，有小颗粒。花果期5—7月。本种生长快，现已逸为野生，多见于废墟和荒地上。

**主要化学成分及衍生物**：阔叶丰花草含有多酚类、类黄酮和单宁类化合物。从阔叶丰花草中可分离得到多种化合物，如5-羟甲基糠醛、豆甾醇、β-胡萝卜苷、3-吲哚甲醛、3-吲哚甲酸、6-羟基-5-甲氧基吲哚、吲哚-3-甲酸甲酯、9H-pyrido〔3,4-b〕indole-1-methanol、催吐萝芙木醇等。

**农药活性**：阔叶丰花草具有影响甘草酸代谢、杀虫等作用。阔叶丰花草水提液能抑制胜红蓟和白花鬼针草的种子萌发及抑制其植株生长。

## 七十、忍冬科

### 146. 菰腺忍冬（图146）

**学名**：菰腺忍冬（*Lonicera hypoglauca* Miq.），别名山银花、大叶金银花、大金银花、大银花、红腺忍冬、净花菰腺忍冬。

**分类地位**：忍冬科（Caprifoliaceae），忍冬属（*Lonicera*）。

**形态特征与生物学特性**：落叶藤本。叶纸质，卵形或卵状矩圆形。双花单生至多朵集生于侧生短枝上，或于小枝顶集合成总状，总花梗比叶柄短（有时稍长）。果实熟时黑色，近圆形，有时具白粉。种子淡黑褐色，椭圆形，中部有凹槽及脊状凸起，两侧有横沟纹。花期4—6月，果期10—11月。产于长江一带及西南、华南多地。

**主要化学成分及衍生物**：菰腺忍冬主要包含酚酸类、黄酮类、挥发油类、有机酸、皂苷、环烯醚萜苷及其他类成分。有机酸类主要包括绿原酸、异绿原酸和咖啡酸等；

黄酮类化合物有 30 多种，除木犀草素、忍冬苷外，还有木犀草素 7 - O - α - D - 葡萄糖苷、木犀草素 - 7 - O - β - D - 半乳糖苷、金丝桃苷、槲皮素 - 3 - O - β - D - 葡萄糖苷等。

**农药活性：** 菰腺忍冬提取液对黄瓜枯萎病原菌表现出强抑菌性，对辣椒疫霉病原菌、草莓枯萎病原菌及青霉均有不同程度的抑菌作用。

### 147. 接骨木（图 147）

**学名：** 接骨木（*Sambucus williamsii* Hance），别名九节风、续骨草、木蒴藋、东北接骨木。

**分类地位：** 忍冬科（Caprifoliaceae），接骨木属（*Sambucus*）。

**形态特征与生物学特性：** 落叶灌木或小乔木。羽状复叶有小叶；花与叶同出。圆锥形聚伞花序顶生，花冠蕾时带粉红色，开后白色或淡黄色，筒短，裂片矩圆形或长卵圆形；雄蕊与花冠裂片等长，开展，花丝基部稍肥大，花药黄色；子房 3 室，花柱短，柱头 3 裂。果实红色，极少蓝紫黑色，卵圆形或近圆形。花期一般为 4—5 月，果期 9—10 月。产于我国南北大部分省区。

**主要化学成分及衍生物：** 接骨木主要包含生物碱、黄酮类、酚酸类、三萜类、环烯醚萜类、多糖、木脂素、皂苷、花色苷等化合物，如矢车菊素 - 3 - 葡萄糖苷、矢车菊素 - 3 - 接骨木二糖苷、落叶松树脂醇、松脂醇、橄榄脂素（OLI9G）、8 - O - 4′去甲木脂素（PPD）。

**农药活性：** 接骨木叶提取物对斜纹夜蛾具有抑制作用。

## 七十一、菊科

### 148. 藿香蓟（图 148）

**学名：** 藿香蓟（*Ageratum conyzoides* L.），别名胜红蓟。

**分类地位：** 菊科（Asteraceae），藿香蓟属（*Ageratum*）。

**形态特征与生物学特性：** 一年生草本，高 50 ~ 100 厘米，有时又不足 10 厘米。无明显主根。茎粗壮，基部径 4 毫米；偶有纤细的，不足 1 毫米；不分枝或自基部或中部以上分枝，或下基部平卧而节常生不定根。全部茎枝淡红色，或上部绿色，被白色尘状短柔毛或上部被稠密开展的长茸毛。叶对生，有时上部互生，常有腋生的不发育的叶芽。中部茎叶卵形、椭圆形或长圆形，长 3 ~ 8 厘米，宽 2 ~ 5 厘米；自中部叶向上向下及腋生小枝上的叶渐小或小，卵形或长圆形，有时植株全部叶较小，长仅 1 厘米，宽仅 0.6 毫米。花果期全年。原产自中南美洲。作为杂草已广泛分布于非洲全境、印度、印度尼西亚、老挝、柬埔寨、越南等地。由低海拔到海拔 2800 米的地区都有分布。我国广东、广西、云南、贵州、四川、江西、福建等地有栽培，也有归化野生分布的。生于山谷、山坡林下或林缘、河边或山坡草地、田边或荒地上。在浙江和河北只见栽培。

**主要化学成分及衍生物：**藿香蓟含有挥发油、黄酮类物质、生物碱、氨基酸等化学组分，如石竹烯、β－荜澄茄油烯、倍半水芹烯、香豆素、异鼠李素－3－O－β－D－半乳糖苷、金丝桃苷等。

**农药活性：**从藿香蓟植株分离出的单体化合物香豆素对绢野螟、家蝇、美洲大蠊、谷蠹等表现出杀虫活性。藿香蓟的叶提取物可以用作软体动物杀虫剂；藿香蓟的茎和叶提取物对 2 龄南方根结线虫具有毒杀作用。

### 149. 艾（图 149）

**学名：**艾（*Artemisia argyi* Lévl. et Van.），别名金边艾、艾蒿、祈艾、医草、灸草、端阳蒿。

**分类地位：**菊科（Asteraceae），蒿属（*Artemisia*）。

**形态特征与生物学特性：**多年生草本或略成半灌木状，植株有浓烈香气。茎单生或少数，茎、枝均被灰色蛛丝状柔毛。叶厚纸质，茎下部叶近圆形或宽卵形，羽状深裂，中部叶卵形、三角状卵形或近菱形，上部叶与苞片叶羽状半裂、花后头状花序下倾。头状花序椭圆形，雌花 6~10 朵，花冠狭管状，两性花 8~12 朵，花冠管状或高脚杯状，外面有腺点。瘦果长卵形或长圆形。花果期 7—10 月。分布广，除极干旱与高寒地区外，几遍及全国。

**主要化学成分及衍生物：**艾的主要化学成分有挥发油、黄酮类、萜类、苯丙素类、有机酸类、甾体类、多糖类、酚类化合物及微量元素等，如桉叶素、樟脑、龙脑、松油醇、石竹烯、α－侧柏酮、α－水芹烯、β－蒎烯、2－己烯醛、2－甲基丁醇、β－谷甾醇、水合樟烯、柠檬烯、香茅醇、α－松油醇、豆甾醇、油酸乙酯、薄荷醇、马鞭草烯醇等。

**农药活性：**艾全草有驱蚊、抗虫、灭菌的作用。艾茎叶提取液对葡萄霜霉病菌游动孢子囊萌发具有较好的抑制作用。

### 150. 黄花蒿（图 150）

**学名：**黄花蒿（*Artemisia annua* L.），别名草蒿、青蒿、臭蒿、犱蒿、黄蒿、臭黄蒿、苘蒿、黄香蒿、野苘蒿、秋蒿、香苦草、野苦草、鸡虱草、假香菜、香丝草、酒饼草、苦蒿。

**分类地位：**菊科（Asteraceae），蒿属（*Artemisia*）。

**形态特征与生物学特性：**一年生草本。植株有浓烈的挥发性香气。根单生，垂直，狭纺锤形；茎单生，幼时绿色，后变褐色或红褐色，多分枝。叶纸质，绿色；茎下部叶宽卵形或三角状卵形。头状花序球形，多数；花深黄色。瘦果小，椭圆状卵形，略扁。花果期 8—11 月。遍及全国；东半部省区分布在海拔 1500 米以下的地区，西北及西南省区分布在海拔 2000～3000 米的地区，西藏分布在海拔 3650 米的地区。环境适应性强，东部、南部省区生长在路旁、荒地、山坡、林缘等处；其他省区还见于草原、干河谷、半荒漠及砾质坡地等，也见于盐渍化的土壤上，在局部地区可成为植物群落的优势种或主要伴生种。

**主要化学成分及衍生物**：从黄花蒿叶醇提物中鉴定出多种化合物，主要为青蒿酸、亚油酸、邻苯二甲酸二乙酯、二氢猕猴桃内酯、十八烷酸、香草酸等萜类、酚类、醇类、酯类、烷烃类、有机酸类等化合物。

**农药活性**：黄花蒿叶醇提取物对杂草反枝苋、苘麻、狗尾草和稗的发芽势均有很强的抑制作用，其中对反枝苋发芽势的抑制作用最强，具有较好的除草效果。黄花蒿提取物对萝卜蚜、菜青虫有一定的触杀作用和拒食活性，对柑橘全爪螨和朱砂叶螨也具有较强的生物活性，对赤拟谷盗、棉蚜、棉红蜘蛛及豇豆荚螟也具有较强的拒食活性。其烟草秸秆醋液能够抑制三线镰刀菌。黄花蒿精油对引起兰州百合采后病害的病原菌摩加夫芽孢杆菌、里氏木霉、篮状菌和镰刀菌具有杀菌作用，对绿豆象成虫体内乙酰胆碱酯酶活力表现出明显的抑制作用，可提高其对绿豆象成虫的毒杀效果。其所含亚油酸、邻苯二甲酸二乙酯和香草酸均具有化感除草作用。

### 151. 鬼针草 （图 151）

**学名**：鬼针草（*Bidens pilosa* L.），别名金盏银盘、盲肠草、豆渣菜、豆渣草、引线包、一包针、粘连子、粘人草、对叉草、蟹钳草、虾钳草、三叶鬼针草、铁包针、狼把草、白花鬼针草。

**分类地位**：菊科（Asteraceae），鬼针草属（*Bidens*）。

**形态特征与生物学特性**：一年生草本。茎直立，钝四棱形，无毛或上部被极稀疏的柔毛；茎下部叶较小，中部叶三出，两侧小叶椭圆形或卵状椭圆形，先端锐尖，基部近圆形或阔楔形，有时偏斜，不对称，具短柄，边缘有锯齿，顶生小叶较大，长椭圆形或卵状长圆形。无舌状花，盘花筒状。瘦果黑色，条形，略扁，具棱。产于华东、华中、华南、西南各省区。生于村旁、路边及荒地中。

**主要化学成分及衍生物**：鬼针草的主要化学成分包括黄酮类、有机酸类、甾醇类、聚炔类、香豆素类、苯丙素类、苷类化合物等，还含有大量的胡萝卜素、维生素、胆碱、氨基酸、人体必需的无机元素（如橙酮、黄酮、查耳酮等），以及脂肪烷、脂肪酸类、少量的醛和酮烯等。

**农药活性**：鬼针草对白三叶、紫花苜蓿、短叶水蜈蚣、牛筋草、马唐、柔弱斑种草种子萌发与幼苗生长具有抑制作用。

### 152. 野茼蒿 （图 152）

**学名**：野茼蒿（*Crassocephalum crepidioides* (Benth.) S. Moore），别名冬风菜、假茼蒿、草命菜、昭和草。

分类地位：菊科（Asteraceae），野茼蒿属（*Crassocephalum*）。

**形态特征与生物学特性：**直立草本。茎有纵条棱，无毛。叶膜质，椭圆形或长圆状椭圆形，顶端渐尖，基部楔形，边缘有不规则锯齿或重锯齿，有时基部羽状裂，两面无毛或近无毛。头状花序数个在茎端排成伞房状，小花全部管状，两性，花冠红褐色或橙红色。瘦果狭圆柱形，赤红色。花期 7—12 月。产于江西、福建、湖南、湖北、广东、广西、贵州、云南、四川、西藏。海拔 300～1800 米的山坡路旁、水边、灌丛中常见。

**主要化学成分及衍生物：**野茼蒿主要含有烯烃类化合物，如牛儿烯 D、月桂烯、α－葎草烯等，还有少量的醇、酯、醛、烷烃等有机化合物。

**农药活性：**野茼蒿的提取物对烟草花叶病毒有显著的抗性。茼蒿精油所含成分对菜粉蝶幼虫具有强烈的拒食作用，对绿豆象有较好的熏蒸活性。

### 153. 野菊（图 153）

**学名：**野菊（*Chrysanthemum indicum* L.），别名山菊花、菊花仔、菊花脑。

**分类地位：**菊科（Asteraceae），菊属（*Chrysanthemum*）。

**形态特征与生物学特性：**多年生草本。茎直立或铺散，分枝或仅在茎顶有伞房状花序分枝。基生叶和下部叶花期脱落。中部茎叶卵形、长卵形或椭圆状卵形，柄基无耳或有分裂的叶耳。多数在茎枝顶端排成疏松的伞房圆锥花序或少数在茎枝顶端排成伞房花序。花期 6—11 月。产于东北、华北、华中、华南及西南各地。生于山坡草地、灌丛、河边水湿地、滨海盐渍地、田边及路旁。

**主要化学成分及衍生物：**野菊主要含有萜类、黄酮类、挥发油等多种活性成分。黄酮类化合物包括蒙花苷、木犀草素、槲皮素、木犀草素 7－O－β－D－葡萄糖苷、芹菜素等，还含有樟脑、月桂酸、反丁香烯、棕榈酸乙酯等。

**农药活性：**野菊多糖能有效防治白术的白绢病、根腐病等土传病害。

### 154. 鱼眼草（图 154）

**学名：**鱼眼草（*Dichrocephala integrifolia*（Linnaeus f.）Kuntze），别名口疮叶、馒头草、地苋菜、胡椒草、帕滚姆（傣语音译）。

**分类地位：**菊科（Asteraceae），鱼眼草属（*Dichrocephala*）。

**形态特征与生物学特性：**一年生草本。直立或铺散，茎通常粗壮，少有纤细的。叶卵形、椭圆形或披针形。头状花序小，球形，多数头状花序在枝端或茎顶排列成疏松或紧密的伞房状花序或伞房状圆锥花序，外围雌花多层，紫色，中央两性花黄绿色。瘦果压扁，倒披针形，边缘脉状加厚。花果期全年。产于云南、四川、贵州、陕西南部、湖北、湖南、广东、广西、浙江、福建与台湾。生长于山坡、山谷阴处或阳处，以及平川耕地、荒地或水沟边。

**主要化学成分及衍生物：**鱼眼草的主要成分有萜类、脂肪酸、甾醇和苷类、生物碱类、苯丙素类以及挥发油，如正二十二烷、正二十八烷酸、正二十酸甲酯、十六烷酸三十烷醇酯、脱镁叶绿素甲酯、柳穿鱼素、柳穿鱼素－7－葡萄糖苷等。

**农药活性**：鱼眼草对小麦赤霉病菌、玉米大斑病菌、番茄灰霉病菌都具有抑制作用。

### 155. 鳢肠（图155）

**学名**：鳢肠（*Eclipta prostrata*（L.）L.），别名凉粉草、墨汁草、墨旱莲、墨莱、旱莲草、野万红、黑墨草。

**分类地位**：菊科（Asteraceae），鳢肠属（*Eclipta*）。

**形态特征与生物学特性**：一年生草本。茎直立，斜升或平卧；叶长圆状披针形或披针形，无柄或有极短的柄；总苞球状钟形，总苞片绿色，草质；外围的雌花2层，舌状；中央的两性花多数，花冠管状，白色。雌花的瘦果三棱形，两性花的瘦果扁四棱形，顶端截形。花期6—9月。产于全国各省区。

**主要化学成分及衍生物**：鳢肠的主要成分有三萜皂苷、黄酮类化合物、多种噻吩化合物、香草醚类化合物、甾体生物碱等。

**农药活性**：鳢肠粗提物对甜菜夜蛾幼虫具有较高的杀虫活性，对白蚁具有良好的杀虫作用，对登革热病和疟疾传播媒介埃及伊蚊、致倦库蚊幼虫具有很好的杀虫和杀卵活性，对棉铃虫具有毒杀作用。

### 156. 一点红（图156）

**学名**：一点红（*Emilia sonchifolia*（L.）DC.），别名紫背叶、红背果、片红青、叶下红、红头草、牛奶奶、花古帽、野木耳菜、羊蹄草、红背叶。

**分类地位**：菊科（Asteraceae），一点红属（*Emilia*）。

**形态特征与生物学特性**：一年生草本，根垂直。茎直立或斜升。叶质较厚，下部叶密集，大头羽状分裂，顶生裂片大，宽卵状三角形，顶端钝或近圆形。头状花序在枝端排列成疏伞房状，小花粉红色或紫色。瘦果圆柱形。花果期7—10月。产于云南、贵州、四川、湖北、湖南、江苏、浙江、安徽、广东、海南、福建、台湾等地。

**主要化学成分及衍生物**：一点红的成分主要有黄酮、生物碱类和挥发油类，其中主要含有吡咯双烷类生物碱和黄酮类化合物，还含有植物甾醇、脂肪酸等化学成分，如1，3－苯并二恶茂、环己烷、2，3，5－三甲基癸烷、十二烷、1－乙烯基－1－甲基－2，4－二甲基醚－环己烷、短叶苏木酚等。

**农药活性**：一点红提取物对黑根霉具有较好的抑制作用。

### 157. 小蓬草（图157）

**学名**：小蓬草（*Conyza canadensis* L.），别名加拿大蓬、飞蓬、小飞蓬。

**分类地位**：菊科（Asteraceae），白酒草属（*Conyza*）。

**形态特征与生物学特性**：一年生草本，根纺锤状，具纤维状根。茎直立，圆柱状，多少具棱，有条纹，被疏长硬毛，上部多分枝。叶密集，基部叶花期常枯萎，下部叶倒披针形。头状花序多数，小，排列成顶生多分枝的大圆锥花序；雌花多数，舌状，白色；两性花淡黄色，花冠管状。瘦果线状披针形，稍扁压，被贴微毛；冠毛污白色，1层，糙毛状，长2.5~3毫米。花期5—9月。我国南北各省区均有分布。常生长于旷野、荒地、田边和路旁，为一种常见的杂草。

**主要化学成分及衍生物**：小蓬草全草含挥发油，其中含柠檬烯、芳樟醇、乙酸亚油醇酯及醛类，母菊酯、去氢母菊酯和矢车菊属烃X。地上部分含β-檀香萜烯、花侧柏烯、β-雪松烯、醛类、松油醇、邻苄基苯甲酸、皂苷、高山黄芩甙、γ内酯类、苦味质等。鲜草和干草提取精油的共有成分是反式-α-佛手柑油烯、顺式-β-金合欢烯、α-姜黄烯、顺式-香芹醇和香芹酮。

**农药活性**：小蓬草浸提液对水葫芦具有抑制作用；其精油对白纹伊蚊和致倦库蚊幼虫及成蚊具有毒杀效果，对德国小蠊有驱避作用；其嫩茎叶干粉丙酮浸提液对棉花黑斑病菌、棉花红腐病菌和葱黑斑病菌等菌丝生长及孢子萌发具有明显抑制作用；其水浸提液对黄瓜靶斑病菌菌丝生长具有抑制作用。

### 158. 羊耳菊（图158）

**学名**：羊耳菊（*Inula cappa*（Buch. - Ham. ex D. Don）DC.），别名八面风、白面风、壮牛浪、蜡毛香、白面猫子骨、白牛胆、山白芷、羊耳风、猪耳风。

**分类地位**：菊科（Asteraceae），旋覆花属（*Inula*）。

**形态特征与生物学特性**：亚灌木。叶多少开展，长圆形或长圆状披针形；头状花序倒卵圆形，宽5~8毫米，多数密集于茎和枝端成聚伞圆锥花序；被绢状密茸毛。边缘的小花舌片短小，瘦果长圆柱形。花期6—10月，果期8—12月。广产于四川、云南、贵州、广西、广东、江西、福建、浙江等地。生于亚热带、热带的低山和亚高山的湿润或干燥丘陵地、荒地、灌丛或草地，在海拔500~3200米的酸性土、砂土和黏土上都常见。

**主要化学成分及衍生物**：羊耳菊的主要成分为倍半萜类、肌醇类、三萜类、黄酮类和酚类化合物等，如木栓酮、表木栓醇、α-香树脂、β-香树脂醇、benzyl-2-O-β-D-glucopyranosy-2,6-dihydroxybenzoate、东莨菪素、木犀草素-7-O-β-D-葡萄糖醛酸乙酯苷、麦冬皂苷A、芹菜素-7-O-β-D-葡萄糖苷、木犀草素-7-O-β-D-芸香糖苷等。

**农药活性**：羊耳菊茎部甲醇提取物对水稻纹枯病菌具有较强的抑制作用。羊耳菊中百里香酚对番茄灰霉病菌、棉花立枯病菌、辣椒疫霉病菌、番茄青枯病菌、小麦纹枯病菌、稻瘟病病原菌和烟草赤星病菌均具有很强的抑制作用。其全株甲醇提取物对菜青虫具有较好的杀虫活性。

### 159. 银胶菊（图159）

**学名**：银胶菊（*Parthenium hysterophorus* L.）。

分类地位：菊科（Asteraceae），银胶菊属（*Parthenium*）。

形态特征与生物学特性：一年生草本。茎直立，多分枝，具条纹，被短柔毛。下部和中部叶二回羽状深裂，全形卵形或椭圆形。头状花序多数，在茎枝顶端排成开展的伞房花序。舌状花1层，5个，白色。管状花多数，长约2毫米，檐部4浅裂，裂片短尖或短渐尖，具乳头状凸起；雄蕊4个。雌花瘦果倒卵形，被疏腺点。花期4—10月。产于广东、广西、贵州及云南，是一种不常见的野草。生于海拔90～1500米的旷地、路旁、河边及坡地上。

主要化学成分及衍生物：银胶菊经乙醇提取可得到10多种化合物，如β-谷甾醇、银胶菊碱、豆甾醇、胡萝卜苷、豆甾醇-3-O-葡萄糖苷、3-甲氧基槲皮素、刺囊酸、齐墩果酸等。银胶菊的水提液还发现了6种潜在的化感物质：香叶烯、罗勒烯、β-蒎烯、甲氧基乙酸、4-甲基-3-戊烯-2-酮、4-羟基-4-甲基-2-戊酮。

农药活性：银胶菊浸提液对水葫芦具有抑制作用。银胶菊的提取物对斑潜蝇、蚜虫和红蜘蛛三种害虫具有强烈的杀灭活性。银胶菊的甲氧基乙酸、4-甲基-3-戊烯-2-酮、4-羟基-4-甲基-2-戊酮能够抑制玉米纹枯病菌、小麦纹枯病菌、烟草炭疽病菌、草莓枯萎病菌、番茄灰霉病菌、番茄早疫病菌的菌丝生长。银胶菊叶和花的不同溶剂提取物、甲醇提取物对南方根结线虫具有杀虫活性。

## 160. 拟鼠麴草（图160）

学名：拟鼠麴草（*Pseudognaphalium affine*（D. Don）Anderberg），别名鼠麴草。

分类地位：菊科（Asteraceae），鼠麴草属（*Gnaphalium*）。

形态特征与生物学特性：一年生草本。茎直立或基部发出的枝下部斜升。叶无柄，匙状倒披针形或倒卵状匙形。头状花序较多或较少数，在枝顶密集成伞房花序，花黄色至淡黄色。瘦果倒卵形或倒卵状圆柱形，有乳头状凸起。冠毛粗糙，污白色，易脱落，基部联合成2束。花期1—4月，果期8—11月。产于我国台湾及华东、华南、华中、华北、西北、西南各省区。生于低海拔干地或湿润草地上，尤以稻田最常见。

主要化学成分及衍生物：拟鼠麴草的主要化学成分有黄酮类、三萜类、植物甾醇、蒽醌类、咖啡酸衍生物、挥发油等，如芦丁、槲皮素、石竹烯、反-石竹烯、山奈酚、丁香油酚、棕榈酸、榄香烯、谷甾醇、豆甾醇等。

农药活性：拟鼠麴草中的挥发油对黑曲霉、桔青霉、米根霉和黄曲霉均有较强的抑制作用。其所含的4种黄酮对斜纹夜蛾具有一定的抵抗作用，说明其对素食性昆虫具有杀灭作用。

## 161. 加拿大一枝黄花（图161）

学名：加拿大一枝黄花（*Solidago canadensis* L.），别名金棒草。

分类地位：菊科（Asteraceae），一枝黄花属（*Solidago*）。

形态特征与生物学特性：多年生草本，有长根状茎。茎直立，高达2.5米。叶披针形或线状披针形，长5~12厘米。头状花序很小，长4~6毫米，在花序分枝上单面着生，多数弯曲的花序分枝与单面着生的头状花序，形成开展的圆锥状花序。总苞片线状披针形，长3~4毫米。边缘舌状花很短。原产于北美洲，我国公园及植物园引种栽培。

**主要化学成分及衍生物：**加拿大一枝黄花中富含黄酮类、皂苷类、萜类和挥发油等化学成分，如山柰酚、槲皮素、对羟基苯甲酸、β-胡萝卜苷、芸香苷、山柰酚-3-芸香糖甙、一枝黄花酚甙、2，6-二甲氧基苯甲酸苄酯、当归酸-3，5-二甲氧基-4-乙酰氧基肉桂酯及2-顺、8-顺-母菊酯等。

**农药活性：**加拿大一枝黄花提取液在高浓度时对豚草有显著的抑制作用。加拿大一枝黄花对鸡眼草的共生菌丛枝根菌真菌群落具有化感作用，同样也能抑制藻类的生长，其叶水浸液对铜绿微囊藻的生长有强烈的化感抑制效应。

### 162. 金腰箭（图162）

**学名：**金腰箭（*Synedrella nodiflora*（L.）Gaertn.），别名金花草、苦草、黄花苦草。

**分类地位：**菊科（Asteraceae），金腰箭属（*Synedrella*）。

**形态特征与生物学特性：**一年生草本。下部和上部叶具柄，阔卵形至卵状披针形。头状花序；小花黄色；总苞卵形或长圆形，叶状，卵状长圆形或披针形。舌状花连管部长约1厘米，舌片椭圆形。两性花瘦果倒锥形或倒卵状圆柱形，黑色，有纵棱，腹面压扁，两面有疣状凸起，腹面凸起粗密；冠毛2~5，叉开，刚刺状，等长或不等长，基部略粗肿，顶端尖锐。花期6—10月。产于我国东南至西南部各省区，东起台湾，西至云南。生于旷野、耕地、路旁及宅旁，繁殖力极强。

**主要化学成分及衍生物：**金腰箭提取物中含有多种具有生物活性的化合物，包括甾族化合物和三萜类化合物，以及还原性糖、生物碱、苯酚衍生物、皂苷、单宁与芳香酸等化学物，如齐墩果酸3-O-β-D-吡喃葡萄糖醛酸甲酯、金腰箭苷甲、β-谷甾醇、豆甾醇、扶桑甾醇和豆甾醇3-O-β-D-吡喃葡萄糖苷。

**农药活性：**金腰箭叶的石油醚、正己烷、氯仿和甲醇提取物在果蔬贮藏期对果蔬幼虫和成虫有抑制活性。金腰箭提取物对菜粉蝶、小菜蛾和斜纹夜蛾等3种蔬菜重要害虫有拒食活性；对其他果蔬害虫具有干扰控制作用；对蚜虫的毒杀作用很强，杀死率随时间、浓度的增加而增大。金腰箭乙醇提取物对蓟马成虫有拒食效果。

### 163. 苍耳（图163）

**学名：**苍耳（*Xanthium sibiricum* L.），别名苍子、稀刺苍耳、菜耳、猪耳、野茄、胡苍子、痴头婆、抢子、青棘子、羌子裸子、绵苍浪子、苍浪子、刺八裸、道人头、敝子、野茄子、老苍子、苍耳子、虱马头、粘头婆、怠耳、告发子、刺苍耳、蒙古苍耳、偏基苍耳、近无刺苍耳。

分类地位：菊科（Asteraceae），苍耳属（*Xanthium*）。

**形态特征与生物学特性**：茎较矮小，通常自基部起有分枝。成熟的具瘦果的总苞较小，基部缩小，上端常具1个较长的喙，另外有1个较短的侧生的喙，两喙彼此分离或连合，有时侧生的短喙退化成刺状或不存在。总苞外面有极疏的刺或几无刺，与原变种容易区别。广泛分布于我国东北、华北、华东、华南、西北及西南各省区。常生长于平原、丘陵、低山、荒野路边和田边。

**主要化学成分及衍生物**：苍耳主要包括萜类、噻嗪类、噻吩类、糖苷类、木脂素类、酚酸类等化学成分。从苍耳中可分离得到多种化合物，如阿魏酸、咖啡酸、绿原酸、胡萝卜苷、反丁烯二酸乙酯、绿原酸甲酯、苍耳子噻嗪双酮苷、3′，4′–去二磺酸基苍术苷、羧基苍术苷、4′–甲氧基异黄酮–7–O–β–D–葡萄糖苷、尿苷、吲哚–3–甲醛、吲哚–3–甲酸、2′–O–甲基尿苷、鸟苷、烟酰胺等。

**农药活性**：苍耳对甘蓝蚜的触杀作用较好，经与百部、瑞香狼毒、藜芦复配后其校正死亡率更高。苍耳的茎叶丙酮提取物对番茄灰霉病菌、番茄早疫病菌、辣椒丝核病菌、黄瓜枯萎病菌、黄瓜黑星病菌有很好的抑菌效果，尤其对辣椒丝核病菌、黄瓜枯萎病菌的菌丝生长抑制作用最为明显。苍耳各器官提取液、植物内生真菌发酵液及菌丝体提取液对小麦赤霉病菌、苹果炭疽病菌、苹果轮纹病菌、水稻纹枯病菌、甜瓜蔓枯病菌和油菜菌核病菌均有抑菌作用。其叶提取液对葡萄霜霉病菌游动孢子囊萌发也具有较强的抑制作用。

# 七十二、白花丹科

## 164. 白花丹（图164）

**学名**：白花丹（*Plumbago zeylanica* L.），别名白皂药、白花九股牛、白花金丝岩陀、猛老虎、耳丁藤、照药、一见消、天山娘、白花谢三娘、乌面马、白花藤。

**分类地位**：白花丹科（Plumbaginaceae），白花丹属（*Plumbago*）。

**形态特征与生物学特性**：常绿半灌木。叶薄，通常长卵形；叶柄基部无或有常为半圆形的耳。花冠白色或微带蓝白色，蕊约与花冠筒等长，蓝色；子房椭圆形。蒴果长椭圆形，淡黄褐色；种子红褐色。花期10月至翌年3月，果期12月至翌年4月。产于台湾、福建、广东、广西、贵州、云南和四川。生于污秽阴湿处或半遮阴的地方。

**主要化学成分及衍生物**：白花丹的主要化学成分有萘醌类、香豆素类、黄酮类、有机酸类、生物碱类等，如反–异柿萘醇酮–4–O–β–D–吡喃葡萄糖苷、2，6–二甲氧基–对苯二酚–1–O–β–D–吡喃葡萄糖苷、3–（β–D–吡喃葡萄糖基）–4–甲氧基苯甲酸、3′–O–β–D–吡喃葡萄糖基–白花丹酸、3′–O–β–D–吡喃葡萄糖基–白花丹酸甲酯、白花丹酸、白花丹素A、白花丹素C、丁香酸–4–O–β–D–吡喃葡萄糖苷、2–甲基–5–羟基色原酮。

**农药活性**：白花丹的提取物对柑橘全爪螨有良好的杀螨、杀卵和产卵抑制活性。

## 七十三、车前科

### 165. 车前（图165）

**学名**：车前（*Plantago asiatica* L.），别名蛤蟆草、饭匙草、车轱辘菜、蛤蟆叶、猪耳朵。

**分类地位**：车前科（Plantaginaceae），车前属（*Plantago*）。

**形态特征与生物学特性**：二年生或多年生草本。须根多数。根茎短，稍粗。叶基生呈莲座状，叶片薄纸质或纸质，宽卵形至宽椭圆形。花序直立或弓曲上升；穗状花序细圆柱状，雄蕊着生于冠筒内面近基部，与花柱明显外伸，花药卵状椭圆形。蒴果纺锤状卵形、卵球形或圆锥状卵形。花期4—8月，果期6—9月。产于我国大部分地区。生于海拔3~3200米的草地、沟边、河岸湿地、田边、路旁或村边空旷处。

**主要化学成分及衍生物**：车前的主要化学成分有苯乙醇糖苷类、生物碱类、黄酮及其苷类、环烯醚萜苷类、甾体类、三萜及有机酸类、多糖类、酚类化合物等，包括芹菜素、木犀草苷、木犀草素、高车前素、车前黄酮苷、高车前苷、槲皮素、黄芩素、粗毛豚草素、槲皮素苷、大波斯菊苷等多种化合物，还含有熊果酸、乌苏酸、胡萝卜苷、β－谷甾醇以及齐墩果酸等物质。

**农药活性**：车前提取液对常见植物病原菌，如苹果腐烂病菌、黄瓜枯萎病菌、烟草赤星菌、草坪镰刀菌、番茄灰霉病菌等有较好的抑制作用。

## 七十四、紫草科

### 166. 倒提壶（图166）

**学名**：倒提壶（*Cynoglossum amabile* Stapf et Drumm.），别名蓝布裙。

**分类地位**：紫草科（Boraginaceae），琉璃草属（*Cynoglossum*）。

**形态特征与生物学特性**：多年生草本。茎生叶长圆形或披针形，无柄。花序锐角分枝，分枝紧密，向上直伸，集为圆锥状，无苞片；花冠通常蓝色，稀白色，花柱线状圆柱形，与花萼近等长或较短。小坚果卵形。花果期5—9月。产于云南、贵州西部、西藏西南部至东南部、四川西部及甘肃南部。生于海拔1250~4565米的山坡草地、山地灌丛、干旱路边及针叶林缘。

**主要化学成分及衍生物**：倒提壶含生物碱、鞣质和少量的苦叶质。如根中含有生物碱海蓼苏品及其N－氧化物，还含有其他生物碱类成分，如天芥菜品碱、颠茄朱顶兰碱、刺凌德草碱、仰卧天芥菜碱等。

**农药活性**：倒提壶的不同提取液相对可可葡萄座腔菌、多主棒孢霉、腐皮镰刀菌、尖孢炭疽菌等植物病原真菌有不同程度的抑制作用，也可抑制小麦赤霉病菌和小麦纹枯病菌菌丝的生长。

## 七十五、茄科

### 167. 夜香树 （图167）

**学名**：夜香树 （*Cestrum nocturnum* L.），别名夜来香、夜丁香、夜香木、洋素馨。

**分类地位**：茄科 （Solanaceae），夜香树属 （*Cestrum*）。

**形态特征与生物学特性**：直立或近攀缘状灌木。叶有短柄，叶片矩圆状卵形或矩圆状披针形。伞房式聚伞花序，腋生或顶生，疏散，花绿白色至黄绿色，晚间极香。雄蕊伸达花冠喉部，每花丝基部有1齿状附属物，花药极短，褐色；子房有短的子房柄，卵状。浆果矩圆状，种子长卵状。我国福建、广东、广西和云南有栽培。

**主要化学成分及衍生物**：夜香树的化学成分主要有挥发油类、皂苷类、黄酮类、多酚化合物等，含高级烷烃、酚类、高级烯烃、脂肪醇及芳香醇、酸、酮等，如二十烷、2 - ［1 - （4 - 羟基苯基） - 1 - 甲基乙基］苯酚、10 - 二十一烯、苯甲醇、2, 3 - 丁二醇、3 - 甲基丁醇、甲酸二十一酯、沉香烷、2 - 亚油酸甘油酯及驱蚊叮、1, 3 - 二甲苯、1, 2, 3 - 三甲苯、4 - 乙基 - 1, 2 - 二甲苯等。

**农药活性**：夜香树成分中的2, 3 - 丁二醇和3 - 甲基丁醇等有轻微的毒性和刺激性，有明显的驱蚊效果。

### 168. 红丝线 （图168）

**学名**：红丝线 （*Lycianthes biflora* （Loureiro） Bitter），别名野花毛辣角、血见愁、野灯笼花、衫钮子、十萼茄、双花红丝线。

**分类地位**：茄科 （Solanaceae），红丝线属 （*Lycianthes*）。

**形态特征与生物学特性**：半灌木。小枝、叶柄、花梗及花萼上密生淡黄色柔毛。叶互生，卵形或椭圆状卵形，花常生于叶腋。花冠淡紫色或白色，星状。浆果球形，种子卵状三角形。产于云南、广西、广东、台湾、福建、江西、湖南、四川。生于海拔150~2000米的荒野阴湿地、林下、路旁、水边及山谷中。

**主要化学成分及衍生物**：红丝线主要含有生物碱、萜类、有机酸、黄酮类化合物、挥发油、脂肪族化合物及微量元素等化学物质，如紫蓝素、香豆素、二氢香豆酮、苯丙烯、苯丙醇、苯丙酸及其缩酯、木脂素、羽扇豆醇、羽扇豆酮、齐墩果酸、1 - 辛烯 - 3 - 醇、反 - 3 - 己烯 - 1 - 醇、3 - 辛醇、苯甲醇、芳樟醇、邻甲苯甲醛、蜀羊泉次碱、对乙烯基愈创木酚，还含有花青苷类化合物，如矢车菊素 - 3 - O - 葡萄糖苷、甘草素等。

**农药活性**：红丝线提取液中的蜀羊泉次碱有抗真菌作用，对麦角菌、果生核盘菌、稻瘟病病原菌、立枯丝核菌、变色多孔菌和粉红单端孢有抑制作用。

### 169. 枸杞（图169）

**学名**：枸杞（*Lycium chinense* Miller），别名狗奶子、狗牙根、狗牙子、牛右力、红珠仔刺、枸杞菜。

**分类地位**：茄科（Solanaceae），枸杞属（*Lycium*）。

**形态特征与生物学特性**：多分枝灌木。叶纸质，栽培者质稍厚，单叶互生或2~4枚簇生，卵形、卵状菱形、长椭圆形、卵状披针形。花在长枝上单生或双生于叶腋，在短枝上则同叶簇生，淡紫色。浆果红色，卵状。种子扁肾脏形，黄色。花果期6—11月。产于我国东北、河北、山西、陕西、甘肃南部以及西南、华中、华南和华东各省区。常生于山坡、荒地、丘陵地、盐碱地、路旁及村边宅旁。

**主要化学成分及衍生物**：枸杞含有花色苷类、酚酰胺、多酚类、黄酮类、多糖、生物碱、脂肪酸类、酚酸类等多种化学成分。如由花青素 $B_1$、原花青素 $B_2$、儿茶素、表儿茶素等聚合而成的化合物；胆碱、甜菜碱、酰胺类生物碱；原儿茶酸、阿魏酸、绿原酸、咖啡酸、对香豆酸和对羟基苯甲酸；莨菪烷类、吲哚类、吡咯类；金合欢素、木犀草素、5，7，3′－三羟基－6，4′，5′－三甲氧基黄酮、槲皮素－3－O－α－L－鼠李糖基（1→6）－β－D－葡萄糖苷；β－胡萝卜素、β－隐黄质等；水杨酸、香草酸、3，4－二羟基苯甲酸、酒石酸等。

**农药活性**：枸杞的茎叶对蚜虫具有灭杀作用。枸杞枝叶提取液对葡萄霜霉病菌游动孢子囊萌发具有较好的抑制作用。

### 170. 苦蘵（图170）

**学名**：苦蘵（*Physalis angulata* L.），别名灯笼草、天泡子、天泡草、黄姑娘、小酸浆、朴朴草、打额泡。

**分类地位**：茄科（Solanaceae），酸浆属（*Physalis*）。

**形态特征与生物学特性**：一年生草本。被疏短柔毛或近无毛，茎多分枝，分枝纤细。叶片卵形至卵状椭圆形，顶端渐尖或急尖，基部阔楔形或楔形，全缘或有不等大的牙齿，两面近无毛。花梗纤细，和花萼一样生短柔毛，裂片披针形，生缘毛；花冠淡黄色，喉部常有紫色斑纹；花药蓝紫色或黄色。果萼卵球状，薄纸质，浆果。种子圆盘状。花果期5—12月。我国长江以南各地有分布。常生于海拔500~1500米的山谷林下及村边路旁。

**主要化学成分及衍生物**：苦蘵含有甾体类、甾醇类、生物碱类、有机酸类等化合物。全草含魏察苦蘵素、14α－羟基粘果酸浆内酯、酸浆双古豆碱等；茎叶含酸浆苦味素、苦蘵内酯、14α－羟基－20－去羟基粘果酸浆内酯及炮仔草内酯；根含有机酸类、黄酮类、多糖类、酚类、黄酮苷类、氨基酸类化合物；果实和种子含豆甾－5－烯－3β－醇、麦角甾－5，24（28）－二烯－3β－醇、菜籽甾醇等。

**农药活性**：苦蘵果实分离得到的哈茨木霉菌，可防治多种植物病害，如疫霉病、纹枯病、立枯病等。其粗提物所含生物碱可能对菜青虫、甘蓝夜蛾、棉蚜、朱砂叶螨等害虫具有拒食或毒杀作用，可作为植物源杀虫剂进一步开发研究。

### 171. 喀西茄（图171）

**学名**：喀西茄（*Solanum khasianum* C. B. Clarke），别名添钱果、狗茄子、苦颠茄、阿公、谷雀蛋、苦茄子、刺茄子。

**分类地位**：茄科（Solanaceae），茄属（*Solanum*）。

**形态特征与生物学特性**：直立草本至亚灌木，茎、枝、叶及花柄多混生黄白色具节的长硬毛、短硬毛、腺毛及淡黄色基部宽扁的直刺。叶阔卵形，5~7深裂，裂片边缘又作不规则的齿裂及浅裂。蝎尾状花序腋外生，短而少花，单生或2~4朵。浆果球状，初时绿白色，具绿色花纹，成熟时淡黄色。种子淡黄色，近倒卵形，扁平。花期春夏，果熟期冬季。产于我国浙江、福建、江西、湖南、广西、广东、云南、贵州、四川、重庆、西藏。喜生于海拔1300~2300米的沟边、路边灌丛、荒地、草坡或疏林中。

**主要化学成分及衍生物**：喀西茄浆果含澳洲茄铵、谷甾醇、薯蓣皂苷元、澳洲茄边碱、澳洲茄碱和刺茄碱，以及生物碱皂甙刺天茄碱。

**农药活性**：喀西茄浸提液75%的乙醇提取液和水提液对番茄晚疫病菌具有一定的化感抑制作用。喀西茄有较强的抗根结线虫能力。

### 172. 少花龙葵（图172）

**学名**：少花龙葵（*Solanum americanum* Miller），别名白花菜、古钮菜、扣子草、打卜子、古钮子、衣扣草、痣草。

**分类地位**：茄科（Solanaceae），茄属（*Solanum*）。

**形态特征与生物学特性**：纤弱草本。茎无毛或近于无毛，叶薄，卵形至卵状长圆形，叶缘近全缘，波状或有不规则的粗齿。花序近伞形，腋外生，花小，萼绿色，子房近圆形。浆果球状，种子近卵形，两侧压扁。全年均开花结果。产于我国云南南部、江西、湖南、广西、广东、台湾等地的溪边、密林阴湿处或林边荒地。

**主要化学成分及衍生物**：少花龙葵含甾体、三萜类、黄酮类、酚类、鞣质、萜类内酯、糖及其苷类、氨基酸、蛋白质、皂苷和生物碱等化学成分。

**农药活性**：少花龙葵甲醇提取物对水稻纹枯病菌具有抑制作用。全株具有较强的驱虫、杀菌和抑草效应。

### 173. 牛茄子（图173）

**学名**：牛茄子（*Solanum capsicoides* Allioni），别名油辣果、颠茄子、大颠茄、番鬼茄、颠茄、刺茄、刺茄子。

**分类地位**：茄科（Solanaceae），茄属（*Solanum*）。

**形态特征与生物学特性**：直立草本或亚灌木。叶阔卵形，裂片三角形或卵形，边缘浅波浪状；上面深绿色，下面淡绿色。聚伞花序腋外生，短而少花。子房球形，无毛。浆果扁球状，初绿白色，成熟后橙红色。种子干后扁而薄，边缘翅状。产于我国西南、华南、华东和北方多省区。喜生于海拔 350~1180 米的路旁荒地、疏林或灌木丛中。

**主要化学成分及衍生物**：牛茄子主要有脂类生物碱，以莨菪碱为主，并含有东莨菪碱、颠茄碱以及去水阿托品；还含有牛茄子甾体皂苷、甾体生物碱皂苷、澳洲茄铵、澳洲茄碱、澳洲茄边碱、澳洲茄二烯、△3,5-澳洲茄二烯、刺茄苷 A，B、16-去氢孕烯醇酮及其苷类、β-谷甾醇、羊毛甾醇、薯蓣皂苷元、胆甾醇等。

**农药活性**：牛茄子有毒，可以驱虫；其乙醇提取物对黑曲霉菌、黄曲霉菌有强抗菌作用；甲醇提取物对黑曲霉菌、稻根霉菌有强抗菌作用。其所含茄碱对灰葡萄孢菌、白菜白斑病菌、葱紫斑菌等有抑制作用，也具有化感作用。

### 174. 假烟叶树 （图 174）

**学名**：假烟叶树 （*Solanum erianthum* D. Don），别名戈吗嘿、大发散、毛叶、洗碗叶、天蓬草、臭枇杷、大毛叶、三权树、酱钗树、大黄叶、袖钮果、臭屎花、土烟叶、野烟叶。

**分类地位**：茄科（Solanaceae），茄属（*Solanum*）。

**形态特征与生物学特性**：小乔木。叶大而厚，卵状长圆形，基部阔楔形或钝，上面绿色，下面灰绿色，全缘或略作波状。聚伞花序多花，形成近顶生圆锥状平顶花序；花白色，萼钟形，子房卵形，花柱光滑，柱头头状。浆果球状，具宿存萼，黄褐色，初被星状簇茸毛，后渐脱落。种子扁平，全年开花结果。产于四川、贵州、云南、广西、广东、福建和台湾诸省。生于海拔 300~2100 米的荒山野地灌丛中。

**主要化学成分及衍生物**：假烟叶树主要包含甾体类、萜类化合物，还含有黄酮类、有机胺类生物碱、胆甾烷类生物碱、挥发油类化合物，如澳洲茄碱、澳洲茄边碱、脂肪酸、木脂素、肉桂酰胺衍生物、大牻牛儿烯 D、咕巴烯及其他化合物。

**农药活性**：假烟叶树的特征性成分胆甾烷类生物碱具有杀虫作用，其所含茄碱对灰葡萄孢菌、白菜白斑病菌、葱紫斑菌等有抑制作用，也具有化感作用。假烟叶树叶挥发油可作为新的化学引诱剂成分，其中的主要成分大牻牛儿烯 D 和咕巴烯对多种昆虫具有引诱作用。

### 175. 水茄 （图 175）

**学名**：水茄 （*Solanum torvum* Swartz），别名刺番茄、天茄子、木哈蒿、乌凉、青茄、西好、刺茄、野茄子、金衫扣、山颠茄。

**分类地位**：茄科（Solanaceae），茄属（*Solanum*）。

**形态特征与生物学特性**：灌木。叶单生或双生，卵形至椭圆形。伞房花序腋外生，毛被厚,花白色;萼杯状,花冠辐形,子房卵形,光滑,不孕花的花柱短于花药,能孕花的花柱较长于花药;柱头截形。浆果黄色,光滑无毛,圆球形;种子盘状,全年均开花结果。产于我国云南(东南部、南部及西南部)、广西、广东、台湾。喜生长于海拔 200~1650 米热带地区的路旁、荒地、灌木丛、沟谷及村庄附近等潮湿地方。

**主要化学成分及衍生物:**水茄含酮类、生物碱类、甾体类及有机酸、皂苷元、澳洲茄碱、澳洲茄-3,5-二烯、谷甾醇等,还含有松柏醛、芥子醛、阿魏酸、对羟基苯甲酸、异香草酸、丁香酸、原儿茶醛、2,4,6-三甲氧基苯酚、3,5-二甲氧基-4-羟基苯甲醛等。

**农药活性:**水茄对香蕉炭疽病菌和芒果炭疽病菌有优良抑菌活性。其甲醇提取物对番茄早疫病菌、番茄芽枝病菌、甘蔗凤梨病菌有一定的抑制作用。其所含茄碱对灰葡萄孢菌、白菜白斑病菌、葱紫斑菌等有抑制作用,也具有化感作用。

### 176. 野茄 (图 176)

**学名:**野茄(*Solanum undatum* Lamarck),别名丁茄、颠茄树、牛茄子、衫钮果、黄天茄。

**分类地位:**茄科(Solanaceae),茄属(*Solanum*)。

**形态特征与生物学特性:**直立草本至亚灌木。上部叶常假双生,不相等;叶卵形至卵状椭圆形。蝎尾状花序超腋生。浆果球状,无毛,成熟时黄色,果柄长约2.5厘米,顶端膨大;种子扁圆形。花期夏季,冬季果成熟。产于云南、广西、广东及台湾。生于海拔 180~1100 米的灌木丛中或缓坡地带。

**主要化学成分及衍生物:**野茄含挥发油、生物碱、甾体皂苷类化合物等。挥发油有二氢猕猴桃内酯、苯甲醇、糠醛、芳樟醇等;叶中含有新克洛皂甙元、新野茄皂甙元和野茄皂甙元。果实含甾体生物碱。

**农药活性:**野茄提取液对番茄晚疫病菌具有一定的抑制作用。

## 七十六、玄参科

### 177. 毛麝香 (图 177)

**学名:**毛麝香(*Adenosma glutinosum*(L.)Druce),别名麝香草、凉草、五凉草、酒子草等。

**分类地位:**玄参科(Scrophulariaceae),毛麝香属(*Adenosma*)。

**形态特征与生物学特性:**直立草本,密被多细胞长柔毛和腺毛。茎圆柱形,上部四方形,中空。叶对生,上部的多少互生,披针状卵形至宽卵形,边缘具不整齐的齿。花单生叶腋或在茎、枝顶端集成较密的总状花序;花冠紫红色或蓝紫色,雄蕊后方一对较粗短,药室均成熟。蒴果卵形,先端具喙;种子矩圆形,褐色或棕色,有网纹。

花果期7—10月。产于江西南部、福建、广东、广西及云南等省区。

**主要化学成分及衍生物**：毛麝香的主要化学成分为挥发油、萜类、酚类、氨基酸、黄酮类等物质，如 α-侧柏烯、α-蒎烯、香桧烯、β-月桂烯、α-松油烯、γ-松油烯、30-醛基-白桦脂酸、1，3，5-三甲氧基苯、3，5-二甲氧基苯乙酮、β-谷甾醇、豆甾醇、大黄素甲醚、芝麻素、早熟素Ⅱ、棕榈酸、正二十六醇、乌苏酸、对羟基苯甲醛、5，6-二羟基-7，8，4′-三甲氧基黄酮、7-羟基胡椒酮等。

**农药活性**：毛麝香挥发油中的 α-蒎烯对储粮害虫，如赤拟谷盗、长角扁谷盗、锈赤扁谷盗等害虫均具有较强的驱避、触杀和熏杀作用，此外还有除螨作用。新鲜毛麝香叶片挥发油中的 α-蒎烯可以激活小蠹虫的信息素 Frotalin 使其表现出活性，能对小蠹虫扩散、选择、聚集和定居过程进行监测。

### 178. 野甘草（图178）

**学名**：野甘草（*Scoparia dulcis* L.），别名冰糖草。

**分类地位**：玄参科（Scrophulariaceae），野甘草属（*Scoparia*）。

**形态特征与生物学特性**：直立草本或为半灌木状。叶对生或轮生，菱状卵形至菱状披针形，枝上部叶较小而多。花单朵或更多成对生于叶腋，花梗细，无毛；无小苞片，萼分生，卵状矩圆形，顶端有钝头，具睫毛，花冠小，白色，有极短的管，喉部生有密毛，钝头，而缘有啮痕状细齿，雄蕊4，近等长，花药箭形，花柱挺直，柱头截形或凹入。蒴果卵圆形至球形，室间室背均开裂，中轴胎座宿存。产于广东、广西、云南、福建。喜生于荒地、路旁，亦偶见于山坡。

**主要化学成分及衍生物**：野甘草的主要化学成分为生物碱、黄酮、二萜和三萜等。生物碱主要分布在根部，黄酮类主要分布在地上部分。其中地上部分含生物碱、野甘草醇；根及根皮含甘露醇、鞣质、蜡醇、β-谷甾醇、D-甘露醇。还含有野甘草属酸A，B，C、野甘草醇、谷甾醇、三十三烷、野甘草酮、三萜氧熊果烯酸、白桦脂酸以及粘霉醇、金合欢素等活性成分。

**农药活性**：野甘草的氯仿—甲醇提取液对棉黑斑病菌、黑曲霉菌和尖孢镰刀菌有一定的抑制作用。

## 七十七、爵床科

### 179. 穿心莲（图179）

**学名**：穿心莲（*Andrographis paniculata*（Burm. F.）Nees），别名一见喜、印度草、榄核莲。

**分类地位**：爵床科（Acanthaceae），穿心莲属（*Andrographis*）。

**形态特征与生物学特性**：一年生草本。叶卵状矩圆形至矩圆状披针形，顶端略钝。

花序轴上叶较小，总状花序顶生和腋生，集成大型圆锥花序。蒴果扁，中有一沟，疏生腺毛；种子12粒，四方形，有皱纹。我国福建、广东、海南、广西、云南常见栽培，江苏、陕西亦有引种。

**主要化学成分及衍生物：** 穿心莲的化学成分主要为二萜类、黄酮类化合物。二萜类成分主要有穿心莲内酯、脱水穿心莲内酯、去氧穿心莲内酯、新穿心莲内酯、穿心莲内酯甙、14 - 去氧穿心莲内酯甙等。穿心莲内酯是穿心莲中的主要活性成分。穿心莲还含有双氢汉黄芩素、5 - 羟基 - 6，7 - 二甲氧基黄酮、2 - 羟基 - 3，4，6 - 三甲氧基查尔酮、5 - 羟基 - 7，8 - 二甲氧基黄酮、穿心莲素、2′ - 甲氧基 - 5，6，7 - 三甲基黄芩素、5，7，4′ - 三甲氧基黄酮、高车前素等成分。

**农药活性：** 穿心莲的丙酮、水提取物对香蕉根结线虫具有毒杀作用；其水或醇提取液对烟草花叶病毒和黄瓜花叶病毒有明显的抑制作用。穿心莲内酯对桃褐腐病菌有较好的抑制效果。

## 180. 爵床（图180）

**学名：** 爵床（*Justicia procumbens* L.），别名白花爵床、孩儿草、密毛爵床。

**分类地位：** 爵床科（Acanthaceae），爵床属（*Justicia*）。

**形态特征与生物学特性：** 草本，茎基部匍匐，通常有短硬毛。叶椭圆形至椭圆状长圆形，先端锐尖或钝，基部宽楔形或近圆形。穗状花序顶生或生上部叶腋。蒴果，上部具4粒种子，下部实心似柄状；种子表面有瘤状皱纹。产秦岭以南，东至江苏、台湾，南至广东，海拔1500米以下常见；西南至云南、西藏，海拔2200～2400米常见。生于山坡林间草丛中，为习见野草。

**主要化学成分及衍生物：** 爵床含有木脂素及其苷类、黄酮及其苷、三萜、香豆素、生物碱以及脂肪酸等类型的化学成分，如山柰酚 - 3 - O - ［2 - O - β - D - 吡喃葡萄糖基 - 6 - O - α - L - 吡喃鼠李糖基］ - β - D - 吡喃葡萄糖苷、山柰酚 - 3 - O - ［2 - O - α - L - 吡喃鼠李糖基 - 6 - O - β - D - 吡喃木糖基］ - β - D - 吡喃葡萄糖苷、洋芹素 - 7 - O - β - D - 吡喃葡萄糖甙、洋芹素 - 7 - O - 新橙皮甙、芹菜苷元、槲皮素、山柰酚等黄酮类成分以及陆地棉苷、异鼠李素 - 3 - 芸香糖苷、香草酸、阿魏酸、尿苷和爵床苷 F 等化合物。

**农药活性：** 爵床的甲醇提取物、乙酸乙酯提取物和丙酮提取物具有较强的杀虫活性。爵床不同溶剂提取物对亚洲玉米螟、小菜蛾、菜青虫、棉铃虫、斜纹夜蛾、大豆蚜、桃蚜、萝卜蚜和柑橘红蜘蛛等9种昆虫均具有一定的触杀作用，其中对亚洲玉米螟、小菜蛾、菜青虫、棉铃虫和斜纹夜蛾的触杀作用以甲醇提取物最强，对大豆蚜、桃蚜和萝卜蚜的触杀作用以乙酸乙酯提取物最强，对柑橘红蜘蛛的触杀作用以丙酮提取物最强。爵床甲醇提取物对柑橘炭疽病菌、芦笋茎枯病菌、辣椒疫病菌、辣椒炭疽病菌和草莓灰霉病菌均具有较强的抑菌活性。

181. **板蓝**（图181）

**学名**：板蓝（*Strobilanthes cusia*（Nees）Kuntze），别名马蓝。

**分类地位**：爵床科（Acanthaceae），马蓝属（*Strobilanthes*）。

**形态特征与生物学特性**：草本，多年生一次性结实，茎直立或基部外倾。稍木质化，叶柔软，纸质，椭圆形或卵形，顶端短渐尖，基部楔形，边缘有稍粗的锯齿，两面无毛，干时黑色。穗状花序直立。蒴果，无毛；种子卵形。花期11月。产于广东、海南、香港、台湾、广西、云南、贵州、四川、福建、浙江。常生于潮湿地方。

**主要化学成分及衍生物**：板蓝中含有生物碱类、甾醇类、有机酸类等成分。从板蓝叶的乙醇提取物中可分离得到生物碱类化合物，如靛玉红、色胺酮、1H－吲哚－3－羧酸、4（3H）－喹唑酮、2－氨基苯甲酸；黄酮类化合物，如5，7，4′－三羟基－6－甲氧基黄酮、5，7，4′－三羟基－6－甲氧基黄酮－7－O－β－D－吡喃葡萄糖苷等。

**农药活性**：板蓝的提取液对烟草花叶病毒具有一定的抑制作用。

# 七十八、马鞭草科

182. **大青**（图182）

**学名**：大青（*Clerodendrum cyrtophyllum* Turcz.），别名鸡屎青、猪屎青、臭叶树、野靛青、山漆、山尾花、淡婆婆、臭冲柴、路边青。

**分类地位**：马鞭草科（Verbenaceae），大青属（*Clerodendrum*）。

**形态特征与生物学特性**：灌木或小乔木，高1～10米。幼枝被短柔毛，枝黄褐色，髓坚实；冬芽圆锥状，芽鳞褐色，被毛。叶片纸质，椭圆形、卵状椭圆形、长圆形或长圆状披针形。伞房状聚伞花序，生于枝顶或叶腋；花小，有橘香味。果实球形或倒卵形，径5～10毫米，绿色，成熟时蓝紫色，为红色的宿萼所托。花果期6月至翌年2月。产于我国华东、中南、西南（四川除外）各省区。生于海拔1700米以下的平原、丘陵、山地林下或溪谷旁。

**主要化学成分及衍生物**：大青全株有异戊烯聚合物、半乳糖醇、鞣质、豆甾醇等，还含有苯乙醇苷类、木脂素类、有机酸类、糖及核苷类、甾体类化合物等，如类叶升麻苷、苯乙醇－β－D－葡萄糖苷、连翘苷、香草酸、没食子酸、琥珀酸、甘露醇、腺苷、β－谷甾醇等。

**农药活性**：大青的甲醇提取液对家蝇具有一定的毒杀效果。

183. **臭茉莉**（图183）

**学名**：臭茉莉（*Clerodendrum chinense* var. *simplex*（Moldenke）S. L. Chen），别名朋必、白花臭牡丹。

**分类地位**：马鞭草科（Verbenaceae），大青属（*Clerodendrum*）。

**形态特征与生物学特性**：植物体被毛较密。伞房状聚伞花序较密集，花较多，苞片较多，花单瓣，较大。核果近球形，径8～10毫米，成熟时蓝黑色。宿萼增大包果。花果期5—11月。产于云南、广西、贵州。生于海拔650～1500米的林中或溪边。

**主要化学成分及衍生物**：臭茉莉叶化学成分主要为脂肪族、萜烯及其含氧衍生物以及少量的芳香族化合物。活性最为显著的为苯乙醇苷类成分4″-O-乙酰马蒂罗苷、单乙酰马蒂罗苷和洋丁香苷。全草含黄酮苷、酚类、皂苷、鞣质。

**农药活性**：臭茉莉甲醇提取物对番茄早疫病菌、番茄芽枝病菌、甘蔗凤梨病菌有抑制作用。

### 184. 黄荆（图184）

**学名**：黄荆（*Vitex negundo* L.），别名五指相、五指风、布荆。

**分类地位**：马鞭草科（Verbenaceae），牡荆属（*Vitex*）。

**形态特征与生物学特性**：灌木或小乔木；小枝四棱形，密生灰白色茸毛。掌状复叶，小叶5，少有3；小叶片长圆状披针形至披针形。聚伞花序排成圆锥花序式，顶生。核果近球形，宿萼接近果实的长度。花期4—6月，果期7—10月。主要产于长江以南各省，秦岭淮河附近亦有分布。生于山坡路旁或灌木丛中。

**主要化学成分及衍生物**：黄荆的化学成分主要是萜烯类、黄酮类、植物甾醇、木脂素及其衍生物等。从黄荆乙醇提取物中可分离得到异荭草素、黄荆诺苷、木犀草素7-O-β-D-吡喃葡萄糖苷、异牡荆苷、迷迭香酸甲酯、3，4，5-三咖啡酰奎宁酸、咖啡酸等多种化合物，还可分离得到24ζ-甲基-5α-羊毛甾烷-25-酮、豆甾烷-4-烯-6β-醇-3-酮、麦角甾醇过氧化物、花椒毒素、5，8-二甲氧基补骨脂素、5，7-二羟基色原酮、2，6-二甲氧基-1，4-苯醌、7-氧代谷甾醇、反-3，5-二甲氧基-4-羟基-肉桂醛、松柏醛等化合物。黄荆中还含有苯基萘型木脂素生物碱黄荆素碱A。

**农药活性**：黄荆提取液对怀牛膝根结线虫具有杀虫、杀卵效果，对姜蛆和甜菜夜蛾具有较强的杀虫活性。黄荆叶片提取物可以通过抑制分生孢子的萌发及菌丝体的生长，防止镰刀菌引起的金合欢落叶病，对大豆真菌如大豆炭疽菌、尖孢镰刀菌和菜豆壳球孢有明显的抑制作用，还能抑制尖孢镰刀菌丝体的生长和菌核的产生。黄荆叶粉可以显著减少绿豆象的产卵和成虫的发生。黄荆水蒸气精油对麦蛾和致倦库蚊具有强烈的驱避作用，对绿豆象、谷蠹、玉米象、锯谷盗和赤拟谷盗有很好的种群抑制作用。种子二氯甲烷提取物对菜青虫、小菜蛾、麦长管蚜、棉蚜和桃蚜都有较高的杀虫活性。黄荆甲醇提取物对番茄早疫病菌、番茄芽枝病菌、甘蔗凤梨病菌有抑制作用。

## 七十九、唇形科

### 185. 广防风（图 185）

**学名**：广防风（*Anisomeles indica*（Linnaeus）Kuntze），别名茴莘、野紫苏、土藿香、野苏麻、防风草、猪麻苏、野薄荷、假豨莶、大羊胡臊、臭草、蜜草。

**分类地位**：唇形科（Lamiaceae），广防风属（*Anisomeles*）。

**形态特征与生物学特性**：草本，直立，粗壮，分枝。茎高 1~2 米，四棱形，具浅槽，密被白色贴生短柔毛。叶阔卵圆形，草质，上面榄绿色，下面灰绿色。轮伞花序在主茎及侧枝的顶部排列成稠密的或间断的直径约 2.5 厘米的长穗状花序。小坚果黑色，具光泽，近圆球形。花期 8~9 月，果期 9—11 月。产于广东、广西、贵州、云南、西藏东南部、四川、湖南南部、江西南部、浙江南部、福建及台湾。为一杂草，生于海拔 40~1580 米热带地区的林缘或路旁等荒地上。

**主要化学成分及衍生物**：广防风中的主要活性成分为毛蕊花糖苷、异毛蕊花糖苷、木犀草素 – 7 – O – β – D – 葡萄糖醛酸苷等苯丙素苷和黄酮苷类化合物。乌苏酸和迷迭香酸含量很高，为广防风的主要成分。从广防风氯仿萃取部位可得到 4，5 – 环氧卵防风二内酯、防风酸、4，7 – 氧环防风酸、4 – 亚甲基 – 5 – 羟基卵防风二内酯等。从广防风乙醇提取物中可分离得到广防风苷 A、圆齿列当苷、毛蕊花糖苷、肉苁蓉苷 D、咖啡酸、阿魏酸等。从广防风水提取物中可分离得到 2 –（3 – 甲氧基 –4 – 羟基）苯基 – 乙醇 1 – O – α – L – ［（1→3）– 鼠李糖基 – 6 – O – 阿魏酰基］葡萄糖苷、2 –（3，4 – 二羟基）苯基 – 乙醇 1 – O – α – L – ［（1→3）– 鼠李糖基 – 4 – O – 咖啡酰基］葡萄糖苷等化合物。

**农药活性**：广防风根、叶或花的粗提取物、挥发油以及纯的黄酮和萜类均具有明显的生物活性。广防风中的挥发油对瓜果腐霉、丝核菌有一定的抑制作用。

### 186. 活血丹（图 186）

**学名**：活血丹（*Glechoma longituba*（Nakai）Kuprian.），别名透骨草、豆口烧、驳骨消、疳取草、胎济草、野荆芥、窜地香、金钱草。

**分类地位**：唇形科（Lamiaceae），活血丹属（*Glechoma*）。

**形态特征与生物学特性**：多年生草本，具匍匐茎，上升，逐节生根。茎高 10~30 厘米，四棱形，基部通常呈淡紫红色。叶草质，下部者较小，叶片心形或近肾形，上部者较大，叶片心形。轮伞花序通常 2 花，稀具 4~6 花。成熟小坚果深褐色，长圆状卵形，顶端圆，基部略呈三棱形，无毛，果脐不明显。花期 4—5 月，果期 5—6 月。除青海、甘肃、新疆及西藏外，全国各地均产。生于海拔 50~2000 米的林缘、疏林下、草地中、溪边等阴湿处。

**主要化学成分及衍生物**：活血丹中主要化学成分有黄酮类、萜类、挥发油、有机酸等。挥发油中主要成分为蒎茨酮、l-薄荷酮和胡薄荷酮，另含 α-蒎烯、β-蒎烯、柠檬烯、对聚伞花烃、异蒎茨酮、芳樟醇、薄荷醇、α-松油醇、1，8-桉叶素、异松樟酮、大黄素甲醚等，还可从中分离得到芹菜素-7-O-葡萄糖苷、芫花素、齐墩果酸、芹菜素、槲皮素、木犀草素、5-羟甲基糠醛、β-谷甾醇等几十种化合物。

**农药活性**：活血丹中的精油成分如薄荷酮、薄荷醇等化合物对水稻象甲、豆象甲等有较好的杀虫活性，芳樟醇对德国小蠊雄性成虫具有驱避性，1，8-桉叶素成分可作为悬铃木方翅网蝽成虫的引诱剂，α-蒎烯对蚊虫具有毒杀作用。

### 187. 溪黄草（图187）

**学名**：溪黄草（*Isodon serra*（Maximowicz）Kudo），别名大叶蛇总管、台湾延胡索、山羊面、溪沟草。

**分类地位**：唇形科（Lamiaceae），香茶菜属（*Isodon*）。

**形态特征与生物学特性**：多年生草本；根茎肥大，粗壮。茎直立，可高达1.5~2米，钝四棱形，具四浅槽。茎叶对生，卵圆形、卵圆状披针形或披针形，草质，上面暗绿色，下面淡绿色。圆锥花序生于茎及分枝顶上，由具5至多花的聚伞花序组成。成熟小坚果阔卵圆形，顶端圆，具腺点及白色髯毛。花果期8~9月。产于东北、华北、西南、华南及台湾各省区。常成丛生于海拔120~1250米的山坡、路旁、田边、溪旁、河岸、草丛、灌丛、林下沙壤土上。

**主要化学成分及衍生物**：溪黄草中含萜类、黄酮类、挥发油类、多酚类等化合物。其中二萜类化合物含量丰富，如毛果香茶有贝壳松素、毛果香茶菜贝壳松醇、冬凌草素、线纹香茶菜酸和长叶香茶菜甲素等。三萜类化合物主要有β-谷甾醇、豆甾醇、齐墩果酸、熊果酸及β-胡萝卜苷等。黄酮类化合物有蓟黄素、芦丁、槲皮素、异槲皮素和木犀草素等。挥发油类物质包括1-辛烯-3-醇、2-己烯醛及1，顺-3-辛二烯、1，8-桉叶素、金合欢醇、枞油烯、异甲基苯、葎草烯等。多酚类化合物有迷迭香酸、迷迭香酸甲酯和胡麻素等；也含有其他多种化合物，如2α-羟基乌苏酸、β-谷甾醇-D-葡萄糖苷、乌苏酸、棕榈酸、硬脂酸、咖啡酸、异夏佛塔苷、夏佛塔苷、芹菜素-6，8-二-C-α-L-吡喃阿拉伯糖苷、7-甲氧基香豆素等。

**农药活性**：溪黄草提取物中的1，8-桉叶素成分可作为悬铃木方翅网蝽成虫的引诱剂。其精油可制作成驱蚊液，对埃及伊蚊成虫产卵有显著的忌避效果。

### 188. 益母草（图188）

**学名**：益母草（*Leonurus japonicus* Houttuyn），别名益母夏枯、森蒂、野麻、灯笼草、地母草、益母蒿、蛰麻菜。

**分类地位**：唇形科（Lamiaceae），益母草属（*Leonurus*）。

**形态特征与生物学特性**：一年生或二年生草本。茎直立，通常高30~120厘米，钝四棱形。叶轮廓变化很大，茎下部叶轮廓为卵形，掌状 3 裂，裂片呈长圆状菱形至卵圆形，由于叶基下延而在上部略具翅，腹面具槽，背面圆形；茎中部叶轮廓为菱形，较小，通常分裂成 3 个或偶有多个长圆状线形的裂片。轮伞花序腋生，具 8～15 花，轮廓为圆球形，多数远离而组成长穗状花序。小坚果长圆状三棱形，顶端截平而略宽大，基部楔形，淡褐色，光滑。花期通常在 6—9 月，果期 9—10 月。产全国各地。为一杂草，生长于多种环境，尤以阳处为多，生长地海拔可高达 3400 米。

**主要化学成分及衍生物**：益母草中含有二萜类、黄酮类、苯乙醇苷类、酚酸类、生物碱类、环烯醚萜苷类、香豆素类、脂肪酸类、己糖二酸类、甾体类、挥发油等化学成分。全草或种子中可分离得到前益母草乙素、延胡索酸、亚麻酸、硬脂酸、软脂酸、(E) －4－hydroxy－dodec－2－enedioic acid、β－谷甾醇、胡萝卜苷、豆甾醇、益母草碱、水苏碱、次黄苷等化合物。从其乙酸乙酯部位还可分离得到佛手柑内酯、花椒毒素、异茴芹内酯、异栓翅芹醇、异欧前胡素、橙皮内酯水合物、欧芹酚甲醚等香豆素类化合物。

**农药活性**：益母草对雌性象甲具有显著驱避作用。益母草甲醇抽提物对柑橘全爪螨雌成螨、桃蚜等有较好的触杀作用。益母草提取物对桃蚜具有一定的毒杀活性。

### 189. 罗勒 (图 189)

**学名**：罗勒（*Ocimum basilicum* L.），别名蒿黑、省头草、鸭香、光明子、薄荷树、香荆芥、矮糠、零陵香、家佩兰、薰草、翳子草、香菜。

**分类地位**：唇形科（Lamiaceae），罗勒属（*Ocimum*）。

**形态特征与生物学特性**：一年生草本，高 20～80 厘米，具圆锥形主根及自其上生出的密集须根。茎直立，钝四棱形。叶卵圆形至卵圆状长圆形。总状花序顶生于茎、枝上，由多数具 6 花交互对生的轮伞花序组成。小坚果卵珠形，黑褐色，有具腺的穴陷，基部有 1 白色果脐。花期通常 7—9 月，果期 9—12 月。产新疆、吉林、河北、浙江、江苏、安徽、江西、湖北、湖南、广东、广西、福建、台湾、贵州、云南及四川，多为栽培，南部各省区有逸为野生的。

**主要化学成分及衍生物**：罗勒全草含挥发油，主要有丁香油酚、牻牛儿醇、芳樟醇、甲基胡椒酚、罗勒烯、1，8－桉叶素、柠檬烯、△3－蒈烯、α－蒎烯、二环倍半水芹烯等 20 多种化合物；还含总黄酮苷和黄酮类，如槲皮素、咖啡酸、绿原酸、多酚类、芸香苷、异槲皮素、槲皮素－3－O－β－D－葡萄糖苷、山柰酚、懈皮素－3－O－（2″－没食子酰基）－芸香苷等，香豆精类的马栗树皮苷及其他化合物，如对香豆酸、熊果酸及 β－谷甾醇等。

**农药活性**：罗勒挥发油对蜡样芽孢杆菌具有良好的抑制作用。罗勒的提取物质均能降低根结线虫卵数，降低根结的产生。罗勒提取物对番茄灰霉病菌、棉铃虫的生长发育均具有一定的抑制作用。其精油中多种成分如 α－蒎烯、芳樟醇等对多种昆虫具有驱避或杀灭作用。

## 190. 紫苏（图190）

**学名**：紫苏（*Perilla frutescens*（L.）Britt.），别名荏、赤苏、白苏、香苏。

**分类地位**：唇形科（Lamiaceae），紫苏属（*Perilla*）。

**形态特征与生物学特性**：一年生直立草本。茎高0.3~2米，绿色或紫色，钝四棱形，具四槽，密被长柔毛。叶阔卵形或圆形，膜质或草质，两面绿色或紫色，或仅下面紫色。轮伞花序2花，偏向一侧的顶生及腋生总状花序。小坚果近球形，灰褐色，具网纹。花期8—11月，果期8—12月。全国各地广泛栽培。

**主要化学成分及衍生物**：紫苏叶含有挥发油、黄酮类、花色苷类、酚酸类及其他化合物。其中挥发油主要有紫苏醛、左旋柠檬烯、α-蒎烯、D-柠檬烯、4-芳樟醇、莰烯、薄荷醇、薄荷酮、紫苏醇等。黄酮类成分有芹菜素、芹菜素-7-葡萄糖苷、芹菜素-7-咖啡酰葡萄糖苷、木犀草素、木犀草素-7-葡萄糖苷、木犀草素-7-咖啡酰葡萄糖苷、金圣草黄素、高黄芩素、野黄芩苷和黄芩素-7-甲醚等。黄烷酮类成分有8-羟基-6，7-二甲氧基黄烷酮和5，8-二羟基-7-甲氧基黄烷酮。花色苷类成分包括天竺葵素、天竺葵苷、矢车菊素、芍药素、芍药素-3-葡萄糖苷等。酚酸成分有迷迭香酸衍生物、肉桂酸衍生物、咖啡酰奎尼酸类及其他化合物，如丹参素、3，4-二羟基苯甲酸甲酯、原儿茶醛等。

**农药活性**：紫苏叶精油对烟草甲具有驱避活性，对丝光绿蝇害虫具有显著的熏蒸毒性，对云南松小蠹成虫具有显著的驱避活性，对白腹皮蠹成虫具有强烈的驱避活性和触杀活性，对锈赤扁谷盗成虫具有良好的驱避活性，对云南松纵坑切梢小蠹成虫具有一定的驱避活性。紫苏乙醇提取物对降低柑橘粉虱产卵量有一定的作用，对茶炭疽病菌菌丝的生长有很好的抑制作用。

# 八十、姜科

## 191. 华山姜（图191）

**学名**：华山姜（*Alpinia oblongifolia* Hayata），别名箭杆风、廉姜。

**分类地位**：姜科（Zingiberaceae），山姜属（*Alpinia*）。

**形态特征与生物学特性**：株高约1米。叶披针形或卵状披针形。花组成狭圆锥花序，其上有花2~4朵。果球形。花期5—7月，果期6—12月。产于我国东南部至西南部各省区。为海拔100~2500米地区林荫下常见的一种草本。

**主要化学成分及衍生物**：华山姜不同溶剂提取物可分离得到多糖、苷类、皂苷、有机酸、鞣质、黄酮、生物碱、酚类、甾体、三萜、挥发油等物质，如3，5-二羟基-4′，7-二甲氧基黄酮、4′，7-二羟基-5-甲氧基二氢黄酮、4′，5，7-三羟基黄酮、5，7-二羟基-4′-甲氧基黄酮、木犀草素、对香豆酸、β-胡萝卜苷、β-谷甾醇和豆甾醇等。

**农药活性：** 华山姜粗提物对烟草赤星病菌菌丝生长具有良好的抑制作用。

### 192. 艳山姜（图192）

**学名：** 艳山姜（*Alpinia zerumbet*（Pers.）Burtt. et Smith），别名红团叶、糕叶、花叶良姜、斑纹月桃。

**分类地位：** 姜科（Zingiberaceae），山姜属（*Alpinia*）。

**形态特征与生物学特性：** 株高2～3米。叶片披针形。圆锥花序呈总状花序式，下垂，花序轴紫红色，被茸毛，分枝极短，在每一分枝上有花1～3朵。蒴果卵圆形，被稀疏的粗毛，具显露的条纹，顶端常冠以宿萼，熟时朱红色；种子有棱角。花期4—6月，果期7—10月。产于我国东南部至西南部各省区。亚洲的热带地区广布。

**主要化学成分及衍生物：** 艳山姜中主要包含挥发油类、黄酮类、二萜类及有机酸类等化合物。其挥发油主要成分为邻伞花烃、桉油精、芳樟醇、柠檬烯、氧化石竹烯、莰烯、蒎烯、左旋樟脑等。

**农药活性：** 艳山姜挥发油中的莰烯、柠檬烯和桉油精对赤拟谷盗均有一定的熏蒸和触杀毒性效果。其精油中多种成分如柠檬烯、芳樟醇等对多种昆虫具有驱避或杀灭作用。

### 193. 姜花（图193）

**学名：** 姜花（*Hedychium coronarium* Koen.），别名峨眉姜花。

**分类地位：** 姜科（Zingiberaceae），姜花属（*Hedychium*）。

**形态特征与生物学特性：** 茎高1～2米。叶片长圆状披针形或披针形；叶舌薄膜质。穗状花序顶生，椭圆形；苞片呈覆瓦状排列，卵圆形，每一苞片内有花2～3朵；花芬芳，白色；花冠管纤细，裂片披针形；侧生退化雄蕊长圆状披针形；唇瓣倒心形，白色，基部稍黄，顶端2裂；子房被绢毛。花期8—12月。产于我国四川、云南、广西、广东、湖南和台湾。生于林中或见于栽培。

**主要化学成分及衍生物：** 姜花的主要成分有挥发油、皂苷类、生物碱类、黄酮类等。挥发油主要有蒎烯、桉油醇、顺式－罗勒烯酮、苯甲酸甲酯、芳樟醇、吲哚、丁香酚、β－石竹烯、β－姜黄烯、γ－松油烯、金合欢烯、甲氧基丙烯基苯酚、苯甲酸叶醇酯、4－萜烯醇、橙花叔醇等。非挥发成分有姜花素、姜花酮的若干衍生物，如7－羟基姜花酮、6－芹子烯－醇、2－甲基－6－（ρ－甲苯基）－2－庚烯－1－醇、二表雪松烯－1－氧化物、荜澄茄油烯醇、Z，Z，Z－1，5，9，9－四甲基－1，4，7－环十一碳三烯、乙酸龙脑酯、11，11－二甲基－4，8－二亚甲基二环［7.2.0］－3－醇、D－柠檬烯等。

**农药活性：** 姜花叶中的挥发油能够有效抑制真菌尖孢镰刀菌和水稻纹枯病菌的体外生长。

## 八十一、百合科

### 194. 芦荟 (图194)

**学名**：芦荟（*Aloe vera* (L.) Burm. f.），别名白夜城、中华芦荟、库拉索芦荟。

**分类地位**：百合科（Liliaceae），芦荟属（*Aloe*）。

**形态特征与生物学特性**：多年生草本，茎短，株高约50厘米。叶簇生，肉质，粉绿色，条状，先端渐尖，基部宽阔，边缘疏生刺状小齿，长20~40厘米。花葶高60~90厘米，总状花序，苞片近披针形，花淡黄色。花果期7—9月，蒴果。南方各省区和温室常见栽培，渐由栽培变为野生。

**主要化学成分及衍生物**：芦荟中含有生物碱、黄酮类、醌类、萜类、甾体类、皂苷类、挥发油、有机酸等，如芦荟大黄素、芦荟大黄素苷、异芦荟大黄素苷、高塔尔芦荟素、大黄酚、大黄酚葡萄糖苷、蒽酚等蒽醌类；有槲皮素、莰非醇、芦丁等黄酮类化合物；有葡萄糖、甘露糖、阿拉伯糖、鼠李糖、葡萄糖醛酸等糖类物质；亦含有菜油甾醇、谷甾醇以及癸酸、月桂酸、肉豆蔻酸、油酸、亚油酸等脂肪酸类物质。

**农药活性**：芦荟的提取物对番茄晚疫病菌有一定程度的抑制作用；对谷蠹的种群抑制效果较好；对冈比亚疟蚊幼虫表现出较好的活性；对1~4龄的埃及斑蚊幼虫有较好的生物活性；对朱砂叶螨尤其是对雌成螨的触杀、拒避和抑制产卵等有生物活性和一定的熏蒸活性。

### 195. 天门冬 (图195)

**学名**：天门冬（*Asparagus cochinchinensis* (Lour.) Merr.），别名野鸡食。

**分类地位**：百合科（Liliaceae），天门冬属（*Asparagus*）。

**形态特征与生物学特性**：攀缘植物。根在中部或近末端成纺锤状膨大。茎平滑，常弯曲或扭曲，长可达1~2米，分枝具棱或狭翅。叶状枝通常每3枚成簇，扁平或由于中脉龙骨状而略呈锐三棱形，稍镰刀状。花通常每2朵腋生，淡绿色。浆果，熟时红色，有1粒种子。花期5~6月，果期8~10月。从河北、山西、陕西、甘肃等省的南部至华东、中南、西南各省区都有分布。生于海拔1750米以下的山坡、路旁、疏林下、山谷或荒地上。

**主要化学成分及衍生物**：天门冬含天门冬素、β-谷甾醇、甾体皂苷、糠醛衍生物等成分，其中含多种螺旋甾苷类化合物天冬甙-Ⅳ~Ⅶ（Asp-Ⅳ~Ⅶ）、天冬酰胺、瓜氨酸、丝氨酸等近20种氨基酸，以及低聚糖，如5-羟甲基糠醛、菝葜皂苷元、薯蓣皂苷元、纤细皂苷、薯蓣皂苷、β-谷甾醇、胡萝卜苷、豆甾醇等，以及5,7-二羟基-6,8,4'-三甲氧基黄酮、槲皮素、阿魏酸、(+)-nyasol、(+)-4'-O-methylnyasol、3′－hydroxy－4′－methoxy－4－dehydroxynyasol 等化合物。

**农药活性**：天门冬的乙醇提取物对黑曲霉有一定的抑菌效果，块根水提液能有效杀死蚊、蝇幼虫。

### 196. 山菅（图196）

**学名**：山菅（*Dianella ensifolia*（L.）Redouté），别名山菅兰、桔梗兰、山交剪、老鼠砒。

**分类地位**：百合科（Liliaceae），山菅兰属（*Dianella*）。

**形态特征与生物学特性**：植株高可达 1 ~ 2 米；根状茎圆柱状。叶狭条状披针形。顶端圆锥花序；花常多朵生于侧枝上端。浆果近球形，深蓝色，具 5 ~ 6 粒种子。花果期 3—8 月。产于云南、四川、贵州东南部、广西、广东南部、江西南部、浙江沿海地区、福建和台湾。生于海拔 1700 米以下的林下、山坡或草丛中。全株有毒。

**主要化学成分及衍生物**：山菅含有糖类、酚类、香豆素类、黄酮、挥发油、三萜及甾萜类等化学成分，如酸模素、2，4－二羟基－3，6－三甲基苯甲酸甲酯等。

**农药活性**：山菅甲醇提取物对番茄芽枝病菌具有抑制作用。

### 197. 萱草（图197）

**学名**：萱草（*Hemerocallis fulva*（L.）L.），别名摺叶萱草、黄花菜。

**分类地位**：百合科（Liliaceae），萱草属（*Hemerocallis*）。

**形态特征与生物学特性**：根近肉质，中下部有纺锤状膨大。叶一般较宽。花早上开晚上凋谢，无香味，橘红色至橘黄色，内花被裂片下部一般有"∧"形彩斑。花果期 5—7 月。

**主要化学成分及衍生物**：萱草花中含有类黄酮、多酚、生物碱、蒽醌类等物质，其中类黄酮含量丰富，有芦丁、金丝桃苷、异槲皮苷、槲皮素－3－O－芸香糖苷和槲皮素－3－O－β－D－吡喃木糖等。还含有儿茶素、杨梅黄酮－3－芸香糖苷、柚皮素、白杨素、山奈酚等化学成分。

**农药活性**：萱草根提取物有抗丝虫作用。其所含槲皮素类化合物对麦长管蚜具有明显的抗性作用。大部分类黄酮化合物对麦二叉蚜和桃蚜具有明显的拒食作用。

### 198. 玉簪（图198）

**学名**：玉簪（*Hosta plantaginea*（Lam.）Aschers.）。

**分类地位**：百合科（Liliaceae），玉簪属（*Hosta*）。

**形态特征与生物学特性**：根状茎粗厚。叶卵状心形、卵形或卵圆形。具几朵至十几朵花；花的外苞片卵形或披针形，花单生或 2 ~ 3 朵簇生，白色，芳香。蒴果圆柱状，有三棱。花果期 8—10 月。产于四川、湖北、湖南、江苏、安徽、浙江、福建和广东。生于海拔 2200 米以下的林下、草坡或岩石边。

**主要化学成分及衍生物**：从玉簪中可分离出 10 余种化合物，如 4－羟基苯甲醛、

4 - 羟基 - 苯乙酮、5，7 - 二甲氧基 - 8 甲基 - 4′ - 羟基黄烷、5，7 - 二甲氧基 - 4′ - 羟基黄烷、表儿茶素、儿茶素、表没食子儿茶素、没食子儿茶素、香豆酸、苯乙基 - O - β - D - 葡萄糖苷等。

**农药活性：**玉簪的 30 微克/毫升醇提取物有较好的抗烟草花叶病毒活性；其甲醇提取物对菜青虫具有较强的杀虫活性。

### 199．麦冬（图 199）

**学名：**麦冬（*Ophiopogon japonicus*（L. F.）Ker - Gawl.），别名金边阔叶麦冬、沿阶草、麦门冬、矮麦冬、狭叶麦冬、小麦冬、书带草、养神草。

**分类地位：**百合科（Liliaceae），沿阶草属（*Ophiopogon*）。

**形态特征与生物学特性：**根较粗，中间或近末端常膨大成椭圆形或纺锤形的小块根；地下走茎细长，节上具膜质的鞘。茎很短，叶基生成丛，禾叶状，边缘具细锯齿。总状花序，具几朵至十几朵花；花单生或成对着生于苞片腋内。种子球形。花期 5—8 月，果期 8—9 月。产于广东、广西、福建、台湾、浙江、江苏、江西、湖南、湖北、四川、云南、贵州、安徽、河南、陕西（南部）和河北。生于海拔 2000 米以下的山坡阴湿处、林下或溪旁。

**主要化学成分及衍生物：**麦冬块根含多种皂苷、黄酮类、挥发油、有机酸、植物甾醇、糖苷、单糖类和寡糖类成分等物质。其中皂苷有麦冬皂苷 A、B、B′、C、C′、D、D′；黄酮类化合物有麦冬黄酮 A，B、甲基麦冬黄酮 A，B、麦冬二氢黄酮 A，B、甲基麦冬二氢黄酮、6 - 醛基 - 7 - 甲氧基 - 异麦冬黄烷酮 B 及 6 - 醛基异麦冬黄酮 A，B 等；有机酸有水杨酸、对羟基苯甲酸、香草酸、对羟基苯甲醛、对香豆酸、齐墩果酸、壬二酸、二十三烷酸、天师酸等；糖苷有倍半萜苷 A、龙脑葡萄糖苷等；其他类成分有 α - 葎草烯、β - 谷甾醇、豆甾醇、β - 谷甾醇 - β - D - 葡萄糖苷、大黄酚及大黄素等。

**农药活性：**麦冬提取物能抑制水稻纹枯病菌、桃缩叶病以及鬼芋根腐病菌菌丝生长。其所含大黄素对细链格孢菌、盘多毛孢菌、栗盘色多格孢菌和香石竹单胞锈菌等植物病原菌具有抑制作用。

## 八十二、石蒜科

### 200．石蒜（图 200）

**学名：**石蒜（*Lycoris radiata*（L′Her.）Herb.），别名灶鸡花、曼珠沙华、老鸦蒜、彼岸花、龙爪花、蟑螂花、两生花、死人花、幽灵花、舍子花。

**分类地位：**石蒜科（Amaryllidaceae），石蒜属（*Lycoris*）。

**形态特征与生物学特性：**鳞茎近球形。秋季出叶，叶狭带状，顶端钝，深绿色，中间有粉绿色带。花茎高约30厘米；伞形花序有花4~7朵，花鲜红色；花被裂片狭倒披针形，强度皱缩和反卷，花被筒绿色；雄蕊显著伸出于花被外，比花被长1倍左右。花期8—9月，果期10月。产于华中、华东、华南、西南大部分省区。野生于阴湿山坡和溪沟边。

**主要化学成分及衍生物**：石蒜的主要成分是生物碱、淀粉和多糖，其中生物碱主要有石蒜碱、伪石蒜碱、加兰他敏、二氢加兰他敏及其他生物碱。

**农药活性**：石蒜总生物碱对家蝇具有一定的触杀作用和生长发育抑制作用。石蒜碱是对蓖麻三叶虫和棉蚜最有效的生物碱之一。其鳞茎提取物对梨褐斑病菌具有一定的抑制作用。

## 八十三、百部科

### 201. 大百部（图201）

**学名**：大百部（*Stemona tuberosa* Lour.），别名对叶百部、大春根。

**分类地位**：百部科（Stemonaceae），百部属（*Stemona*）。

**形态特征与生物学特性**：块根通常纺锤状，长达30厘米。茎常具少数分枝。叶对生或轮生，极少兼有互生，卵状披针形、卵形或宽卵形。花单生或2~3朵排成总状花序，生于叶腋或偶尔贴生于叶柄上。蒴果光滑，具多数种子。花期4—7月，果期5—8月。在我国分布于长江流域以南各省区。生于海拔370~2240米的山坡丛林下、溪边、路旁以及山谷和阴湿岩石中。

**主要化学成分及衍生物**：大百部根含多种类型的生物碱类化合物，如百部碱、对叶百部碱、异对叶百部碱、斯替宁碱、次对叶百部碱、氧化对叶百部碱；还含有非生物碱成分，如大黄素甲醚、3-羟基-4-甲氧基苯甲酸、对羟基苯甲酸、豆甾醇、β-谷甾醇、胡萝卜苷等化合物；此外，还含乙酸、甲酸、苹果酸、琥珀酸、草酸等。

**农药活性**：大百部能有效抑制海灰翅夜蛾、斜纹夜蛾幼虫的拒食活性，能毒杀牛虱、头虱、臭虫、天牛、桃象鼻虫、柑橘蚜和凤蝶等10余种含有咀嚼式口器和吸收式口器的害虫。大百部根石油醚提取物对朱砂叶螨有毒杀活性。大百部与除虫菊混合而成的制剂具有较强的驱虫、杀虫活性；对各类害虫的卵、早期虫、蛹及成熟期虫都有强烈的触杀作用。块根提取物有减弱呼吸中枢活性的作用，对二斑叶螨有一定的触杀、产卵抑制、驱避和毒杀作用。

## 八十四、天南星科

### 202. 金钱蒲（图202）

**学名**：金钱蒲（*Acorus gramineus* Soland.），别名紫耳、薄菖蒲、石蜈蚣、岩菖蒲、

臭菖、石菖蒲等。

**分类地位**：天南星科（Araceae），菖蒲属（Acorus）。

**形态特征与生物学特性**：多年生草本。根茎芳香，根肉质，具多数须根。叶无柄，叶片薄；叶片暗绿色，线形，先端渐狭，无中肋，平行脉多数，稍隆起。花序柄腋生，三棱形；肉穗花序圆柱状，上部渐尖，直立或稍弯；花白色。幼果绿色，成熟时黄绿色或黄白色。花果期2—6月。产于黄河以南各省区。常见于海拔20~2600米的密林下，生长于湿地或溪旁石上。

**主要化学成分及衍生物**：金钱蒲主要成分为醚类、烯类、酚类、醇类、醛类、脂肪酸类、酮类、醌类、有机醇醛酮酸类、生物碱及其他化合物。醚类主要有β-细辛醚、α-细辛醚、γ-细辛醚、异丁香酚甲醚。烯类主要有α-长叶蒎烯、长叶环烯、α-柏木烯、β-榄香烯、石竹烯、白菖烯、巴伦西亚橘烯、α-蒎烯、β-蒎烯等。酚类主要有2-甲氧基苯酚、丁香酚、丹皮酚和桂皮醛。醇类主要有2-茨醇、香茅醇、4-萜烯醇和萜品烯-4-醇。醛类有2-糠醛。脂肪酸类主要有亚油酸、油酸、棕榈酸和二甲基二羟肉桂酸。酮类有6-异丙烯基-4，8a-二甲基-3，4，5，6，7，8，8a-六氢化-2（1H）-萘酮、2-辛基环己酮、1-异丙基-4，8-二甲基螺［4，5］癸-8-烯-7-酮、9-番松酮和菖蒲酮。醌类有两型曲霉醌A和2，5-二甲氧基对苯醌。有机醇醛酮酸类有反式丁烯二酸、烟酸、对羟基苯甲酸、丁二酸、石菖蒲醇、石菖蒲醇-12-β-D-葡萄糖苷和5-羟甲基糠醛。还有酰胺类生物碱及其他类，如樟脑、隐绿原酸、榄香素、1，2，3，4-四氢-1，5，7-三甲基萘、β-桉叶醇、桉油精、龙脑和蒿脑等。从金钱蒲根茎的去油水液中还可分离出原儿茶酸、咖啡酸、阿魏酸等化合物。

**农药活性**：金钱蒲提取物对橘小实蝇成虫有很好的触杀作用；对谷蠹成虫种群有抑制作用；对玉米象成虫有抑制作用；对褐飞虱有明显的触杀、产卵忌避以及熏蒸活性；其甲醇提取物对黏虫具有极强的拒食和生长发育抑制作用，兼具一定触杀活性。金钱蒲精油对小菜蛾2龄幼虫取食、卵孵化均表现出抑制活性。金钱蒲提取物对小麦赤霉病菌、葡萄炭疽病菌、甜瓜枯萎病菌菌丝生长的抑制作用强烈。金钱蒲不同溶剂提取物对芒果炭疽病菌及香蕉尖孢镰刀菌具有不同程度的抑制作用。挥发油中的丁香酚甲醚成分能够抑制根串珠霉、尖孢镰刀菌、链格孢菌等植物感染性真菌的生长，金钱蒲乙醇提取物对梨黑斑病菌、苹果轮纹病菌、核桃枯梢病菌、甜瓜枯萎病菌、兰花枯萎病菌、西瓜枯萎病菌、番茄枯萎病菌、三七根腐病菌、苹果炭疽病菌、葡萄根腐病菌、茄子枯萎病菌、枣炭疽病菌、番茄灰霉病菌、番茄早疫病菌、番茄黑斑病菌等均有一定的抑制作用；对玉竹根腐病菌的菌丝也有抑制作用。

## 203. 海芋（图203）

**学名**：海芋（Alocasia odora（Roxburgh）K. Koch），别名姑婆芋、狼毒、尖尾野芋头、野山芋、广东狼毒、痕芋头、黑附子、野芋、羞天草、滴水观音等。

**分类地位**：天南星科（Araceae），海芋属（*Alocasia*）。

**形态特征与生物学特性**：大型常绿草本植物，具匍匐根茎。叶多数，螺旋状排列，粗厚，长可达 1.5 米；叶片亚革质，草绿色，箭状卵形，边缘波状。肉穗花序芳香，雌花序白色，不育雄花序绿白色，能育雄花序淡黄色。浆果红色，卵状，种子 1～2 粒。花期四季，但在密荫的林下常不开花。产于江西、福建、台湾、湖南、广东、广西、四川、贵州、云南等地的热带和亚热带地区。常成片生长于海拔 1700 米以下的热带雨林林缘或河谷野芭蕉林下。全株有毒。

**主要化学成分及衍生物**：海芋中含有海芋素、生物碱、甾醇类化合物等，如山橘脂酸、反式 - 阿魏酰酪胺、grossa - mide、原儿茶酸、香草酸、对羟基苯甲酸、尼泊金甲酯、β - 胡萝卜苷、β - 谷甾醇、大麻酰胺 F、棕榈酸、棕榈酸甘油酯、β - 谷甾醇 - 3 - O - 6 - 棕榈酰葡萄糖苷、尿嘧啶、1，2 - 苯二甲酸双（2 - 异丁基）酯、邻苯二甲酸二丁酯、3 - （1′，3′ - β - 环己二烯）- 吲哚、5 - 十四碳烯 - 3 - 炔、2，3 - 二氢 - 苯骈呋喃等。

**农药活性**：海芋凝集素层析样品对豆蚜有较强的胃毒作用；对草地贪夜蛾、甜菜夜蛾、粉纹夜蛾和美洲棉铃虫 4 种昆虫细胞有明显的毒杀作用；对豆蚜有较强的抗生作用。海芋水提物用于防治稻苞虫、黏虫、稻飞虱、稻叶蝉效果良好，具有较强的杀钉螺能力；其粗提物具有一定的杀线虫能力；其叶片挥发性成分对柑橘木虱有毒杀作用。海芋叶、茎和叶柄的甲醇提取物对荔枝霜疫霉病菌、稻瘟病病原菌、水稻纹枯病菌、白菜黑斑病菌、番茄早疫病菌、番茄芽枝病菌、甘蔗凤梨病菌等有一定的活性。

### 204. 天南星（图 204）

**学名**：天南星（*Arisaema heterophyllum* Blume），别名双隆芋、蛇棒头、天凉伞、蛇六谷、青杆独叶一枝枪、独叶一枝枪、蛇包谷、独脚莲。

**分类地位**：天南星科（Araceae），天南星属（*Arisaema*）。

**形态特征与生物学特性**：块茎扁球形，鳞叶 4～5。叶 1；叶鸟足状分裂，裂片 13～19，倒披针形、长圆形或线状长圆形，上面暗绿色，下面淡绿色。叶柄圆柱形，粉绿色；肉穗花序两性和雄花序单性；两性花序：下部雌花序，上部雄花序，大部不育，有的为钻形中性花；雌花球形，花柱明显，柱头小，胚珠 3～4；雄花具梗，花药 2～4，白色，顶孔横裂。浆果黄红色、红色，圆柱形；种子 1 粒，黄色，具红色斑点。花期 4—5 月，果期 7—9 月。除西北、西藏外，全国各地均有分布。常见于海拔 2700 米以下的林下、灌丛或草地。全株有毒。

**主要化学成分及衍生物**：天南星主要含有生物碱类、凝集素类、苷类、甾醇类等化学成分。生物碱主要有葫芦巴碱、氯化胆碱、秋水仙碱、胆碱和水苏碱等；凝集素类有血液凝集素、淋巴凝集素、象鼻南星凝集素、精液凝集素等；苷类主要有胡萝卜苷、夏佛托苷、异夏佛托苷、芹菜素 - 6 - C - 阿拉伯糖 - 8 - C - 半乳糖苷等；甾醇类有 β - 谷甾醇、甘露醇、豆甾醇、谷甾醇、胆甾醇等。

**农药活性**：天南星茎、块茎、叶的乙醇浸提液对黄瓜白粉病、甜瓜枯萎病、黄瓜霜霉病均有明显的抑制作用。天南星鲜球茎用水清洗干净，按质量比 1∶5 加水，然后用小型粉碎机粉碎，再用小火煮 20 分钟，过滤后的天南星原液按照 1∶3 比例进行稀释，采用喷雾器在作物叶面与茎基部均匀喷施，可有效防治蜗牛和蚜虫。

# 参考文献

［1］http：//www. iplant. cn.

［2］徐汉虹. 杀虫植物与植物性杀虫剂［M］. 北京：中国农业出版社，2001.

［3］李少红. 植物农药［M］. 北京：中国农业科学出版社，2012.

［4］张兴，吴志凤，李威，等. 植物源农药研发与应用新进展：特殊生物活性简介［J］. 农药科学与管理，2013（4）.

［5］叶萱. 植物源杀虫剂发展新方向［J］. 世界农药，2018，40（1）.

［6］徐芬芬，叶利民，王爱斌，等. 植物源农药［J］. 生物学教学，2010，35（1）.

［7］HUBBARD M，HYNES R K，ERLANDSON M，et al. The biochemistry behind biopesticide efficacy［J］. Sustainable chemical processes，2014，2.

［8］王路路，周云晶，袁方玉，等. 藤石松生物碱成分的研究［C］//中国化学会. 中国化学会第十一届全国天然有机化学学术会议论文集：第三册. 北京：中国化学会，2016.

［9］徐莉娜，刘怡亚，卢丽丹. 石松生物碱对东乡伊蚊幼虫体内乙酰胆碱酯酶活性的影响［J］. 中国媒介生物学及控制杂志. 2007，2（18）.

［10］王海英，杨继，刘新，等. 石松的化学成分研究［J］. 中国现代应用药学，2018，35（12）.

［11］戴克敏，潘德济，程章华，等. 伸筋草类药用植物资源的初步研究［J］. 植物资源与环境，1992，1（1）.

［12］张秀珍. 4 种植物抗菌活性及活性物质研究［D］. 桂林：广西师范大学，2014.

［13］于红威，严铭铭，杨智，等. 节节草化学成分的研究［J］. 中草药，2011，42（3）.

［14］朱英，骆绪美. 5 种不同浓度植物源农药对石榴蚜虫杀虫效果研究［J］. 安徽农业科学，2020，48（19）.

［15］李齐激，倪再辉，杨艳，等. 民族药芒萁的化学成分研究［J］. 中国药学杂志，2016（51）.

［16］陈少波. 芒萁的化感活性及化学成分薄层分析［D］. 南昌：江西师范大学，2011.

［17］毛娟玲，平欲晖，双若男，等. UPLC – Q – TOF/MS 法分析芒萁化学成分［J］. 中药材，2019，42（12）.

［18］王辉，吴娇，徐雪荣，等. 海金沙的化学成分和药理活性研究进展［J］. 中国野生植物资源，2011，30（2）.

［19］杨斌，陈功锡，唐克华，等. 海金沙提取物抑菌活性研究［J］. 中药材，2011，34（2）.

［20］胡燕珍，张媛媛，田莹莹，等. 乌蕨的研究进展［J］. 现代中药研究与实践，2020，34（2）.

［21］WU S，LI J，WANG Q，et al. Chemical composition，antioxidant and anti – tyrosinase activities of fractions from Stenoloma chusanum［J］. Industrial crops and products，2017（107）.

［22］田圣梅，李宁，汪玲玉，等. 蕨的化学成分研究［J］. 中国药学杂志，2011，8（46）.

［23］姜坤，杨胜祥. 井栏边草化学成分的研究［J］. 淮南师范学院学报，2013，15（79）.

［24］余有贵，赵良忠，段林东，等. 凤尾草抗菌药物的提取与开发研究［J］. 邵阳高等专科学校学报，2001（3）.

［25］侯文成，韩丹丹，陈曼丽，等. 蜈蚣草甲醇提取物的抗氧化活性研究［J］. 湖南农业大学学报，2016，42（4）.

［26］熊俊娟，丁利君. 蜈蚣草有效成分的定性分析及紫外光谱研究［J］. 时珍国医国药，2011，22（11）.

［27］孙俊. 蜈蚣草有效成分的纯化及其抗氧化研究［D］. 广州：广东工业大学，2011.

［28］廖凤仙. 海南鹿角藤和蜈蚣草农用活性研究及成分分析［D］. 海口：海南大学，2013.

［29］吴彩霞，张勇，顾雪竹，等. 铁线蕨化学成分和药理作用研究进展［J］. 中国医药导报，2014，11（2）.

［30］唐万贵，谭家珍. 华南毛蕨化学成分的分离鉴定［J］. 中国实验方剂学杂志，2019，25（20）.

［31］康茜，许园，陈钢，等. 华南毛蕨内生真菌抑菌活性筛选及活性菌株 Pestalotiopsis sp. CYC38 代谢产物的研究［J］. 广东药科大学学报，2017，33（1）.

［32］许柑叶，郑怡，陈晓清. 8 种蕨类植物多糖提取物抑菌效果的研究［J］. 福建师范大学学报（自然科学版），2005（2）.

[33] 陶文琴, 雷晓燕, 麦旭峰, 等. 4 种中药贯众原植物提取物的体外抗菌活性研究 [J]. 武汉植物学研究, 2009 (4).

[34] 蔡建秀, 吴文杰, 葛清秀. 20 种药用蕨类植物提取液抑菌试验研究 [J]. 亚热带植物科学, 2004, 33 (1).

[35] 余萍, 刘艳如, 郑怡. 乌毛蕨凝集素的部分性质 [J]. 应用与环境生物学报, 2004 (6).

[36] 龙友国, 余跃生, 戎聚全, 等. 肾蕨抗菌和抗衰老作用的实验研究 [J]. 黔南民族医专学报, 2007 (1).

[37] 陈晓清, 苏育才, 李晓晶, 等. 抗菌肾蕨多糖的提取与分离 [J]. 漳州师范学院学报 (自然科学版), 2006 (4).

[38] 左太强, 张永军, 朱凤蒙. 银杏精油对防治梨木虱药剂的增效作用研究 [J]. 落叶果树, 2019, 51 (4).

[39] 李玲玲, 李青爱, 易回香, 等. 银杏内生菌的分离及其抑菌活性筛选 [J]. 生物资源, 2019, 41 (3).

[40] 曲晓华, 辛玉峰. 银杏提取物抑菌效果的研究 [J]. 黑龙江农业科学, 2008 (1).

[41] 黄儒珠, 檀东飞, 张建清, 等. 3 种南洋杉科植物叶挥发油的化学成分 [J]. 林业科学, 2008, 44 (12).

[42] 陈佳. 四种海南植物中次生代谢物结构及其生物活性研究 [D]. 兰州: 兰州大学, 2012.

[43] 许可, 肖云川, 唐俏欣, 等. 马尾松鲜松叶的化学成分研究 [J]. 中药材, 2020, 43 (2).

[44] 曹鹏飞, 陈银华, 周慧娟, 等. 抗青枯病病菌植物杀菌剂的研究 [J]. 江苏农业科学, 2017, 45 (22).

[45] 肖云川, 赵曼茜, 闫翠起, 等. 马尾松鲜松叶的化学成分研究 [J]. 中草药, 2015, 46 (23).

[46] 刘均玲. 防治蕃茄灰霉病植物提取物的筛选与研究 [D]. 保定: 河北农业大学, 2003.

[47] 郭婷, 董莉, 魏秀丽, 等. 杉木的萜类化学成分研究 [J]. 中国药学杂志, 2016, 51 (15).

[48] 仲利涛. 杉木精油驱蚁性研究 [D]. 长沙: 中南林业科技大学, 2012.

[49] 仲利涛, 刘元, 黄军, 等. 杉木心材精油对黑胸散白蚁的触杀毒性研究 [J]. 湖南林业科技, 2011, 38 (4).

[50] 吴利苹, 俞雅芮, 刘梦影, 等. 侧柏叶中的 1 个新苯丙素苷 [J]. 中草药, 2020, 51 (3).

[51] 周巍. 侧柏叶挥发油的 GC – MS 分析及抑菌作用研究 [J]. 信阳农林学院学报, 2018, 28 (4).

[52] 张文豪, 国政, 魏少鹏, 等. 侧柏内生真菌 Chaetomium globosum ZH – 32 抗菌活性成分研究 [J]. 农药学学报, 2014, 16 (5).

[53] 潘宪伟, 赵余庆. 侧柏叶和果实中黄酮类和萜类物质的现代药学研究进展 [J]. 中草药, 2012, 43 (8).

[54] 赵凯丽, 黄增琼. 罗汉松种子挥发油及石油醚提取物 GC – MS 分析 [J]. 西北药学杂志, 2018, 33 (2).

[55] 苏应娟, 王艇, 张宏达. 罗汉松叶精油化学成分的研究 [J]. 武汉植物学研究, 1995 (4).

[56] 钱文琪, 吴炜琳, 张勋豪, 等. 满江红全草化学成分研究 [J]. 中草药, 2020, 51 (17).

[57] 万合锋, 龙朝波, 兰晨, 等. 满江红资源化利用及对环境修复作用的研究进展 [J]. 福建农业学报, 2015, 30 (11).

[58] 张艳杰, 高捍东, 鲁顺保. 南方红豆杉种子中发芽抑制物的研究 [J]. 南京林业大学学报 (自然科学版), 2007 (4).

[59] 王楷婷, 李春英, 倪玉娇, 等. 红豆杉的化学成分、药理作用和临床应用 [J]. 黑龙江医药, 2017, 30 (6).

[60] 孟爱平, 李娟, 濮社班. 红豆杉属植物化学成分及药理作用研究新进展 [J]. 中国野生植物资源, 2017, 36 (2).

[61] 王健伟, 梁敬钰, 李丽. 小叶买麻藤的化学成分 [J]. 中国天然药物, 2006 (6).

[62] 周祝, 徐婷婷, 胡昌奇. 小叶买麻藤藤茎化学成分的研究 [J]. 中草药, 2002 (3).

[63] 李顺林, 纳彬彬, 李庆洋. 买麻藤化学成分的研究 [J]. 中国民族民间医药杂志, 2001 (1).

[64] 陈娇, 代光辉, 顾振芳, 等. 58 种植物提取液对葡萄霜霉病菌的抑菌活性筛选研究 [J]. 天然产物研究与开发, 2002 (5).

[65] 侯冠雄, 王永江, 张周鑫, 等. 白兰花挥发油化学成分及其抑菌拒食活性研究 [J]. 天然产物研究与开发, 2018, 30 (12).

[66] 侯冠雄. 白兰花化学成分及其挥发油抗菌拒食活性研究 [D]. 昆明: 云南中医学院, 2018.

[67] 黄相中, 尹燕, 黄荣, 等. 白兰叶和茎挥发油化学成分研究 [J]. 食品科学, 2009, 30 (8).

[68] 郑怀舟, 汪滢, 黄儒珠. 含笑叶、花挥发油成分的 GC – MS 分析 [J]. 福建

林业科技，2011，38（1）.

[69] 熊雄，陈爱霞，赖永新，等. 含笑花中木脂素成分研究 [J]. 中国科技论文在线，2008（9）.

[70] 隋先进. 深山含笑次级代谢产物中化感物质的研究 [D]. 北京：中央民族大学，2017.

[71] 桂璇. 红茴香根皮的化学成分及抗痛风性关节炎的活性研究 [D]. 福州：福建中医药大学，2014.

[72] 李慧娟，王丽霞，刘孟奇，等. 披针叶茴香果实的化学成分研究 [J]. 中国药学杂志，2014，49（8）.

[73] 李慧娟. 披针叶茴香化学成分研究 [D]. 郑州：郑州大学，2014.

[74] 王国伟. 披针叶茴香茎、叶化学成分及抗炎活性研究 [D]. 上海：第二军医大学，2012.

[75] 段磊. 八角科植物果皮化学成分与促神经突起生长活性研究 [D]. 北京：北京中医药大学，2005.

[76] 刘恒. 南五味子主要有效成分的药物代谢及药代动力学研究 [D]. 福州：福建医科大学，2019.

[77] 王文燕，陈建光. 五味子的药理作用及开发研究 [J]. 北华大学学报（自然科学版），2007（2）.

[78] 刘俊霞. 五味子藤茎化学成分及其杀虫活性研究 [D]. 北京：中国农业科学院，2016.

[79] 刘丽. 南五味子提取物抑菌成分研究 [D]. 广州：仲恺农业工程学院，2013.

[80] 柴玲，刘布鸣，林霄，等. 假鹰爪果实挥发油化学成分研究 [J]. 香料香精化妆品，2016（2）.

[81] 李海泉，徐荣，郭刚军，等. 超临界 $CO_2$ 萃取阴香叶挥发油及 GC – MS 分析 [J]. 食品研究与开发，2016，37（12）.

[82] 董振浩. 阴香籽油提取、生物柴油制备及其在润肤霜中的应用 [D]. 南昌：江西农业大学，2015.

[83] 李会新，魏木山，易平炎，等. 25 种植物精油对四纹豆象的防治效果 [J]. 粮食储藏，2001（6）.

[84] 骆焱平，郑服丛，谢江. 阴香叶提取物的抑菌活性初步研究 [J]. 现代农药，2005（2）.

[85] 张筝晗，童永清，黄广智，等. 肉桂叶化学成分及药理作用研究进展 [J]. 广州化工，2019，47（1）.

[86] 梁靖涵，张其中，付耀武，等. 肉桂活性成分肉桂醛杀灭离体多子小瓜虫效

果 [J]. 水产学报, 2014, 38 (3).

[87] 肖祖飞, 钟丽萍, 张北红, 等. 黄樟的研究进展 [J]. 南方林业科学, 2020, 48 (2).

[88] 王法红, 曹阳, 骆焱平. 21 种海南植物粗提物生物活性初步测定 [J]. 湖北农业科学, 2013, 52 (8).

[89] 赵琳. 乌药中挥发油及生物碱成分的分离分析方法研究 [D]. 杭州: 浙江工商大学, 2018.

[90] 海萍, 高原, 李蓉涛, 等. 乌药的化学成分研究 [J]. 中草药, 2016, 47 (6).

[91] 罗维巍, 吕琳琳, 孙丽阳, 等. 不同方法提取香叶树叶挥发性成分的 GC – MS 分析 [J]. 特产研究, 2018, 40 (1).

[92] 叶增发, 赵俊杰, 吴盼盼, 等. 羟基桉树脑及其衍生物的合成和生物活性的研究进展 [J]. 轻工科技, 2017, 33 (1).

[93] 陈佳龄, 郭微, 彭维, 等. SPME – GC – MS 分析香叶树叶的挥发性成分 [J]. 光谱实验室, 2013, 30 (1).

[94] 殷帅文, 朱峰, 刘丽萍, 等. 山鸡椒植物源抑菌成分的筛选研究 [J]. 天然产物研究与开发, 2011, 23 (4).

[95] 王玲燕, 曲郁虹, 李彦程, 等. 山鸡椒水溶性成分的研究 [J]. 中国中药杂志, 2017, 42 (14).

[96] 黄梁绮龄, 苏美玲, 陈培榕. 山鸡椒挥发油成分分析及其抗真菌保鲜作用的研究 [J]. 天然产物研究与开发, 1994 (4).

[97] 杨进山, 赵文超, 侯钰颖, 等. 植物源物质加巴喷丁对南方根结线虫的抑制作用 [J]. 北京农学院学报, 2020, 35 (4).

[98] 崔泽旭, 徐嵬, 杨秀伟, 等. 细叶十大功劳茎水提取物脂溶性部位的化学成分研究 [J]. 中草药, 2018, 49 (1).

[99] 刘俊霞, 窦凤鸣, 王英平. 五味子藤茎中木脂素类化合物的杀虫活性成分研究 [J]. 天然产物研究与开发, 2017, 29 (7).

[100] 周荣金. 狭叶十大功劳抑菌物质分离及其对水稻细菌性条斑病的防治作用 [D]. 南宁: 广西大学, 2015.

[101] 黎芳靖, 陈媛媛, 周荣金, 等. 狭叶十大功劳抑菌物质分离及其对水稻细菌性条斑病的防治作用 [C] //彭友良, 王源超. 中国植物病理学会 2016 年学术年会论文集. 北京: 中国农业科学技术出版社, 2016.

[102] 崔霖芸, 罗洪波. 野木瓜果汁非酶褐变抑制及营养保全工艺优化 [J]. 食品与机械, 2020, 36 (9).

[103] 卢旭然, 王满元, 龚慕辛, 等. 野木瓜属植物化学成分和药理活性的研究

进展［J］．北京中医药，2013，32（7）．

［104］邱顺华，金李芬，钱民章．正安野木瓜果实乙醇粗提物的抗菌性能及其稳定性研究［J］．时珍国医国药，2013，24（3）．

［105］陈国栋，杨磊，陈少丹，等．野木瓜属植物化学成分和生物活性研究概况［J］．中药材，2008（2）．

［106］杨程．中药植物木防己抑菌活性初步研究［J］．南方园艺，2009，20（1）．

［107］何爱玲．广防己、木防己和粉防己的鉴别比较［J］．国医论坛，2006（5）．

［108］陈海生，梁华清，廖时萱．木防己化学成分研究［J］．药学学报，1991（10）．

［109］王立志，杨安平．粪箕笃中皂苷的分离纯化［J］．山东化工，2015，44（14）．

［110］宁蕾，邓业成，骆海玉，等．粪箕笃提取液抑菌活性初步研究［J］．江苏农业科学，2011（1）．

［111］李桂秀，林梦感，杨国红，等．草胡椒属植物中木脂素类化合物及其生物活性研究进展［J］．中草药，2012，43（9）．

［112］GOVINDACHARI TR，KRISHNA K G N，PARTHO P D. Two secolignans from Peperomia dindigulensis［J］．Phytochemistry，1998，49（7）．

［113］徐苏，王明伟，李娜．草胡椒属药用植物研究进展［J］．中草药，2005（12）．

［114］董存柱，郭锦全，周学明，等．山蒟中脂肪链酰胺类化合物的分离及杀虫活性［J］．农药学学报，2018，20（5）．

［115］马浩伟，董存柱，赵灏．山蒟提取物对斜纹夜蛾和香蕉花蓟马的毒性研究［J］．湖南农业科学，2016（8）．

［116］董存柱，王禹，徐汉虹，等．山蒟对椰心叶甲的生物活性研究［J］．热带作物学报，2011，32（12）．

［117］周亮，杨峻山，涂光忠．山蒟化学成分的研究［J］．中国药学杂志，2005（3）．

［118］李清，瞿发林，谭兴起，等．假蒟化学成分的研究［J］．中成药，2020，42（7）．

［119］冯岗，袁恩林，张静，等．假蒟中胡椒碱的分离鉴定及杀虫活性研究［J］．热带作物学报，2013，34（11）．

［120］王道平，危莉，彭小冰，等．顶空固相微萃取－气质联用法分析新鲜假蒟挥发性化学成分［J］．中国实验方剂学杂志，2013，19（10）．

［121］林江，符悦冠，黄武仁，等．假蒟石油醚萃取物对螺旋粉虱的生物活性及代谢酶活性的影响［J］．中国生态农业学报，2012，20（7）．

［122］孙晓东，吕朝军，钟宝珠，等. 几种植物挥发油对螺旋粉虱的生物活性［J］. 热带作物学报，2010，31（8）.

［123］张方平，王帮，毕仁军，等. 假蒟提取物对皮氏叶螨的生物活性测定［J］. 热带作物学报，2009，30（6）.

［124］毕仁军，韩冬银，李敏，等. 2%假蒟微乳剂对几种病、虫的毒力测定［J］. 热带农业工程，2009，33（2）.

［125］邱雪柏，向红琼，姜自清. 22 种植物甲醇提取液对南方根结线虫的控制作用［J］. 贵州农业科学，2008，36（6）.

［126］王敏. 鱼腥草的安全药理作用研究进展［C］//中国药理学会. 第三届（2017 年）中国安全药理学学术年会暨第六届安全药理学国际学术研讨会论文集. 北京：中国药理学会安全药理学专业委员会，2017.

［127］温柔，于欢，严丽萍，等. 草珊瑚质量标准研究概况［J］. 江西中医药大学学报，2020，32（5）.

［128］杨秀伟. 草珊瑚属药用植物的生物活性物质基础［J］. 中国现代中药，2017，19（2）.

［129］宋利沙，蒋妮，缪剑华，等. 肿节风炭疽病拮抗细菌的筛选与鉴定［J］. 植物保护，2018，44（6）.

［130］宋利沙，蒋妮，张占江，等. 草珊瑚炭疽病拮抗细菌的鉴定及其抑菌机理［J］. 微生物学通报，2020，47（10）.

［131］章杰，吴接呈，骆焱平，等. 槌果藤粗提物的杀虫活性［J］. 热带生物学报，2019，10（2）.

［132］李花，张鹏，邢梦玉，等. 海南槌果藤叶提取物的抗氧化及抑菌活性研究［J］. 天然产物研究与开发，2017，29（11）.

［133］张鹏. 槌果藤提取物的生物活性研究［D］. 海口：海南大学，2017.

［134］李海涛，葛翎，段国梅，等. 马齿苋的化学成分及药理活性研究进展［J］. 中国野生植物资源，2020，39（6）.

［135］羊仁月. 马齿苋抗虫活性成分的研究［D］. 广州：华南农业大学，2018.

［136］庞梓辰，穆淑媛，张灿刚. 不同植物提取物对番茄花叶病毒病的防治效果研究［J］. 中国果菜，2018，38（5）.

［137］王丽. 何首乌炮制后化学成分及药理作用分析［J］. 中国现代药物应用，2020，14（6）.

［138］马喆. 10 种植物提取物对南方根结线虫毒杀活性研究［J］. 中国植保导刊，2019，39（6）.

［139］王佩佩. 中药提取物对牛膝根结线虫病控制效果的研究［D］. 郑州：河南农业大学，2009.

［140］李润虹，甘国兴，龙国斌，等. 不同炮制辅料对何首乌药效成分含量的影响［J］. 今日药学，2020，30（4）.

［141］韦安达，朱华，谢凤凤，等. 民族药材火炭母的研究进展［J］. 中国现代中药，2020，22（9）.

［142］宋冠华，蔡丹丹，王绍芬，等. 植物粗提物对荔枝霜疫霉的抑菌活性研究［J］. 惠州学院学报，2016，36（3）.

［143］周佳民，黄文坤，崔江宽，等. 不同药用植物提取液对大豆孢囊线虫的控制作用［J］. 植物保护，2015，41（5）.

［144］徐冉，熊伟，龙正标，等. 水蓼化学成分的研究［J］. 广东化工，2017，44（5）.

［145］陈建芝. 辣蓼提取物对害虫的生物活性研究［D］. 长沙：湖南农业大学，2007.

［146］石进校，童爱国，陈义光. 几种植物源农药粗提物对菜蚜和蛞蝓的药效研究［J］. 湖北农学院学报，2002（2）.

［147］巩忠福，杨国林，严作廷，等. 蓼属植物的化学成分与药理学活性研究进展［J］. 中草药，2002（1）.

［148］路向星，李明. 水蓼药理作用研究进展［J］. 国际中医中药杂志，2020（2）.

［149］李友莲，李秀岚，魏清霞. 红蓼提取物对桃蚜的杀虫活性研究［J］. 山西农业大学学报（自然科学版），2004（3）.

［150］张新瑞. 红蓼提取物的杀虫作用和作用机理研究［D］. 兰州：甘肃农业大学，2009.

［151］侯建业，鲁涛，李金利，等. 红蓼挥发油的化学组分及其抑菌活性分析［J］. 信阳农林学院学报，2019，29（4）.

［152］潘胤池，胡秀，徐德林，等. 杠板归化学成分的研究［J］. 遵义医学院学报，2017，40（2）.

［153］郑淑文，朱昭琼，朱宇航，等. 新生期重复吸入七氟烷对大鼠行为学的远期影响［J］. 中国儿童保健杂志，2013，21（12）.

［154］马青云，黄圣卓，李红芳，等. 杠板归中化学成分生防活性研究［J］. 湖北农业科学，2013，52（21）.

［155］李敏，万远芳，郑文豪. 杠板归的研究进展［J］. 国际中医中药杂志，2013，35（8）.

［156］成焕波，刘新桥，陈科力. 杠板归乙酸乙酯部位化学成分研究［J］. 中药材，2012，35（7）.

［157］成焕波. 杠板归化学成分的研究［D］. 武汉：湖北中医药大学，2012.

［158］成焕波，刘新桥，陈科力. 杠板归化学成分及药理作用研究概况［J］. 中国现代中药，2012，14（3）.

［159］宋思惠. 虎杖膏组方药物对肛周脓肿菌群体外抑菌试验研究［D］. 遵义：遵义医科大学，2020.

［160］刘慧文，王国凯，储宣宁，等. 不同产地虎杖 HPLC 指纹图谱及 6 种成分含量测定［J］. 现代中药研究与实践，2018，32（3）.

［161］刘树兴，程丽英. 虎杖有效成分的开发现状及展望［J］. 食品科技，2005（2）.

［162］黄宏威，刘传鑫，颜昌铭，等. 商陆的化学成分与药理作用研究进展及质量标志物的预测分析［J］. 国际药学研究杂志，2020，47（3）.

［163］葛永辉，张婕，刘开兴，等. 垂序商陆抗烟草花叶病毒活性物质提取及分离［J］. 农药，2013，52（9）.

［164］于凌一丹，向阳春，等. 银杏外种皮与垂序商陆叶提取物及二者复配剂对小菜蛾杀虫活性研究［J］. 天然产物研究与开发，2020，32（10）.

［165］葛永辉，罗焕平，郑钰，等. 商陆中三萜皂苷类成分抗烟草花叶病毒活性研究［J］. 农药学学报，2015，17（3）.

［166］房伟伟，陈钧，韩邦兴，等. 垂序商陆叶灭螺活性及其毒性的初步研究［J］. 中国血吸虫病防治杂志，2011，23（4）.

［167］欧阳文，罗懿钒，程思佳，等. 湘产土牛膝中蜕皮甾酮类化合物分离与鉴定［J］. 湖南中医药大学学报，2018，38（10）.

［168］欧阳文，罗懿钒，程思佳，等. 土牛膝中 1 种新异黄酮的分离与鉴定［J］. 中草药，2018，49（14）.

［169］张然，熊文梅，涂学志，等. 复方土牛膝合剂抗菌和抗病毒作用的实验研究［J］. 抗感染药学，2006（3）.

［170］沈姗. 青葙子炒品化学成分及质量标准的研究［D］. 郑州：河南大学，2017.

［171］周兵，闫小红，蒋平，等. 青葙根氯仿提取物对多种植物的生物活性及抑菌作用［J］. 华中农业大学学报，2010，29（2）.

［172］周兵，闫小红，钟娟，等. 青葙根水提物化感活性及抑菌活性的研究［J］. 井冈山学院学报，2009，30（3）.

［173］张宝，彭潇，何燕玲，等. 酢浆草的化学成分研究［J］. 中药材，2018，41（8）.

［174］张宝，李勇军，马雪，等. 酢浆草的化学成分及药理活性研究进展［J/OL］. 中药材，2020（10）［2021 - 06 - 16］. https：//doi. org/10.13863/j. issn1001 - 4454. 2020.10.045.

［175］赵燕燕，田俊策，郑许松，等. 酢浆草和车轴草作为螟黄赤眼蜂田间蜜源植物的可行性分析［J］. 浙江农业学报，2017，29（1）.

［176］杨红原，赵桂兰，王军宪. 红花酢浆草化学成分的研究［J］. 西北药学杂志，2006（4）.

［177］张玉枫，张金华，黄瑶，等. 响应面法优化红花酢浆草抑菌活性物质的提取工艺研究［J］. 中国测试，2016，42（3）.

［178］陈世银，林冰丽，李俊妍，等. 红花酢浆草总黄酮的提取及抗氧化抑菌性能分析［J］. 广州化工，2019，47（14）.

［179］李中尧. 红花酢浆草的生物活性分析及其化学成分研究［D］. 南宁：广西师范学院，2016.

［180］覃婕媛. 了哥王化学成分及抗炎药理研究［D］. 成都：西南交通大学，2009.

［181］李树全，夏咸松，曹冠华，等. 了哥王内生真菌 Phomopsis sp. 发酵提取物抑菌活性研究［J］. 江西科学，2017，35（6）.

［182］蔡旭. 光叶子花和缅茄化学成分与抗糖尿病活性研究［D］. 武汉：湖北中医药大学，2015.

［183］张冉，刘加祥，段金超，等. 光叶子花的化学成分研究［J］. 云南农业大学学报（自然科学版），2018，33（6）.

［184］赵赫南，刘永志，王凤昭，等. 紫茉莉化学成分与生物应用研究进展［J］. 畜牧与饲料科学，2016，37（9）.

［185］赵赫南. 紫茉莉提取物对二斑叶螨的生物活性研究［D］. 沈阳：沈阳大学，2018.

［186］彭跃峰，鲁红学，刘铁铮. 紫茉莉茎提取物及其萃取物对菜粉蝶幼虫的生物活性［J］. 安徽农业科学，2007（13）.

［187］彭跃峰，鲁红学，周勇. 紫茉莉茎提取物的生物活性研究［J］. 贵州农业科学，2006（6）.

［188］刘道贵，程伟星，汤牛根，等. 植物抽提物防治植物病毒病的研究［J］. 安徽农业科学，2000（6）.

［189］卢汝梅，潘立卫，韦建华，等. 绞股蓝化学成分的研究［J］. 中草药，2014，45（19）.

［190］沈子琳，王振波，侯会芳，等. 绞股蓝的化学成分和药理作用及应用研究新进展［J］. 人参研究，2020，32（5）.

［191］吕浩秋，吴俊林，王璀璨，等. 植物提取物对烟草普通花叶病毒的抑制作用［J］. 中国农学通报，2016，32（18）.

［192］韩维栋，王秀丽. 紫背菜的食用价值及开发利用前景［J］. 中国野生植物

资源, 2012, 31 (5).

[193] 秦文, 李素清. 紫背菜的保健作用及其综合开发利用现状 [J]. 食品科学, 2005, 26 (A1).

[194] 张少平, 赖正锋, 吴水金, 等. 药食同源植物紫背天葵研究现状与展望 [J]. 中国农学通报, 2014, 30 (4).

[195] 国家中医药管理局《中华本草》编委会. 中华本草 [M]. 上海: 上海科学技术出版社, 1999.

[196] 王海涛. 三叶青根结线虫鉴定及紫背天葵对南方根结线虫的抗性机制研究 [D]. 杭州: 浙江大学, 2014.

[197] 汪凤华, 任琦, 胡寿荣, 等. 油茶根正丁醇萃取部位的化学成分研究 [J]. 中国药房, 2019, 30 (17).

[198] 宋昱, 史丽颖, 卢轩, 等. 山茶属植物的化学成分及药理活性研究 [J]. 中国药房, 2018, 29 (15).

[199] 栗少卿. 茶皂素颗粒剂及复配剂对根结线虫病的防治研究 [D]. 广州: 华南农业大学, 2016.

[200] 杨秀娟. 施用茶籽饼防治香蕉根结线虫及其对土壤线虫和微生物群落结构的影响 [D]. 南京: 南京农业大学, 2015.

[201] 黄新翔, 何恩铭, 廖佳若, 等. 木荷茎皮化学成分研究 [J]. 亚热带植物科学, 2020, 49 (3).

[202] 陈绪涛, 柴兆元, 霍光华, 等. 木荷皂苷对稻瘟病病原细胞的致毒作用 [J]. 江苏农业科学, 2017, 45 (5).

[203] 邓志勇, 骆海玉, 陈超英, 等. 木荷树皮乙醇提取物抗炎镇痛作用研究 [J]. 广西师范大学学报 (自然科学版), 2019, 37 (1).

[204] 暴晓凯, 李迎宾, 张治萍, 等. 岗松精油对植物病原菌的抑制效果研究 [C] //彭友良, 王琦. 中国植物病理学会 2018 年学术年会论文集. 北京: 中国农业科学技术出版社, 2018.

[205] 庾丽峰, 甄丹丹, 丘琴, 等. 瑶药岗松的研究进展 [J]. 中国民族民间医药, 2018, 27 (14).

[206] 卢文杰, 刘布鸣, 牙启康, 等. 中药岗松的研究概况 [J]. 广西医学, 2008 (10).

[207] 莫青胡, 周先丽, 周云, 等. 桃金娘叶的化学成分研究 [J/OL]. 中药材, 2020 (3) [2021 - 01 - 10]. https: //doi. org/10.13863/j. issn1001 - 4454. 2020 - 03 - 14.

[208] 梁洁怡, 徐阳纯, 李维嘉, 等. 桃金娘果实中挥发油提取工艺的优化及 GC - MS 鉴定 [J]. 食品工业, 2018, 39 (12).

［209］王永进，刘文韬，曹睿智，等. 桃金娘籽油理化指标及成分分析［J］. 中国油脂，2018，43（12）.

［210］李盼盼. 桃金娘间苯三酚类化学成分及生物活性研究［D］. 昆明：西南林业大学，2018.

［211］银慧慧，刘伟，赵武，等. 双波长 UPLC 同时测定桃金娘根中没食子酸和鞣花酸［J］. 分析试验室，2015，34（10）.

［212］高桂花，张勇，张慧. 药用植物桃金娘开发研究［J］. 辽宁中医药大学学报，2015，17（1）.

［213］黄晓昆，黄晓冬. 赤楠叶黄酮类化合物的提取及其体外抗菌活性研究［J］. 安徽农业科学，2008（13）.

［214］周法兴，梁培瑜，周琦，等. 赤楠化学成分的研究［J］. 中国中药杂志，1998（3）.

［215］刘文钰，武海峰，陈计澎. 中药提取物对温室白粉虱的室内毒力研究［C］//中共沈阳市委，沈阳市人民政府. 第十七届沈阳科学学术年会论文集. 沈阳：沈阳市科学技术协会，2020.

［216］张悦，徐怀双，范冬立，等. 使君子的化学成分［J］. 沈阳药科大学学报，2015，32（7）.

［217］冯有劲. 中药使君子药理作用［J］. 中国畜牧兽医文摘，2014，30（4）.

［218］王引，马卓，张少华，等. 麻黄等 6 种中草药对棉铃虫生物活性的初步研究［J］. 河北农业大学学报，2012，35（6）.

［219］林永熙，罗雅利，胡利锋. 14 种植物的除草活性初步研究［J］. 湖南农业科学，2019（11）.

［220］窦艳，蒋继宏，高雪芹，等. 杜英叶挥发油化学成分的 GC－MS 分析［J］. 江苏林业科技，2006（5）.

［221］王宗德，姜志宽，宋湛谦. 萜类驱避剂的研究与合成分析［J］. 中华卫生杀虫药械，2004（1）.

［222］陶鑫，薛中峰，覃骊兰. 木棉的化学成分和药理作用研究进展［J］. 广州化工，2019，47（24）.

［223］王国凯，林彬彬，田梅，等. 木棉根化学成分研究［J］. 热带亚热带植物学报，2017，25（4）.

［224］张洁. 中国植物源杀虫剂发展历程研究［D］. 咸阳：西北农林科技大学，2018.

［225］杨红，杨小波，郭小鸿. 山地散养鸡场种植白背黄花稔的生态作用［J］. 江西畜牧兽医杂志，2017（6）.

［226］魏进，刘霞，张静，等. 地桃花提取物对 10 种植物的抑制活性［J］. 杂草

学报，2018，36（3）.

[227] 陈贵，夏稷子，史娟，等. 地桃花化学成分、药理作用及质量控制研究进展［J］. 中成药，2020，42（7）.

[228] 梁建丽，韦丽富，周婷婷，等. 铁苋菜有效成分及药理作用研究概况［J］. 亚太传统医药，2015，11（3）.

[229] 尹显楼，詹济华，谭洋，等. 铁苋菜不同极性萃取物的抗氧化及抑菌活性研究［J］. 食品与机械，2019，35（6）.

[230] 王晓岚，郁开北，彭树林. 铁苋菜地上部分的化学成分研究［J］. 中国中药杂志，2008（12）.

[231] 董卫峰，林中文，孙汉董. 铁苋菜中的一个新化合物［J］. 云南植物研究，1994（4）.

[232] 鲁俊华，文永新，陈月圆，等. 红背山麻杆化学成分的研究［J］. 天然产物研究与开发，2012，24（6）.

[233] 冯守爱，覃日懂，韦康，等. 红背山麻杆根中 PTP1B 抑制活性成分研究［J］. 天然产物研究与开发，2016，28（12）.

[234] 张伟豪，翁道玥，宋慧云. 9 种夹竹桃科和大戟科植物抗菌和抗氧化活性测定［J］. 南方农业学报，2018，49（1）.

[235] 舒佳为，石宽，杨光忠. 飞扬草化学成分的研究［J］. 华中师范大学学报（自然科学版），2018，52（1）.

[236] 王淑敏. 算盘子化学成分及其抗氧化活性的研究［D］. 延吉：延边大学，2017.

[237] 黄代红，张振国，陈国平，等. 应用动态顶空吸附—气相色谱—质谱法分析算盘子花气味的化学成分［J］. 色谱，2015，33（3）.

[238] 胡敦全，韩志祥，胡建华. 毛果算盘子叶抗氧化活性部位筛选［J］. 湖北中医药大学学报，2014，16（4）.

[239] 章波，檀燕君，梁秋云，等. 白背叶化学成分与药理活性的研究进展［J］. 中华中医药杂志，2019，34（8）.

[240] 骆焱平，郑服丛，徐燕，等. 白背叶提取物的抑菌活性研究［J］. 湖北农业科学，2005（2）.

[241] 谢勇平，李清禄. 叶下珠化学成分及药理活性的研究进展［J］. 化学工程与装备，2015（7）.

[242] 刘国坤，谢联辉，林奇英，等. 15 种植物的单宁提取物对烟草花叶病毒（TMV）的抑制作用［J］. 植物病理学报，2003，33（3）.

[243] 魏春山，吴春，胡辰，等. 叶下珠中黄酮类化学成分及其生物活性［J］. 天然产物研究与开发，2017，29（12）.

［244］李平，冯紫洲，张继星，等. 蓖麻根的研究进展［J］. 安徽农业科学，2016，44（21）.

［245］杨云峰，王伟男，王克安，等. 蓖麻粕防治番茄根结线虫病探讨［J］. 农业科技通讯，2017（1）.

［246］邓青，覃乾祥，叶觉鲜，等. 蓖麻的化学成分及其抗糖尿病活性的研究［J］. 华西药学杂志，2015，30（4）.

［247］化丽丹，杨益众，季香云. 蓖麻提取物的杀虫作用研究进展［J］. 应用昆虫学报，2013，50（4）.

［248］江德洪. 植物灭鼠活性物质提取分离及微胶囊化技术的研究［D］. 成都：四川大学，2004.

［249］王永丽，刘伟，尉小慧，等. 牛耳枫的化学成分及抗胆碱酯酶活性分析［J］. 中国实验方剂学杂志，2016，22（20）.

［250］陈媚，韩丽娜，刘以道，等. 牛耳枫研究进展［J］. 热带农业科学，2016，36（1）.

［251］李晶晶，曾东强. 牛耳枫叶甲醇粗提物的生物活性及化学成分研究［J］. 广西大学学报（自然科学版），2013，38（3）.

［252］凌炎，唐文伟，曾东强，等. 14种植物的甲醇粗提物对白背飞虱和褐飞虱的生物活性［J］. 湖南农业大学学报（自然科学版），2012，38（1）.

［253］武海波，蓝晓聪，王文蜀. 龙芽草化学成分研究［J］. 天然产物研究与开发，2012，24（1）.

［254］郝明亮，罗兰. 9种植物提取物对植物病原真菌的生物活性筛选［J］. 现代农药，2010，9（4）.

［255］GUO Z Y, XING R E, LIU S, et al. Synthesis and hydroxyl radicals scavenging activity of quaternized carboxymethyl chitosan［J］. Carbohydrate polymers, 2007, 73（1）.

［256］金英今，于畅，苏楠楠，等. 蛇莓中抗氧化活性成分的研究［J］. 中药材，2019，42（12）.

［257］曹金凤. 蛇莓中萜类化合物的研究［D］. 延吉：延边大学，2017.

［258］于冬冬. 蛇莓杀蚊幼活性成分研究［D］. 咸阳：西北农林科技大学，2014.

［259］周璐. 蛇莓杀蚊幼活性成分进一步分离［D］. 咸阳：西北农林科技大学，2015.

［260］谌攀. 粗叶悬钩子化学成分研究［D］. 广州：广东药学院，2015.

［261］李梅，黄世能，陈祖旭，等. 药用乔木树种猴耳环研究现状及开发利用前景［J］. 林业科学，2018，54（4）.

［262］贾春红，李淑芳，林红英，等．8 株方斑东风螺病原菌对 17 种中草药敏感性测定［J］．中兽医学杂志，2012（6）．

［263］秦卉．柑橘红蜘蛛防治药剂筛选［D］．桂林：广西师范大学，2012．

［264］谢春英，林乐维．猴耳环化学成分研究［J］．中药材，2011，34（7）．

［265］覃旭．柑橘溃疡病防治药剂的研究［D］．桂林：广西师范大学，2010．

［266］邓志勇，邓业成，刘艳华，等．60 种植物提取物对小菜蛾的杀虫活性筛选［J］．河南农业科学，2007（9）．

［267］张玉琴，华丽萍，孙承韬，等．龙须藤化学成分及其抗类风湿性关节炎活性研究［J］．中药材，2018，41（4）．

［268］姚宗理，柯健，杨丹，等．龙须藤茎皮甲醇提取物生物活性初探［J］．植物保护，2019，45（3）．

［269］徐金龙．湖北羊蹄甲的镇痛活性及其主要化学成分研究［D］．北京：中国人民解放军军事医学科学院，2015．

［270］张新蕊，王祝年，王茂媛，等．猪屎豆种子脂溶性成分及其抗氧化活性研究［J］．热带作物学报，2011，32（9）．

［271］刘克颐，柳子明．柑桔的线虫为害及其防治［J］．中国柑桔，1981（2）．

［272］杨智．华美牛肝菌和猪屎豆的化学成分研究［D］．昆明：昆明理工大学，2018．

［273］张瑞平，曾庆宾，余伟，等．烟草根结线虫病不同防控措施的田间筛选［J］．中国烟草科学，2016，37（4）．

［274］姜佩佩，纪明慧，舒火明，等．猪屎豆的化学成分研究［C］//海南省药学会．海南省药学会 2010 年学术年会会议论文集．海口：海南省药学会，2010．

［275］王芳，高瑾，毛宇，等．猪屎豆叶片提取物总黄酮含量及其抑菌活性研究［J］．江西农业大学学报，2014，36（4）．

［276］闫芳芳，曾庆宾，官宇，等．猪屎豆与淡紫拟青霉联合防治烟草根结线虫病的效果评价［J］．中国农学通报，2018，34（9）．

［277］封海胜．作物有害线虫的生物防治［J］．世界农业，1990（9）．

［278］李艳平，郑传奎，何红平．三点金地上部分的化学成分研究［J］．中药材，2019，42（1）．

［279］ODONNE G．BOURDY G，CASTILLO D，et al．Ta′ta′，huayani：perception of leishmaniasis and evaluation of medicinal plants used by the Chayahuita in Peru．Part Ⅱ［J］．Journal of ethnopharmacology，2009，126（1）．

［280］董彐倩，梅瑜，王继华，等．药食同源植物葛根的研究进展［J］．长江蔬菜，2020（2）．

［281］秦立刚．本土植物葛防治加拿大一枝黄花可行性浅析［J］．安徽农学通报

（上半月刊），2011，17（1）.

［282］陈平，蒋世翠，雷燕，等. 药用植物葛的研究进展及综合开发利用 ［J］. 海峡药学，2012，24（9）.

［283］胡佳坤，王梦洁，张燕，等. 葫芦茶乙酸乙酯部位化学成分研究 ［J］. 广州化工，2017，45（21）.

［284］薛薇，零伟德，毛菊华. 壮药葫芦茶研究进展 ［J］. 广西中医药，2017，40（5）.

［285］陈常玉，安妮，于蕾. 葫芦茶的研究现状 ［J］. 广州化工，2016，44（4）.

［286］文东旭，郑学忠，史剑侠，等. 葫芦茶化学成分的研究（Ⅰ）［J］. 中草药，1999（4）.

［287］李树荣，杨灿，王云，等. 葫芦茶提纯物对兔球虫卵体的离体杀灭试验 ［J］. 云南大学学报，2003（2）.

［288］李树荣，王家富，王存亮，等. 葫芦茶浸膏剂对兔球虫的临床研究 ［J］. 中国养兔杂志，2002（5）.

［289］BOER H J, VONGSOMBATH C, KAFER J. A fly in the ointment：evaluation of traditional use of plants to repel and kill blowfly larvae in fermented fish ［J］. Plos one，2011，6（12）.

［290］王德艳，张大才，胡世俊，等. 6 种入侵植物提取物对烟蚜的杀虫活性 ［J］. 江苏农业学报，2018，34（1）.

［291］孙琳，李占林，彭静波，等. 白车轴草化学成分的分离与鉴定 ［J］. 沈阳药科大学学报，2010，27（1）.

［292］马惠芬，刘凌，闫争亮，等. 思茅松主要鳞翅目害虫的产卵选择性 ［J］. 东北林业大学学报，2013，41（9）.

［293］彭华贵，钟瑞敏. 蕈树叶芳香精油成分分析及其抗氧化活性研究 ［J］. 天然产物研究与开发，2007（4）.

［294］袁惠，付辉政，钟瑞建，等. 枫香树叶的化学成分 ［J］. 中国实验方剂学杂志，2014，20（13）.

［295］覃晓，王玲，饶伟文. 枫香精油抑菌活性考察 ［J］. 中国药师，2019，22（11）.

［296］钟有添，王小丽，马廉兰. 枫香树叶抗菌活性研究 ［J］. 时珍国医国药，2007（7）.

［297］尚艳双，刘玉民，刘亚敏，等. 枫香叶精油对枇杷低温储藏的防腐保鲜效果 ［J］. 食品科学，2014，35（2）.

［298］刘玉民，刘亚敏，李鹏霞. 枫香叶精抑菌活性及抗氧化研究 ［J］. 食品科学，2009，30（11）.

参考文献

149

[299] 郑毅，刘宁芳，肖伟洪，等. 枫香叶提取物对辣椒黑斑病菌防效作用的研究 [J]. 江西农业大学学报，2005，21（1）.

[300] 魏雷，杨郁，任凤霞，等. 白花檵木化学成分研究 [J]. 解放军药学学报，2015，31（1）.

[301] 李琴. 白花檵木抑制水稻纹枯病菌活性成分的研究 [D]. 南昌：江西农业大学，2012.

[302] 李红艳，刘劲松，王国凯，等. 檵木化学成分研究 [J]. 安徽中医学院学报，2010，29（2）.

[303] 游璐茜. 檵木叶中化学成分的提取分离及初步研究 [D]. 厦门：厦门大学，2009.

[304] 秦超燕，宁带连. 构树化学成分及药理作用研究进展 [J]. 世界最新医学信息文摘，2019，19（96）.

[305] 李莹莹，窦德强，熊伟. 构树叶化学成分的研究 [J]. 中国现代中药，2012，14（4）.

[306] 徐小花，钱士辉，卞美广，等. 构树叶的化学成分 [J]. 中国天然药物，2007（3）.

[307] 魏辉. 植物次生物质对小菜蛾控制作用的研究 [D]. 福州：福建农林大学，2002.

[308] 程勇杰，陈小伟，张沙沙，等. 柘树植物酵素中氨基酸分析及抗氧化性能研究 [J]. 食品工业科技，2018，39（6）.

[309] 石磊. 柘树化学成分及药理作用的研究进展 [J]. 曲阜师范大学学报（自然科学版），2010，36（3）.

[310] 张琳. 桑天牛成虫的生物生态学与植物源引诱剂研究 [D]. 北京：北京林业大学，2012.

[311] 黄海. 利用柘树诱引捕杀桑天牛 [J]. 中国果树，1997（4）.

[312] 涂勇强，陈梦雅，余永廷，等. 内生菌产抑制油菜菌核病菌生长的活性物质发酵条件研究 [J]. 湖南农业科学，2019（12）.

[313] 欧文静，喻春明，朱爱国，等. 苎麻新品种（系）原麻不同部位化学成分测定 [J]. 中国麻业科学，2019，41（6）.

[314] 孙向平，陈梦雅，张梦君，等. 1 株苎麻生防内生细菌的分离鉴定及抑菌能力 [J]. 江苏农业科学，2019，47（2）.

[315] 苏日娜，罗维早，朱继孝，等. 荨麻属药用植物研究进展 [J]. 中草药，2018，49（11）.

[316] 陈安庆. 苎麻脱胶菌复合系研究 [D]. 武汉：武汉纺织大学，2018.

[317] 张志勇，张炯怡，陈玲，等. 黔产苎麻根中有机酸类化学成分及抗氧化活

性研究［J］. 中国临床药理学杂志，2018，34（4）.

［318］杨再波，毛海立，龙成梅，等. 都匀楼梯草中化学成分研究［J］. 中国实验方剂学杂志，2014，20（2）.

［319］杨再波，龙成梅，刘康莲，等. 都匀楼梯草正丁醇和石油醚部位化学成分的研究［J］. 精细化工，2013，30（9）.

［320］赵立芳，李宗孝. 几种具有杀虫活性的天然植物［J］. 江西农业大学学报，2001（4）.

［321］张宏利，高保卫，闫合，等. 具杀虫活性雷公藤内生菌的分离与筛选［J］. 西北农业学报，2018，27（11）.

［322］双鹏程，张东明，罗永明，等. 雷公藤叶的化学成分研究［J/OL］. 中药材，2020（10）［2021 - 01 - 11］. https：//doi. org/10. 13863/j. issn1001 - 4454. 2020. 10. 21.

［323］李杨. 两株雷公藤内生菌发酵产物杀虫活性成分研究［D］. 咸阳：西北农林科技大学，2018.

［324］刘为萍，刘素香，唐慧珠，等. 雷公藤研究新进展［J］. 中草药，2010，41（7）.

［325］闫冲，林励，刘红菊，等. 檀香叶黄酮类化学成分研究［J］. 中国中药杂志，2011，36（22）.

［326］陈碧莹. 基于 ~1H - NMR 和机器学习的檀香、沉香快速识别模型建立及化学组成分析［D］. 广州：广东药科大学，2019.

［327］何天竺，辛宇，宋岩，等. 药用植物檀香的药理活性研究进展［J］. 科学技术与工程，2019，19（8）.

［328］吴新星，黄日明，徐志防，等. 广东蛇葡萄的化学成分研究［J］. 天然产物研究与开发，2014，26（11）.

［329］覃旭，邓业成，张明，等. 粤蛇葡萄及几种杀菌药剂对柑橘溃疡病菌的抑菌活性［J］. 农药，2010，49（8）.

［330］张秀桥，沈伟，陈树和，等. 大叶蛇葡萄化学成分的研究［J］. 中草药，2008（8）.

［331］沈伟，陈树和，张秀桥，等. 蛇葡萄属药用植物研究概况［J］. 湖北中医杂志，2006（9）.

［332］郭洁文，杨振淮，潘竞锵，等. 蛇葡萄属植物抗病毒、抑菌和抗炎镇痛作用的研究概况［J］. 中医研究，2004（5）.

［333］邹济高，金蓉鸾，何宏贤. 白蔹化学成分研究［J］. 中药材，2000，23（2）.

［334］焦思棋. PAL 与 CHI 活性对显齿蛇葡萄中主要黄酮代谢的影响研究［D］.

贵阳：贵州师范大学，2019.

[335] 曹敏惠，李萃邦，徐文兴，等. 藤茶提取物的分析及对茶树叶部病菌的抑菌活性 [J]. 农药，2018，57（1）.

[336] 刘慧颖，崔秀明，刘迪秋，等. 显齿蛇葡萄的化学成分及药理作用研究进展 [J]. 安徽农业科学，2016，44（27）.

[337] 熊大胜，朱金桃，刘朝阳. 显齿蛇葡萄幼嫩茎叶提取物抑菌作用的研究 [J]. 食品科学，2000（2）.

[338] 王定勇，刘佳铭，章骏德，等. 显齿蛇葡萄（藤茶）化学成分研究 [J]. 亚热带植物通讯，1998（2）.

[339] 孙永. 三叶青化学成分及其抗氧化和抗癌活性的研究 [D]. 南昌：南昌大学，2018.

[340] 徐硕，金鹏飞，惠慧，等. 三叶青石油醚萃取部位的化学成分研究 [J]. 西北药学杂志，2017，32（3）.

[341] 彭德乾，饶州，白丽丽，等. 三桠苦枝叶化学成分的分离、鉴定 [J]. 中国现代应用药学，2019，36（4）.

[342] 杨树娟，袁玲玲，余玲，等. 傣药三桠苦叶的化学成分研究 [J]. 中草药，2014，45（14）.

[343] LI G L，ZENG J F，SONG C Q，et al. Chromenes from evodia lepta [J]. Phytochemistry，1997，44（6）.

[344] LI G L，ZENG J F，SONG C Q，et al. Two chromenes from evodia lepta [J]. Phytochemistry，1998，48（6）.

[345] 魏伟锋，韩正洲，许雷，等. 基于 UPLC 技术定量分析两面针中 5 种化学成分 [J]. 中药材，2019，42（6）.

[346] 陆国寿，蒋珍藕，黄周锋，等. 两面针果壳的化学成分分析及活性 [J]. 中国实验方剂学杂志，2019，25（11）.

[347] 陈仕鹏. 两面针根水提物化学成分及氯化两面针碱抗肝癌的分子机制研究 [D]. 南宁：广西医科大学，2019.

[348] 刘昕超. 臭常山和飞龙掌血的杀虫活性成分 [D]. 北京：中国农业大学，2017.

[349] 郭成林. 植物提取物对黄曲条跳甲生物活性筛选及活性组分作用机制初步研究 [D]. 南宁：广西大学，2006.

[350] 曾宪儒. 植物提取物对蔬菜害虫的生物活性筛选及其活性组分作用机理研究 [D]. 南宁：广西大学，2005.

[351] 喻大昭，杨小军，杨立军，等. 植物提取物对植物病原真菌的抑菌活性研究 [J]. 湖北农业科学，2001（5）.

［352］李晓明，刘健美，张翼，等. 米仔兰化学成分研究［J］. 中草药，2007（3）.

［353］刘慧，刘寿柏，王昊，等. 麻楝果实化学成分及其抗烟草青枯病菌活性的研究［J］. 天然产物研究与开发，2019，31（6）.

［354］彭俊霖，梅文莉，刘子琦，等. 麻楝枝干的化学成分及其 α － 葡萄糖苷酶抑制活性研究［J］. 热带亚热带植物学报，2016，24（1）.

［355］郑江松. 麻楝花抗菌活性及物质基础研究［D］. 上海：复旦大学，2014.

［356］周芳，郑卫敏，王志彪，等. 苦楝果实化学成分的研究［C］//中国生物化学与分子生物学会，中国微生物学会海洋微生物学专业委员会，上海市药学会海洋药物专业委员会，中华航海医学会海洋生物工程专业委员会. 全国第二届海洋与陆地多糖多肽及天然创新药物研发学术会议论文集. 上海：中国生物化学与分子生物学会海洋生物化学与分子生物学分会、中国微生物学会海洋微生物学专业委员会、上海市药学会海洋药物专业委员会、中华航海医学会海洋生物工程专业委员会，2015.

［357］张方，郜红利. 苦楝皮化学成分及药理作用研究进展［J］. 内蒙古中医药，2015，34（7）.

［358］李岳洋，杨二万，杨鑫，等. 苦楝皮化学成分的研究［J］. 中南药学，2018，16（3）.

［359］巨云为，毕庆泗，赵博光. 苦楝提取物对松材线虫的致死活性［J］. 林业科技开发，2002（5）.

［360］张兴，王兴林，冯俊涛，等. 植物性杀虫剂川楝素的开发研究［J］. 西北农林科技大学学报（自然科学版），1993（4）.

［361］张肖肖，何江涛，周利娟，等. 楝科农药活性及成分研究进展［J］. 农药，2017（5）.

［362］张维明. 三种楝科植物的化学成分与生物活性研究［D］. 北京：中国科学院大学，2014.

［363］谭明辉. 无患子及其组方抗稻瘟病菌活性皂苷的提取分离及田间药效［D］. 南昌：江西农业大学，2014.

［364］邓宝琴，刘丽玲，沈校，等. 无患子属植物的化学成分及生物活性研究新进展［J］. 中药材，2017，40（12）.

［365］魏敏平. 无患子抑菌成分的分离纯化及其应用研究［D］. 无锡：江南大学，2018.

［366］谭明辉，霍光华. 无患子总皂苷的提取工艺及其抑菌活性研究［J］. 湖北农业科学，2014，53（22）.

［367］杨志斌，杨柳，李晖. 无患子有效化学成分的分析研究［J］. 湖北林业科技，2010（5）.

［368］朱斌. 5 种植物提取物对植物病原真菌活性研究［D］. 扬州：扬州大学，2008.

［369］江洪，谭汝成，刘汉兰，等. 盾叶薯蓣根抽提物中甾体皂甙成分对植物病原真菌的抑菌活性［J］. 华南农业大学学报，2002（3）.

［370］满兴战，周峰，谭洋，等. 福建野鸦椿化学成分的研究［J］. 中草药，2019，50（24）.

［371］陈景新，倪林，王钦，等. 圆齿野鸦椿果皮成分及抑菌活性研究［J］. 天然产物研究与开发，2019，31（11）.

［372］徐金龙，李倩，王召君，等. 南酸枣皮黄酮提取及其抑菌活性的研究［J］. 食品工业科技，2013，34（11）.

［373］李长伟，崔承彬，蔡兵，等. 南酸枣的芳香族化合物及其体外抗肿瘤活性［J］. 中国药物化学杂志，2005（3）.

［374］连珠，张承忠，李冲，等. 蒙药广枣化学成分的研究［J］. 中药材，2003（1）.

［375］卜朝志. 南酸枣果实营养成分分析及其加工利用［J］. 中国野生植物，1992（1）.

［376］王乃利，倪艳，陈英杰，等. 广枣（南酸枣）活血有效成分的研究［J］. 中草药，1987，18（11）.

［377］毕超荣，蒋祥贵. 野生植物 1227 种抗菌作用的筛选［J］. 中草药，1981，12（5）.

［378］钱浩，胡巧玲. 中药广枣化学成分研究［J］. 现在应用药学，1992，9（5）.

［379］吴莉宇，覃丽俭，吴长兴. 杧果皮萃取物的生物活性及其化学成分分析［J］. 热带作物学报，2008（1）.

［380］覃丽俭，吴长兴，吴莉宇. 杧果皮不同萃取物抑菌活性初探［J］. 热带农业科学，2007（2）.

［381］COJOCARU M, DROBY S, GLOTTER E. 5 －（12 － heptadecenyl）－ resorcinol, the major component of the antifungal activity in the peel of mango fruit［J］. Phytochemistry, 1986, 25（5）.

［382］王晓颖，连红，卢晓艺，等. 盐肤木提取物酚酸类成分的大鼠在体单向灌流肠吸收研究［J］. 中国中药杂志，2019，44（11）.

［383］高洁莹，龚力民，刘平安，等. 盐肤木属植物研究进展［J］. 中国实验方剂学杂志，2015，21（8）.

［384］周鑫悦，余丽双. 盐肤木化学成分研究进展［J］. 贵阳中医学院学报，2019，41（1）.

[385] 潘漫, 盛园园, 程傲星, 等. 8 种中药提取物对植物病原真菌的抑制活性 [J]. 资源开发与市场, 2011, 27 (5).

[386] 王晓颖, 连红, 卢晓艺, 等. 盐肤木提取物酚酸类成分的大鼠在体单向灌流肠吸收研究 [J]. 中国中药杂志, 2019, 44 (11).

[387] 赵玉敏, 车喜全, 朱俊义, 等. 盐肤木不同提取液对褐飞虱生物活性的研究 [J]. 江苏农业科学, 2009 (1).

[388] 童俊, 杨守坤, 陈法志, 等. 野漆树研究进展 [J]. 湖北农业科学, 2019, 58 (S2).

[389] 张远芳, 谢朋飞, 刘思妤, 等. 枫杨化学成分及其抑制 α – 葡萄糖苷酶的活性研究 [J]. 中南药学, 2019, 17 (12).

[390] 余科义, 柴凤兰, 赵开楼. 枫杨属植物化学成分及生物活性研究进展 [J]. 湖北农业科学, 2018, 57 (1).

[391] 罗彭, 王佳佳, 李兵, 等. 枫杨树皮抗菌物质的分离鉴定研究 [J]. 天然产物研究与开发, 2015, 27 (2).

[392] 张兴悦. 抑菌植物筛选与枫杨杀菌活性研究 [D]. 大连: 辽宁师范大学, 2007.

[393] 于丽萍. 多种树叶能防治鱼病 [J]. 渔业致富指南, 2003 (15).

[394] 石鸿文, 余伦友. 利用植物防治茶园病虫 [J]. 河南农业, 2002 (11).

[395] 王宏, 温和秀, 王万贤, 等. 夹竹桃、枫杨、羊蹄灭螺活性成分的初步分离 [J]. 湖北大学学报 (自然科学版), 2001 (2).

[396] 杨光忠, 王松平, 张世琏, 等. 从植物中寻找农药活性物质: 枫杨化学成分的研究 [J]. 湖北化工, 1996 (S1).

[397] 黄世波. 尤溪县伞形科植物资源调查与利用探讨 [J]. 中国林副特产, 2020 (5).

[398] 李亚楠, 李志辉, 霍丽妮, 等. 积雪草化学成分的研究 [J]. 广西中医药, 2015, 38 (2).

[399] 张伟, 李锟, 李东, 等. 朱砂根化学成分和药理作用研究进展 [J]. 中国实验方剂学杂志, 2011, 17 (11).

[400] 邓素芳, 黄烯, 赖钟雄. 朱砂根的药用价值与观赏价值 [J]. 亚热带农业研究, 2006 (3).

[401] 刘健. 白花酸藤果与匙萼金丝桃的化学成分与生物活性研究 [D]. 大理: 大理大学, 2018.

[402] RANI A S, SARITHA K, NAGAMANI V. In vitro evaluation of antifungal activity of the seed extract of embelia Ribes [J]. Indian journal of pharmaceutical sciences, 2011, 73 (2).

[403] 林鹏程，李帅，王素娟，等. 白花酸藤果中苯酚类化学成分的研究 [J]. 中草药，2006（6）.

[404] 赵雅婷. 钩吻解剖结构及其生物碱抑菌作用研究 [D]. 临汾：山西师范大学，2019.

[405] 王智华，张和岑. 中药钩吻的生药学研究 [J]. 上海第一医学院学报，1982（2）.

[406] 陆仁荣. 华马钱生物碱的研究 [J]. 林化科技通讯，1986（1）.

[407] 黄桂丽. 茉莉的化学成分与药理作用的研究进展 [J]. 中外医疗，2010，29（33）.

[408] 韦英亮，刘志平，马建强，等. 茉莉花渣黄酮抑菌活性研究 [J]. 化工技术与开发，2010，39（4）.

[409] 库尔班江，欧青海，阿布都萨拉木. 中药茉莉花的研究进展 [J]. 科技信息（科学教研），2008（5）.

[410] 蔡柏玲，雷钧涛，唐泽波. 茉莉花根中化学成分的初步分析 [J]. 吉林医药学院学报，2007（1）.

[411] 王涛，刘佳维，赵雪莹. 女贞子中化学成分、药理作用的研究进展 [J]. 黑龙江中医药，2019，48（6）.

[412] 刘刚，伍佩珂，蒋小妹，等. 桂花果皮醇提物的抑菌活性和抗氧化活性的研究 [J]. 四川师范大学学报（自然科学版），2018，41（5）.

[413] 王丽梅，余龙江，崔永明，等. 桂花黄酮的提取纯化及抑菌活性研究 [J]. 天然产物研究与开发，2008（4）.

[414] 崔奕明，林长福，李雪梅. 长春花碱类物质对德国小蠊的杀灭效果测定 [J]. 精细化工中间体，2019，49（5）.

[415] 崔铭珊，马万红. 长春花粗提物的杀虫活性测定 [J]. 农药，2016，55（3）.

[416] 黄玲俊，肖春霞，张志祥. 羊角拗对红火蚁的杀虫活性与行为抑制 [J]. 广东农业科学，2019，46（9）.

[417] 陈能花，阳纤，张玉波，等. 羊角拗根的化学成分研究 [C] //中国化学会. 中国化学会第十届全国天然有机化学学术会议论文集：第一分会场：天然产物分离和结构鉴定. 广州：中国化学会，2014.

[418] 徐红星，俞晓平，陈建明，等. 夹竹桃科植物杀虫作用研究进展 [C] //李典谟. 昆虫学创新与发展：中国昆虫学会 2002 年学术年会论文集. 北京：中国科学技术出版社，2002.

[419] 高世嘉. 黄花夹竹桃的药理与临床研究 [J]. 药学学报，1983（11）.

[420] 周仲良. 黄花夹竹桃的果皮与花的化学组分 [J]. 国外医学参考资料（药

粤东农药植物资源

学分册），1977（1）.

［421］谭兴起，陈海生，周密，等. 络石藤中的三萜类化合物［J］. 中草药，2006，37（2）.

［422］谭兴起，郭良君，陈海生，等. 络石藤中黄酮类化学成分研究［J］. 中药材，2010，33（1）.

［423］卢佳佳，孙艺钦，龙顺悦，等. 4 种中草药对绿豆象的生物活性［J］. 贵州农业科学，2016，44（3）.

［424］葛利. 山石榴杀虫活性化学成分研究［D］. 南宁：广西大学，2009 年.

［425］闫恒，张辉. 石榴化学成分及其药理作用研究进展［J］. 中国处方药，2016，14（2）.

［426］卜妍红，陆婷，吴虹，等. 栀子化学成分及药理作用研究进展［J］. 安徽中医药大学学报，2020，39（6）.

［427］李海波，马金凤，庞倩倩，等. 栀子的化学成分研究［J］. 中草药，2020，51（22）.

［428］王丰，邵丹. 栀子化学成分及药理作用的分析［J］. 人人健康，2020（14）.

［429］廖铁松，闵建新，潘玲玲，等. 茜草科植物环烯醚萜类化合物的研究进展［J］. 中草药，2018，49（6）.

［430］张帆，赵锦慧，张永亮，等. 栀子醇提物的抑菌作用研究［J］. 周口师范学院学报，2017，34（2）.

［431］潘利明，林励. 玉叶金花水提物不同萃取部位的抗炎活性研究［J］. 广东药学院学报，2013，29（5）.

［432］潘利明，林励，胡旭光. 玉叶金花水提物的抗炎抑菌作用［J］. 中国实验方剂学杂志，2012，18（23）.

［433］玉舒中，王缉健，吕文玲，等. 玉叶金花丛枝症病害生理学初探［J］. 湖北农业科学，2012，51（9）.

［434］胡明勋，马逾英，蒋运斌，等. 鸡矢藤的研究进展［J］. 中国药房，2017，28（16）.

［435］方正，郭守军，林海雄，等. 粤东鸡矢藤挥发油的 GC－MS 及抑菌性分析［J］. 湖北农业科学，2014，53（4）.

［436］王鑫杰，缪刘萍，周海凤，等. 鸡矢藤的研究进展［J］. 世界临床药物，2012，33（5）.

［437］曾志红，何建仁. 三种常见植物体外抑菌活性的初步研究［J］. 莆田学院学报，2009，16（5）.

［438］申海艳，罗应，唐双阳，等. 阔叶丰花草的化学成分研究［J］. 中药材，

参考文献

2017, 40 (7).

[439] 赵玲, 周臣清, 朱婉清, 等. 5 - 羟甲基糠醛的生物安全性和生物活性研究进展 [J]. 食品工业科技, 2016, 37 (11).

[440] 韩树. 忍冬茎叶化学成分及其抑菌活性的研究 [D]. 咸阳: 西北农林科技大学, 2008.

[441] 柳佳莹. 接骨木叶中总黄酮的提取及抗骨质疏松作用研究 [D]. 长春: 吉林农业大学, 2019.

[442] 贾硕, 张帆, 周寰, 等. 食源性甾醇类化合物生物活性及应用 [J]. 食品工业科技, 2019, 40 (8).

[443] 刘楚含. 接骨木不同部位中活性成分的提取及活性研究 [D]. 长春: 吉林农业大学, 2018.

[444] 华晓雨, 陶爽, 孙盛楠, 等. 植物次生代谢产物: 酚类化合物的研究进展 [J]. 生物技术通报, 2017, 33 (12).

[445] 徐广增. 植物提取物对斜纹夜蛾酚氧化酶抑制作用研究 [D]. 聊城: 聊城大学, 2015.

[446] 韩树. 忍冬茎叶化学成分及其抑菌活性的研究 [D]. 咸阳: 西北农林科技大学, 2008.

[447] 宁蕾, 庞新华. 胜红蓟化学成分和生物活性研究进展 [J]. 农业研究与应用, 2013 (4).

[448] 朱慧, 吴双桃. 华南地区入侵杂草藿香蓟叶挥发油的成分鉴定 [J]. 西北林学院学报, 2011, 26 (6).

[449] 兰晓燕, 张元, 朱龙波, 等. 艾叶化学成分、药理作用及质量研究进展 [J]. 中国中药杂志, 2020, 45 (17).

[450] 滕春红, 冯曦茹, 徐永清, 等. 黄花蒿叶醇提取物除草活性物质的分离及结构鉴定 [J/OL]. 中国生物防治学报, 2021, 37 (2) [2021 - 01 - 10]. https: //doi. org/10. 16409/j. cnki. 2095 - 039x. 2021. 03. 04.

[451] 张晓云, 李维蛟. 黄花蒿烟草醋液对三线镰刀菌生长的抑制作用 [J]. 中国农学通报, 2020, 36 (1).

[452] 马稳霞, 冯升来, 涂艺馨, 等. 黄花蒿精油及其活性成分 1, 8 - cineole 对兰州百合采后病害的体外防治 [J/OL]. 南京农业大学学报, 2021, 44 (3) [2021 - 01 - 10]. http: //kns. cnki. net/kcms/detail/32. 1148. S. 20201217. 1733. 002. html.

[453] 司爱富. 植物提取物对萝卜蚜生物活性筛选及藜活性成分提取和追踪的研究 [D]. 郑州: 郑州大学, 2019.

[454] 王碧晴, 赵俊男, 张颖, 等. 鬼针草的药理作用研究进展 [J]. 中医药导报, 2019, 25 (18).

［455］王晓宇，陈冠儒，邓子云，等. 鬼针草化学成分研究［J］. 中国中药杂志，2014，39（10）.

［456］曾晓燕，张婷，潘卫松，等. 鬼针草属药用植物化学成分研究进展［J］. 中药材，2017，40（3）.

［457］沈艺玮. 鬼针草的化学成分及药理活性研究进展［J］. 福建医科大学学报，2015，49（1）.

［458］杜浩，只佳增，李宗锴，等. 香蕉园施用白花鬼针草的控草增效作用［J］. 生物安全学报，2020，29（4）.

［459］陶晨，杨勤，赵鸿宾，等. 野茼蒿的挥发性成分研究［J］. 黔南民族医专学报，2012，25（1）.

［460］刘佳. 野菊花黄酮的提取及抑菌活性研究［J］. 食品工业，2015，36（7）.

［461］王存琴，汪荣斌，张艳华. 菊花的化学成分及药理活性［J］. 长春中医药大学学报，2014，30（1）.

［462］高俊明，刘伟，李斌，等. 野菊多糖提取工艺研究［J］. 丽水学院学报，2019，41（2）.

［463］郑东方，陈磊，田薇，等. 野菊多糖对白术土传病害的防效试验［J］. 中国生物防治学报，2016，32（4）.

［464］潘秋祥，陈磊，陆中华，等. 野菊多糖诱抗剂在白术田间生产上的应用研究［J］. 中药材，2018，41（11）.

［465］秦芳. 鱼眼草地上部分化学成分研究［D］. 石家庄：河北医科大学，2014.

［466］朱少晖，张前军，陈青，等. 鱼眼草化学成分研究［J］. 中国实验方剂学杂志，2010，16（12）.

［467］朱少晖. 鱼眼草抗氧化、α－糖苷酶抑制活性和抑菌活性研究［J］. 广州化工，2012，40（12）.

［468］汪玲玉. 中药墨旱莲化学成分研究［D］. 合肥：安徽大学，2013.

［469］王莹莹，任相亮，胡红岩，等. 鳢肠乙醇粗提物对甜菜夜蛾的生物活性及与 Cry1Ca 的联合毒力作用［C］//陈万权. 植保科技创新与农业精准扶贫：中国植物保护学会 2016 年学术年会论文集. 北京：中国农业科学技术出版社，2016.

［470］王莹莹，任相亮，姜伟丽，等. 鳢肠对棉铃虫生长发育的影响［J］. 中国棉花，2016，43（7）.

［471］高建军，程东亮. 一点红化学成分的研究［J］. 中国中药杂志，1993，18（2）.

［472］沈寿茂，张晶，李广志，等. 一点红地上部分的化学成分研究（Ⅱ）［J］. 中国药学杂志，2013，48（21）.

［473］陈家源，卢文杰，牙启康，等. 一点红脂溶性成分分析［J］. 广西科学，2009，16（3）.

［474］赵超，周欣，龚小见，等. SPME/GC/MS 分析小一点红挥发性化学成分［J］. 光谱实验室，2010，27（4）.

［475］潘小姣，曾金强，韦志英. 一点红挥发油化学成分的分析［J］. 中国医药导报，2008（22）.

［476］GEORGE K G，GIRIJA K. Immune response modulatory effect of Emilia sonchifolia（L.）DC：an in vivo experimental study［J］. Journal of basic and clinical physiology and pharmacology，2015，26（6）.

［477］卢海啸，廖莉莉. 一点红提取物抑菌活性研究［J］. 玉林师范学院学报（自然科学版），2007（5）.

［478］丛爱晨，陈丽博，朱朝华. 几种植物浸提液对水葫芦生长的抑制作用［J］. 吉林农业大学学报，2014，36（2）.

［479］曾冬琴，彭映辉，陈飞飞，等. 小蓬草精油对两种蚊虫的毒杀活性和成分分析［J］. 昆虫学报，2014，57（2）.

［480］刘明久，许桂芳，张宪法，等. 小蓬草浸提液对 3 种植物病原菌的抑制作用［J］. 西北农业学报，2008，17（4）.

［481］许桂芳，王鸿升，王润豪，等. 白酒草属 3 种外来植物对黄瓜靶斑病菌的抑菌作用［J］. 中国农学通报，2015，31（4）.

［482］刘志明，王海英，刘姗姗，等. 小蓬草精油的提取及 GC－MS 分析［J］. 中国野生植物资源，2011，30（1）.

［483］GORDIEN A Y，GRAY A I，FRANZBLAU S G，et al. Antimycobacterial terpenoids from Juniperus communis L.（Cuppressaceae）［J］. Journal of ethnopharmacology，2009，126（3）.

［484］周雯，王霞，付思红，等. 羊耳菊的化学成分研究［J］. 中国药学杂志，2017，52（1）.

［485］HE C P，TANG W，LI R，et al. Preliminary study on the antifungal activity of the volatile substances produced by Bacillus subtilis Czk 1［C］//彭友良，李向东. 中国植物病理学会 2017 年学术年会论文集. 北京：中国农业科学技术出版社，2017.

［486］JI P，MOMOL M T，OLSON S M，et al. Evaluation of thymol as biofumigant for control of bacterial wilt of tomato under field conditions［J］. Plant disease，2005，89（5）.

［487］甘甲甲. 银胶菊的杀虫抑菌活性成分分析和生物测定［D］. 海口：海南师范大学，2016.

［488］陈业兵. 银胶菊的化感潜力及其潜在化感物质的分离鉴定［D］. 泰安：山

东农业大学，2010.

[489] 苏秀荣，谢宁，张纪龙，等. 银胶菊叶和花提取物对南方根结线虫的毒杀活性比较 [J]. 植物资源与环境学报，2012，21（1）.

[490] 张伟，范思洋，吴春珍. 鼠麴草化学成分及药理活性研究进展 [J]. 中国医药工业杂志，2016，47（8）.

[491] YANG R Y, ZHOU G, ZAN S T, et al. Arbuscular mycorrhizal fungi facilitate the invasion of Solidago canadensis L. in southeastern China [J]. Acta oecologica, 2014, 61.

[492] 白羽，黄莹莹，孔海南，等. 加拿大一枝黄花化感抑藻效应的初步研究 [J]. 生态环境学报，2012，21（7）.

[493] 沈校，邹峥嵘. 一枝黄花属植物的化学成分和生物活性研究进展 [J]. 中国中药杂志，2016，41（23）.

[494] 吴帆，李树成，赵显阳，等. 加拿大一枝黄花粗提液对豚草化感作用研究 [J]. 生物灾害科学，2019，42（4）.

[495] 杨培明，罗思齐，李惠庭. 金腰箭化学成分的研究 [J]. 中国医药工业杂志，1994（6）.

[496] RATHI M J, GOPALAKRISHNAN S. Insecticidal activity of aerial parts of synedrella nodiflora Gaertn（compositae）on Spoaoptera litura（Fab.）[J]. Journal of central European agriculture, 2005（3）.

[497] ABAD M J, BERMEJO P, CARRETERO E, et a1. Antiinflammatory activity of some medicinal plant extracts from Venezuela [J]. Journal of ethnopharmacology, 1996, 55（1）.

[498] 章玉苹，黄炳球，陈霞，等. 9种菊科植物提取物对蔬菜3种害虫拒食活性的研究 [J]. 中国蔬菜，2000（5）.

[499] 章玉苹，黄炳球，陈霞，等. 金腰箭提取物对菜粉蝶幼虫的拒食活性 [J]. 中国蔬菜，2001（2）.

[500] 夏召，张海新，许天启，等. 苍耳子的化学成分研究 [J]. 中国中药杂志，2020，45（12）.

[501] 刘娟娟，景明，陈正君，等. 常用杀虫中药杀虫效果比较及其配伍的初步研究 [J]. 中国中医药信息杂志，2016，23（7）.

[502] LIN L C, YANG L L, CHOU C J. Cytotoxic naphthoquinones and plumbagic acid glucosides from Plumbago zeylanica [J]. International journal of dairy technology, 2003, 62（4）.

[503] 唐晓光，王超，马骁驰，等. 白花丹地上部分的化学成分研究 [J]. 中药材，2016，39（7）.

［504］李文娟. 中药白花丹化学成分及药理作用研究进展［J］. 大众科技，2020，22（6）.

［505］宋秀青. 车前草及白牵牛子的化学成分及活性研究［D］. 济南：济南大学，2019.

［506］夏玲红，金冠钦，孙黎，等. 车前草的化学成分与药理作用研究进展［J］. 中国药师，2013，16（2）.

［507］王琪，陶河清. 车前草药理作用的研究进展［J］. 世界最新医学信息文摘，2017，17（A2）.

［508］刘冬梅，李理，杨晓泉，等. 用牛津杯法测定益生菌的抑菌活力［J］. 食品研究与开发，2006（3）.

［509］韩娜. 车前草内生真菌次级代谢产物及其活性的研究［D］. 兰州：兰州理工大学，2018.

［510］徐瑞瑞. 华北车前提取物的抑菌活性及其稳定性研究［J］. 中国食品添加剂，2020，31（3）.

［511］张振秋，李锋，曹爱民，等. 中国车前草的紫外光谱法鉴定［J］. 中草药，1995（12）.

［512］El-SHAZLY A，SARG T，ATEYA A，et al. Pyrrolizidine alkaloids of cynoglossum officinale and cynoglossum amabile（family boraginaceae）［J］. Biochemical systematics and ecology，1996，24（5）.

［513］刘清华，袁经权，杨峻山. 紫草科植物中的吡咯里西啶类化学成分及药理活性研究概况［J］. 中国药学杂志，2005（8）.

［514］樊轻亚，吴长忠，王万好. 聚焦微波辅助提取/HPLC 法测定倒提壶中天芥菜碱的含量［J］. 分析测试学报，2014，33（9）.

［515］王芳，梁倩，杨建珍，等. 倒提壶（紫草科 Boraginaceae）提取物抗菌活性的初步研究［J］. 西北林学院学报，2014，29（5）.

［516］陈志行，王仁萍，邬俊华. 夜香花挥发油化学成分研究［J］. 中草药，2001（6）.

［517］陈志行，石春芝，谭晓风，等. 夜来香白天花朵及嫩枝挥发油成分分析［J］. 中草药，2002（11）.

［518］陈志行，游新奎，臧小平. 夜来香夜间嫩枝挥发油化学成分分析［J］. 食品科学，2002（4）.

［519］韦正，黄秀香，赖红芳. 红蓝草的化学成分、药理活性及开发应用［J］. 天然产物研究与开发，2016，28（12）.

［520］蒋小华，谢运昌，梁靖，等. 红丝线化学成分的研究［J］. 中成药，2017，39（11）.

[521] 谢运昌，蒋小华，张冕. 红丝线挥发油的化学成分 [J]. 广西植物，2008 (1).

[522] 杨光忠，赵松，李援朝. 红丝线化学成分的研究 [J]. 药学学报，2002，37 (6).

[523] 谢运昌. 红丝线色素的提取和应用研究 [J]. 广西轻工业，1993 (3).

[524] 暴惠宾. 红丝线化学成分研究 [D]. 南宁：广西大学，2009.

[525] 刘同方，于华忠，刘建兰，等. 红丝线化学成分及药理活性研究进展 [J]. 广东农业科学，2013，40 (19).

[526] 马丽娟，霍鹏超，孙梦茹，等. 黑果枸杞化学成分和药理活性的研究进展 [J]. 中草药，2020，51 (22).

[527] DAMU A G, KUO P C, SU C R, et al. Isolation, structures, and structurecytotoxic activity relationships of withanolides and physa-lins from Physalis angudata [J]. Joumal of natural products, 2007, 70 (7).

[528] 杨燕军，陈梅果，胡玲，等. 苦蘵的化学成分研究 [J]. 中国药学杂志，2013，48 (20).

[529] PIETRO R C. KASHIMA S, SATO D N, et al. Invitro antimycobacterial activities of Physalisangulata [J]. Phytomedicine, 2000, 7 (4).

[530] 方雷，展晓日，俞春娜，等. 苦蘵化学成分及药理作用研究进展 [J]. 杭州师范大学学报（自然科学版），2016，15 (6).

[531] 吕黎，许丽媛，罗志威，等. 哈茨木霉生物防治研究进展 [J]. 湖南农业科学，2013 (17).

[532] 唐梦月，樊佳佳，刘霞，等. 苦蘵内生真菌 Trichoderma harzianum 的次级代谢产物 [J]. 中国实验方剂学杂志，2019，25 (14).

[533] 黄树增，段杰珠，杜全丽. 用喀西茄、红茄嫁接番茄防治根结线虫技术初探 [J]. 云南农业科技，2009 (1).

[534] 杜海燕. 从喀西茄中分离得到的新的甾体皂苷：Solakhasoside [J]. 国外医学（中医中药分册），2000 (4).

[535] 钟锐，陈伯财，姬生国. 少花龙葵的生药学研究 [J]. 广东药学院学报，2009，25 (2).

[536] 段志芳，黄丽华. 少花龙葵化学成分预试及抑制亚硝化反应研究 [J]. 时珍国医国药，2008 (8).

[537] 范腕腕，王静，陈振东，等. 抑制水稻纹枯病菌的植物筛选 [J]. 西南农业学报，2012，25 (4).

[538] 宋立人. 现代中药大辞典 [M]. 北京：人民卫生出版社，2001.

[539] REIKO S, CHIAKI F, KUTARO M, et al. Two steroidal glycosides, aculeati-

side A and B from Solanum aculeatissimum [J]. Phytochemistry, 1983, 22 (3).

[540] LU Y Y, LUO J G, KONG L Y. Steroidal alkaloid saponins and steroidal sapo-nins from Solanum surattense [J]. Phytochemistry, 2011, 72 (7).

[541] 余传隆. 中药辞海：第三卷 [M]. 北京：中国医药科技出版社，1997.

[542] SHEEBA E. Antibacterial activity of Solanum Surattense Burm. F [J]. Kath-mandu university journal of science, engineering and technology, 2010, 6 (1).

[543] BHABANI S N, PRABHAT K J, NIGAM P S. Comparative study of anthelmin-tic activity between aqueous and ethanolic extract of Solanum Surattense Linn [J]. Interna-tional journal of pharmacy and pharmaceutical sciences, 2009, 1 (1).

[544] 马莉. 野颠茄的生药学研究 [D]. 广州：广东药学院，2012.

[545] ZHOU L X, DING Y. A cinnamide derivative from Solanum verbas cifolium L. [J]. Journal of Asian natural products research, 2002, 4 (3).

[546] DOPKE W, MOLA I L, HESS U. Alkaloid and steroid sapogenincontent of So-lanum verbascifolium L. [J]. Pharmazie, 1976, 31 (9).

[547] ALI M S, TABASSUM S, OGUNWANDE I, et al. Naturally occurring antifun-gal aromatic esters and amides [J]. Journal of the chemical society of pakistan, 2010, 32 (4).

[548] COXON D T, PRICE K R, HOWARD B, et al. Two new vetispirane deriva-tives: stress metabolites from potato (solanum tuberosum) tubers [J]. Tetrahedron letters, 1974, 15 (34).

[549] KUROYANAGI M, ARAKAWA T, MIKAMI Y, et al. Phytoalexins from hairy roots of Hyoscyamus albus treated with methyl jasmonate [J]. Journal of natural products, 1998, 61 (12).

[550] 袁谱龙，王雪萍，陈凯先，等. 水茄茎化学成分的研究 [J]. 中成药，2016, 38 (1).

[551] OGBEBOR N O, ADEKUNLE A T. ENOBAKHARE D A. Inhibition of Colleto-trichum gloeosporioides (Penz) Sac. causal organism of rubber (Hevea brasiliensis Muell. Arg.) leaf spol using plant extracts [J]. African journal of biotechnology, 2007, 6 (3).

[552] OGBEBOR N O, ADEKUNLE A T. Inhibition of conidial germination and myce-lial growth of Corynespora cassiicola (Berk and Curt) of rubber (Hevea brasiliensis muell. Arg.) using extracts of some plants [J]. African journal of biotechnology, 2005, 4 (9).

[553] RAJESH K V, LEENA C, SADHANA K. Potential antifungal plants for control-ling building fungi [J]. Natural product radiance, 2008, 7 (4).

[554] 董存柱，聂镘郦，曹凤琴，等. 水茄提取物对香蕉和芒果炭疽病菌的活性研究 [J]. 热带作物学报，2013, 34 (12).

[555] 张培欣, 赵凯. 野茄树及喀西茄不同浸提液对番茄晚疫病菌化感作用的研究 [J]. 河南农业, 2016 (17).

[556] 谭冰心, 彭光天, 于思, 等. 毛麝香的化学成分研究 [J]. 中草药, 2017, 48 (10).

[557] 于思, 彭光天, 雷玉, 等. 毛麝香的化学成分研究 (Ⅱ) [J]. 中山大学学报 (自然科学版), 2018, 57 (3).

[558] 李宗波, 陈辉, 陈霞. 华山松树脂挥发油化学成分分析 [J]. 西北林学院学报, 2006 (2).

[559] 谭冰心. 毛麝香 (*Adenosma glutinosum* (L.) Druce) 化学成分研究 [D]. 广州: 广州中医药大学, 2017.

[560] 万文婷, 马运运, 许利嘉, 等. 野甘草的现代研究概述和应用前景分析 [J]. 中草药, 2015, 46 (16).

[561] 杨全, 唐晓敏. 野甘草的生药学研究 [J]. 云南中医中药杂志, 2012, 33 (2).

[562] 李宗友. 野甘草的化学、药理 [J]. 国外医学 (中医中药分册), 1994 (2).

[563] 韩婧, 刘惠文, 吴娟, 等. 临泉产穿心莲地上部分黄酮类化学成分研究 [J]. 中国现代中药, 2020, 22 (3).

[564] 胡昌奇, 周炳南. 穿心莲中新的二萜内酯类成分研究 [J]. 中草药, 1981, 12 (12).

[565] 高翰. 药用植物穿心莲中茉莉酸甲酯调节的 isoform 表达水平分析 [D]. 武汉: 武汉理工大学, 2019.

[566] 李春, 赵东兴, 张建春, 等. 12 种中草药提取液对香蕉根结线虫的毒杀活性 [J]. 热带农业科学, 2019, 39 (11).

[567] 裴庆慧, 王玥, 刘宇莹, 等. 五种中药材乙醇提取物对植物病原真菌的抑制作用研究 [J]. 食品工业科技, 2016, 37 (15).

[568] 覃祝, 吴和珍, 苏文炀, 等. HPLC 波长切换法同时测定爵床中 5 个黄酮类成分的含量 [J]. 药物分析杂志, 2015, 35 (12).

[569] 吴威巍, 缪刘萍, 王鑫杰. 爵床化学成分研究 [J]. 中成药, 2013, 35 (5).

[570] 郭明程, 李保同, 汤丽梅, 等. 爵床提取物对辣椒炭疽病菌的抑制作用及其苗期防效 [J]. 植物保护, 2013, 39 (4).

[571] 郭明程. 爵床提取物的生物活性研究 [D]. 南昌: 江西农业大学, 2013.

[572] 郭明程, 李保同, 汤丽梅, 等. 爵床的甲醇提取物对小菜蛾的生物活性作用 [J]. 生态学报, 2015, 35 (11).

[573] 刘远, 欧阳富, 于海洋, 等. 马蓝叶化学成分研究 [J]. 中国药物化学杂志, 2009, 19 (4).

[574] 陈雅寒, 汝冰璐, 翟颖妍, 等. 抑制烟草花叶病毒 (TMV) 植物提取物的筛选 [J]. 植物保护学报, 2018, 45 (3).

[575] 董存柱, 吴清照, 徐汉虹, 等. 海南40种植物甲醇提取物对家蝇的活性筛选 [J]. 江西农业大学学报, 2011, 33 (3).

[576] 纳智. 臭茉莉叶挥发油化学成分的研究 [J]. 中国野生植物资源, 2006 (5).

[577] 闵欢, 赵志敏, 郭未艳, 等. 尖齿臭茉莉的化学成分及其自由基清除活性研究 [J]. 中草药, 2012, 43 (6).

[578] 张红瑞, 张华, 高致明, 等. 15种中草药提取液对怀牛膝根结线虫的杀虫杀卵效果 [J]. 河南农业科学, 2012, 41 (2).

[579] 黄婕, 王国才, 李桃, 等. 黄荆的化学成分研究 [J]. 中草药, 2013, 44 (10).

[580] 文婷, 黄婕, 黄晓君, 等. 黄荆酚类成分的研究 [J]. 中成药, 2017, 39 (7).

[581] 卢传兵, 薛明, 刘雨晴, 等. 黄荆精油对玉米象的杀虫活性成分、毒力及作用机制 [J]. 昆虫学报, 2009, 52 (2).

[582] 刘雨晴, 于立芹. 黄荆精油对植物源农药苦皮藤素剂型优化及应用研究 [J]. 中国科技成果, 2019 (4).

[583] 卢传兵, 刘雨晴, 薛明, 等. 黄荆精油的提取和对5种储粮害虫的致毒作用 [J]. 中国粮油学报, 2011, 26 (3).

[584] 袁林, 薛明, 邢健, 等. 黄荆提取物对几种害虫的杀虫活性 [J]. 农药, 2004 (2).

[585] 蒋恩顺, 朱毅, 王江勇. 黄荆提取物对棉蚜的生物活性 [J]. 昆虫学报, 2016, 59 (5).

[586] 毕明娟, 董红霞, 崔莹莹, 等. 黄荆提取物对生姜主要害虫的杀虫活性研究 [J]. 中小企业管理与科技 (上旬刊), 2017 (2).

[587] 赵湘湘, 郑承剑, 秦路平. 黄荆子的化学成分研究 [J]. 中草药, 2012, 43 (12).

[588] 陈彩华. 广防风地上部分的化学成分研究 [D]. 烟台: 鲁东大学, 2016.

[589] 陈一, 叶彩云, 赵勇. 广防风中苯乙醇类化学成分研究 [J]. 中草药, 2017, 48 (19).

[590] 王玉兰, 栾欣. 广防风中的苯乙醇苷类化合物 [J]. 中草药, 2004 (12).

[591] 张荣林, 薛亚馨, 陆小康, 等. 加速溶剂萃取—高效液相色谱双波长法同

时测定民族药广防风中 3 种成分的含量［J］. 中国药事，2020，34（3）.

［592］陈利华，李欣. 连钱草化学成分及药理作用研究［J］. 亚太传统医药，2014，10（15）.

［593］宋锐，张云，丛晓东，等. 连钱草的化学成分及生物活性研究进展［J］. 中华中医药学刊，2010，28（12）.

［594］周子晔，林观样，林迦勒，等. 浙江连钱草挥发油化学成分的分析［J］. 中国现代应用药学，2011，28（8）.

［595］黄慧彬，江林，刘杰，等. 活血丹的化学成分研究［J］. 中药材，2017，40（4）.

［596］张前军. 连钱草、假木豆化学成分及其抗菌活性研究［D］. 贵阳：贵州大学，2006.

［597］葛佳琦. 湿地植物提取物对病原菌的抑制作用［D］. 扬州：扬州大学，2017.

［598］王珊. 中药活血丹的化学成分与抗 HIV 活性研究［D］. 北京：北京工业大学，2012.

［599］廖申权，吕敏娜，吴彩艳，等. 植物精油抗寄生原虫作用的研究进展［J/OL］. 中国动物传染病学报，2020 – 10 – 29［2020 – 12 – 05］. http：//kns. cnki. net/kcms/detail/31. 2031. S. 20201028. 1743. 004. html.

［600］黄浩，侯洁，何纯莲，等. 溪黄草挥发油化学成分分析［J］. 药物分析杂志，2006，26（12）.

［601］吴冲. 南药"溪黄草"二萜类成分及其质量评价的研究［D］. 广州：广州中医药大学，2015.

［602］林恋竹. 溪黄草有效成分分离纯化、结构鉴定及活性评价［D］. 广州：华南理工大学，2013.

［603］冯秀丽. 南药"溪黄草"化学成分研究：线纹香茶菜（*Isodon lophan-thoides*）化学成分研究［D］. 广州：广州中医药大学，2016.

［604］周文婷，谢海辉. 溪黄草的苯丙素、大柱香波龙烷、生物碱和烷基糖苷类成分［J］. 热带亚热带植物学报，2018，26（2）.

［605］刘方乐，陈德金，冯秀丽，等. 溪黄草的化学成分研究［J］. 中药新药与临床药理，2016，27（2）.

［606］张英. 六种中药成分对细菌作用的微量量热法研究［D］. 曲阜：曲阜师范大学，2006.

［607］边文波. 十九种植物精油对茶丽纹象甲的生物活性及茶树多酚氧化酶基因的克隆［D］. 南京：南京农业大学，2012.

［608］韩立芬，宋善敏，甘梦兰，等. 益母草抗结核分枝杆菌成分的跟踪分离

［J］. 天然产物研究与开发，2018，30（12）.

［609］韩立芬. 益母草抗结核分枝杆菌成分及机制研究［D］. 贵阳：贵州大学，2018.

［610］尹锋，胡立宏，楼凤昌. 罗勒化学成分的研究［J］. 中国天然药物，2004，2（1）.

［611］方茹，盛猛，洪伟. 罗勒药用成分的抑菌作用［J］. 阜阳师范学院学报（自然科学版），2007，24（1）.

［612］杨帆，辛月岩，吴凤芝. 减轻番茄根结线虫病的伴生植物筛选［J］. 中国蔬菜，2020（1）.

［613］陈群，王杰. 罗勒的药理学研究进展［J］. 职业与健康，2017，33（22）.

［614］刘超祥，方成武，刘耀武，等. 罗勒化学成分与抗氧化活性影响因素研究进展［J］. 贵州农业科学，2014，42（6）.

［615］战妍妃，周洪雷，李传厚，等. 罗勒化学成分及药理作用研究概述［J］. 山东中医杂志，2020，39（9）.

［616］胡尔西丹·伊麻木，热娜·卡斯木，阿吉艾克拜尔·艾萨. 罗勒子挥发油成分及抗氧化活性分析［J］. 安徽农业科学，2012，40（2）.

［617］尹锋，胡立宏，楼凤昌. 罗勒化学成分的研究［J］. 中国天然药物，2004，2（1）.

［618］杜红艳. 罗勒精油的化学成分及其抑菌抗虫活性研究［D］. 武汉：湖北大学，2011.

［619］屈长青，徐林丽，陆娟，等. 罗勒水提物对秀丽隐杆线虫脂肪沉积的影响［J］. 中国生化药物杂志，2012，33（2）.

［620］孙也评. 紫苏叶提取物及其有效成分的抗菌活性研究［D］. 延吉：延边大学，2014.

［621］首成英，赵晓珍，李冬雪，等. 唇形科植物在害虫控制应用中的研究进展［J］. 环境昆虫学报，2018，40（6）.

［622］贾佼佼，李艳，苗明三. 紫苏的化学、药理及应用［J］. 中医学报，2016，31（9）.

［623］梁宏卫. 紫苏对黄曲条跳甲控制作用的初步研究［D］. 南宁：广西大学，2007.

［624］孙钦玉，张家侠，杨云，等. 紫苏和薄荷提取物对茶炭疽病病菌（Gloeosporium theae sinesis）的抑制作用［J］. 中国植保导刊，2017，37（5）.

［625］李娜. 紫苏精油提取及其防腐复合材料的制备和性能研究［D］. 太原：中北大学，2018.

［626］韦保耀，黄丽，滕建文. 紫苏属植物的研究进展［J］. 食品科学，2005，

26（4）.

[627] 孙玉丽，蒋太白，吴康平，等. 苗药箭杆风化学成分定性研究 [J]. 中国民族医药杂志，2018，24（8）.

[628] 张焱珍，肖志新，浦勇，等. 四种植物提取物对烟草赤星病菌抑菌活性研究 [J]. 北方园艺，2014（11）.

[629] 张彦燕，沈祥春. 艳山姜化学成分及药理作用研究进展 [J]. 中药药理与临床，2010（5）.

[630] 朱向可，郭姗姗，张喆，等. 艳山姜叶挥发油对赤拟谷盗的杀虫活性 [J]. 植物保护，2017，43（6）.

[631] 赵杨，程力，杜庭，等. 基于 HS – SPME/GC/MS 的姜花不同部位挥发性成分分析 [J]. 食品与机械，2020，36（3）.

[632] 陈卫东，陈艳丽. 国内天然植物精油的应用研究概况 [J]. 现代盐化工，2019，46（5）.

[633] 沈阳，陈海生，王琼. 天冬化学成分的研究（Ⅱ）[J]. 第二军医大学学报，2007（11）.

[634] 朱国磊. 天门冬的化学成分及其细胞毒活性研究 [D]. 昆明：昆明理工大学，2013.

[635] 杨妍妍. 天门冬的化学成分研究 [D]. 沈阳：沈阳药科大学，2008.

[636] 方芳，张恒，赵玉萍，等. 天门冬的体外抑菌作用 [J]. 湖北农业科学，2012，51（5）.

[637] MANDAL S C, NANDY A, PAL M, et al. Evaluation of antibacterial activity of Asparagus racemosus *Willd*. root [J]. Phytotherapy research, 2000, 14（2）.

[638] 郝羚竹. 麦冬甾体皂苷化学成分的研究 [D]. 延吉：延边大学，2007.

[639] 朱永新，严克东，涂国士. 麦冬中高异黄酮的分离和鉴定 [J]. 药学学报，1988，22（9）.

[640] 周一峰，戚进，朱丹妮，等. 麦冬须根高异黄酮类成分及其清除氧自由基作用 [J]. 中国天然药物，2008，6（3）.

[641] 旷湘楠，朱娜，刘时乔. 麦冬化学成分研究 [J]. 中国药业，2018，27（2）.

[642] 林冬枝，董彦君，续荣治. 麦冬块根提取物对 3 种植物病原菌抑菌活性的初步研究 [J]. 安徽农业科学，2009，37（9）.

[643] 田泽群，王佩，王昊，等. 麦冬须根正丁醇萃取物化学成分的分离与鉴定 [J/OL]. 热带作物学报，2020 – 04 – 26 [2020 – 11 – 21]. http：//kns. cnki. net/kcms/detail/46. 1019. s. 20200426. 1129. 006. html.

[644] 李伟. 麦冬果实皂苷的提取工艺及功能特性研究 [J]. 中国酿造，2009

（2）.

[645] 旷湘楠，徐凯，王萱，等. 麦冬中酚类化学成分研究 [J]. 河北中医药学报，2019，34（6）.

[646] 刘霞妹，王磊，殷志琦，等. 石蒜鳞茎中的生物碱成分研究 [J]. 中国中药杂志，2013，38（8）.

[647] 向玉勇，汪建建. 石蒜总生物碱对家蝇的生物活性 [J]. 四川动物，2012，31（5）.

[648] BRIGITTE B，CHRISTOPH S，THOMAS P. Feeding deterrence and contact toxicity of stemona alkaloids：a source of potent natural insecticides [J]. Journal of agricultural food chemistry，2002，50（22）.

[649] YE Y，QIN G W，XU R S. Alkaloids of Stemona [J]. Phytochemistry，1994，37（5）.

[650] 周本寿. 百部杀虫效力的初步试验 [J]. 昆虫学报，1953，3（1）.

[651] 王文平，成军，卜春亚，等. 百部根中提取物对朱砂叶螨触杀活性的测定 [J]. 农学学报，2013，3（3）.

[652] 俞尚德. 百部的杀虫作用 [J]. 北京中医，1954，（5）.

[653] 陈旭东. 百部，除虫菊酊驱虫，杀虫试验研究 [J]. 时珍国药研究，1996，7（4）.

[654] 杨诗博. 百部提取物杀螨活性及其对植物生长影响的研究 [D]. 沈阳：沈阳大学，2020.

[655] 鲁玉杰，刘凤杰. 大蒜和芦荟提取物防治几种储粮害虫效果的研究 [J]. 粮食储藏，2003，（3）.

[656] SUBRAMANIAMA J，KOVENDAN K，MAHESH KUMARA P. Mosquito larvicidal activity of aloe vera（family：liliaceae）leaf extract and bacillus sphaericus，against chikungunya vector，aedes aegypti [J]. Saudi journal of biological sciences，2012，19（4）.

[657] 付明哲，宋晓平，吴明明，等. 中药对螨病的治疗作用及其机理研究进展 [J]. 动物医学进展，2009，30（12）.

[658] WEI J，DING W，ZHAO Y G. Patcharaporn，V，2011. Acaricidal activity of Aloe vera L. leaf extracts against Tetranychus cinnnbarinus（Boisduval）（Acarina：Tetranychidae）[J]. Journal of Asia-Pacific entomology，2011，14（3）.

[659] ZHANG Q，DING L J，LI M，et al. Action modes of Aloe very L extracts against Tetranychus cinnabarinus Boisduval（Acarina：Tetranychidae）[J]. Agricultural science，2013，4（3）.

[660] 赵琪钟，侯安国，张俊雕. 拉祜族常用药山菅兰的生药学及初步理化鉴别

研究［J］．中国药事，2017，31（11）．

［661］丘麒，罗建军，郝卫宁，等．21种植物提取物对番茄早疫病菌等3种病原菌抑菌活性的初步研究［J］．安徽农业科学，2008（17）．

［662］钱新华．萱草花中类黄酮提取、纯化和成分分析［D］．上海：上海应用技术大学，2019．

［663］冯博，李晓东，杨利，等．萱草属植物蚜虫密度及其与类黄酮抗蚜性关系研究［J］．北方园艺，2013（19）．

［664］安英，沈楠，赵丽晶，等．萱草药理作用研究进展［J］．吉林医药学院学报，2015，36（2）．

［665］袁伊旻，张宏宇．6种植物提取物对橘小实蝇生物活性的影响［J］．中国农学通报，2011，27（25）．

［666］章振，沈志杰，邵思费，等．7种植物精油对小菜蛾幼虫取食及卵孵化行为的影响［J］．中国植保导刊，2019，39（6）．

［667］纪明山，王威，张泽华．20种中药提取物对3种植物病原菌的抑制作用［J］．江苏农业科学，2010（3）．

［668］兰健，杨淇，廖萌，等．丁香等58种中草药对3种真菌抑制作用的研究［J］．食品科技，2016，41（12）．

［669］李娟，刘清茹，肖兰，等．湖南产石菖蒲和水菖蒲挥发油成分分析和抑菌活性检测［J］．中成药，2015，37（12）．

［670］方丽平，李进步，薛建平，等．六十种药用植物提取物对葡萄炭疽病菌抑菌活性的室内筛选［J］．北方园艺，2014（2）．

［671］宋旭红，邱艳，黄衍章，等．石菖蒲根茎提取物β－细辛醚对谷蠹成虫的抑制作用［J］．湖北农业科学，2008（3）．

［672］邱艳，宋旭红，黄衍章，等．石菖蒲根茎提取物β－细辛醚对玉米象成虫的毒力及防治效果［J］．华中农业大学学报，2008（1）．

［673］姚英娟，徐雪亮，刘子荣，等．石菖蒲提取物对褐飞虱的作用方式研究［J］．中国农学通报，2014，30（16）．

［674］何衍彪，詹儒林，赵艳龙．石菖蒲提取物对芒果炭疽菌及香蕉尖孢镰刀菌的抑制作用［J］．云南农业大学学报，2006（6）．

［675］谢红英，蒋红云，王国平，等．石菖蒲根茎提取物对粘虫的生物活性［J］．农药，2004，43（8）．

［676］李少华，谷晓杰，安丽，等．石菖蒲乙醇提取物对15种病原真菌抑菌活性研究［J］．山西农业大学学报（自然科学版），2020，40（3）．

［677］崔蕾，刘塔斯，龚力民，等．玉竹根腐病病原菌鉴定及抑菌剂筛选试验研究［J］．中国农学通报，2013，29（31）．

[678] 赵松峰, 张晓, 师秀琴, 等. 石菖蒲的化学成分研究 [J]. 中国药学杂志, 2018, 53 (8).

[679] 朱玲花, 黄肖生, 叶文才, 等. 海芋的化学成分研究 [J]. 中国药学志, 2012, 47 (13).

[680] 甘泳红, 刘光华. 海芋挥发性化学成分研究 [J]. 广东农业科学, 2012, 39 (24).

[681] 刘光华, 曾玲, 梁广文. 海芋的利用研究进展 [J]. 广东农业科学, 2008 (8).

[682] 潘科. 海芋凝集素的杀虫活性及作用机理 [D]. 广州：华南农业大学, 2002.

[683] 王雅东, 廖美德, 张竞立, 等. 海芋甲醇提取物的抑真菌作用 [J]. 农药, 2006 (11).

[684] 潘科, 侯学文, 黄炳球. 海芋凝集素对豆蚜的抗生作用研究 [J]. 华南农业大学学报, 2004 (3).

[685] 王辉. 柑橘黄龙病昆虫介体—柑橘木虱的研究及九里香感染黄龙病菌后的差减文库构建 [D]. 武汉：华中农业大学, 2011.

[686] 周世明, 杜泽坚. 30 种植物性药液的配制及对虫害的防治方法 [J]. 植物医生, 2019, 32 (4).

[687] 刘芳, 龚明福, 吴三林, 等. 天南星科植物乙醇浸提液对植物病原菌抑菌活性分析 [J]. 基因组学与应用生物学, 2016, 35 (1).

[688] 张静, 冯岗, 马志卿, 等. 细辛醚对 6 种农业害虫的杀虫活性 [J]. 西北农林科技大学学报（自然科学版）, 2008 (4).

[689] 郭丹, 曾解放, 范国荣, 等. 樟树精油的化学成分及生物活性研究进展 [J]. 生物质化学工程, 2015, 49 (1).

[690] 丁天宇, 侯小涛, 陈贻威, 等. 榕树化学成分与质量控制研究进展 [J]. 中华中医药学刊, 2020, 38 (6).

[691] 翟梅枝, 高芳銮, 沈建国, 等. 抗 TMV 的植物筛选及提取条件对抗病毒物质活性的影响 [J]. 西北农林科技大学学报（自然科学版）, 2004 (7).

[692] 刘霞, 龚永欢, 王艳红, 等. 卷柏乙醇提取物对 14 种植物病原菌的抑制活性 [J]. 湖北农业科学, 2014, 53 (18).

[693] 许作超, 付晓秀, 金莉莉. 卷柏的化学成分研究进展 [J]. 中国现代应用药学, 2017, 34 (12).

[694] 吴华俊, 甘洁琳, 黄卉扬, 等. 5 种植物提取物对红火蚁的杀虫活性比较 [J]. 中国森林病虫, 2014, 33 (6).

[695] 武汉青. 浅谈菊科蒿属植物杀虫作用研究进展 [J]. 农业科技通讯, 2015

（5）.

[696] 袁海滨, 李玉双, 赵欣阳, 等. 3 种植物精油对绿豆象成虫的熏蒸及驱避活性 [J]. 吉林农业大学学报, 2017, 39 (1).

[697] 闫晓慧, 唐贵华, 李亚婷, 等. 18 种入侵植物的抗烟草花叶病毒活性研究 [J]. 现代农业科技, 2013 (9).

[698] 席忠新, 王燕, 刘波, 等. 鼠曲草属植物化学成分与药理作用研究进展 [J]. 医药导报, 2010, 29 (11).

[699] 丁寅寅, 刘艳芳. 糖苷生物碱茄碱研究进展 [J]. 韶关学院学报, 2017, 38 (9).

[700] 全国中草药汇编编写组. 全国中草药汇编 [M]. 2 版. 北京: 人民卫生出版社, 1996.

[701] 詹明芳. 海芋、银杏叶活性成分对钉螺的毒性作用研究 [J]. 价值工程, 2011, 30 (3).

[702] 曾炳麟, 赵茹, 潘显道. 石蒜碱药理活性及构效关系研究进展 [J]. 天然产物研究与开发, 2021, 33 (2).

[703] 任伟. 石蒜碱和小檗碱对植物病原真菌抑制作用及其抑菌生理指标分析 [D]. 郑州: 河南农业大学, 2014.

[704] 林中正. 植物源抗烟草花叶病毒活性物质的筛选和作用机理初探 [D]. 长沙: 湖南农业大学, 2012.

[705] 高以宸, 蔡瑾, 王梦亮, 等. 红蓼挥发油杀菌剂对马铃薯环腐病的防治效果 [J]. 山西农业科学, 2019, 47 (12).

[706] 杨义钧, 董慧, 徐兴. 植物源杀菌剂的研究现状与展望 [J]. 河北农业科学, 2008 (1).

[707] 王金宇, 尹彪, 彭喜旭, 等. 井边栏草提取物对水稻纹枯病菌的抑制活性 [J]. 江苏农业科学, 2011, 39 (4).

[708] 邓业成, 杨林林, 刘香玲, 等. 50 种植物提取物对梨褐斑病菌抑菌活性 [J]. 农药, 2006 (3).

[709] 向生权, 唐祥佑, 彭远航, 等. 落羽杉叶片和球果挥发油化学成分及其抗细菌活性 [J]. 热带农业工程, 2020, 44 (3).

[710] 曾立, 向荣, 傅春燕. 瑶药瓜馥木化学成分及药理活性研究进展 [J]. 广东化工, 2017, 44 (3).

[711] 舒晚玲, 傅春燕, 雷智聪, 等. 分光光度法测定瓜馥木总生物碱的含量 [J]. 中医药导报, 2014, 20 (1).

[712] 解福双, 李肖肖, 姜远, 等. 樟树枝叶提取物的不同组分的抗病虫害活性研究 [J]. 农业开发与装备, 2018 (8).

[713] 罗凡, 费学谦, 车运舒, 等. 香叶树挥发油、油脂等主要成分分析 [J]. 林业科学研究, 2015, 28 (2).

[714] 黄乾龙. 121 种植物提取物的杀蚜杀螨活性筛选 [D]. 咸阳: 西北农林科技大学, 2012.

[715] 邓志勇. 不同种类植物提取物对小菜蛾的拒食活性 [J]. 贵州农业科学, 2013, 41 (3).

[716] 杨志鹏. 相思子提取物对小菜蛾和甘蓝蚜的生物活性及几种酶的影响 [D]. 合肥: 安徽农业大学, 2019.

[717] 陈浩南, 赖海洲, 林天兴, 等. 厚果崖豆藤种子乙醇提取物对菜青虫的防效 [J]. 农技服务, 2015, 32 (8).

[718] 康洁, 陈若芸, 于德泉. 厚果崖豆藤化学成分的研究 [J]. 中草药, 2003 (3).

[719] 西庆男, 林坤河, 韦建华. 倒地铃化学成分和药理活性研究进展 [J]. 广州化工, 2019, 47 (17).

[720] 王学贵, 吴翰翔, 沈丽淘, 等. 42 种植物甲醇提取物对白纹伊蚊的杀虫活性 [J]. 华南农业大学学报, 2010, 31 (3).

[721] 董小娟. 芒果核化学成分研究 [D]. 泸州: 泸州医学院, 2013.

[722] 何方奕, 李铁纯, 梁多壮, 等. 芒果皮中挥发性成分的 GC – MS 分析 [J]. 食品科学, 2008 (10).

[723] 徐翔, 孙劲. 光叶铁仔提取物对家蝇杀虫活性的研究 [J]. 四川农业大学学报, 2020, 38 (5).

[724] 王学贵, 余婷, 李倩. 光叶铁仔提取物对小菜蛾幼虫生长发育的影响 [J]. 华南农业大学学报, 2017, 38 (5).

[725] 李倩, 王学贵, 莫廷星, 等. 光叶铁仔根和茎化学成分研究 [J]. 中草药, 2014, 45 (20).

[726] 王学贵, 沈丽淘, 张敏, 等. 36 种植物甲醇提取物杀蚜虫活性的研究 [J]. 安徽农业科学, 2010, 38 (2).

[727] 平新亮, 李保同, 林媚, 等. 23 种植物甲醇提取物对菜青虫的生物活性 [J]. 江西植保, 2008 (3).

[728] 杨东娟, 詹怀先, 石磊. 毛麝香叶挥发油化学成分研究 [J]. 西北林学院学报, 2013, 28 (2).

[729] 林永丽, 郝蕙玲, 孙锦程. 四种植物精油对德国小蠊的驱避效果 [J]. 昆虫知识, 2008 (3).

[730] 玉华, 王青虎, 韩晶晶, 等. 玉簪花化学成分的研究 [J]. 中成药, 2017, 39 (1).

［731］李德勇，江涛. 可作农药的植物［N］. 中国特产报，2001 - 01 - 04（3）.

［732］方玉梅，张萍，王毅红，等. 黔产枫香树叶黑色素的生物活性研究［J］. 食品研究与开发，2015，36（14）.

［733］朱丽霞，章家恩，陈清森，等. 四种植物提取物的杀螺效果研究［J］. 生态环境学报，2010，19（2）.

［734］陈维权，张恒，徐汉虹. 白背黄花稔 Sida rhombifolia 的生物活性及化学成分研究［J］. 农药学学报，2012，14（4）.

［735］陈常玉，安妮，于蕾. 葫芦茶的研究现状［J］. 广州化工，2016，44（4）.

［736］彭经寿，周光龙，蔡孝凡. 漆叶土法制备生物农药技术［J］. 中国生漆，2012，31（1）.